高等院校信息技术应用型规划教材

集成办公软件实用教程

（第2版）

王永利　姜颖　编著

清华大学出版社
北京

内 容 简 介

本书共分 3 篇 12 章,主要介绍 Office 软件在办公自动化方面的应用,其中所有插图使用的是 Office 2007 版。

入门篇主要介绍 Office 2007 集成办公软件的文字处理软件 Word 的实用技能。拓展篇主要讲解 Office 2007 办公软件中的电子表格软件 Excel 和演示文稿制作软件 PowerPoint 的实用技能。提高篇主要讨论文字处理的综合应用、电子表格的数据分析、演示文稿的综合应用及 Office 文档之间的数据共享等内容。本书实用性强,精讲多练,突出技能培养。

本书可作为高等院校、成人高校的教材,也可供高等职业学校和中等职业学校相关专业、计算机培训班以及企事业办公人员使用。

图书在版编目(CIP)数据

集成办公软件实用教程/王永利,姜颖编著. --2 版. --北京:清华大学出版社,2013
高等院校信息技术应用型规划教材
ISBN 978-7-302-31979-5

Ⅰ. ①集… Ⅱ. ①王… ②姜… Ⅲ. ①办公自动化—应用软件—高等学校—教材
Ⅳ. ①TP317.1

中国版本图书馆 CIP 数据核字(2013)第 078018 号

责任编辑:孟毅新
封面设计:傅瑞学
责任校对:袁 芳
责任印制:王静怡

出版发行:清华大学出版社
   网 址:http://www.tup.com.cn,http://www.wqbook.com
   地 址:北京清华大学学研大厦 A 座   邮 编:100084
   社 总 机:010-62770175   邮 购:010-62786544
   投稿与读者服务:010-62776969,c-service@tup.tsinghua.edu.cn
   质量反馈:010-62772015,zhiliang@tup.tsinghua.edu.cn
   课件下载:http://www.tup.com.cn,010-62795764
印 装 者:保定市中画美凯印刷有限公司
经 销:全国新华书店
开 本:185mm×260mm   印 张:26.5   字 数:607 千字
版 次:2006 年 7 月第 1 版 2013 年 7 月第 2 版 印 次:2013 年 7 月第 1 次印刷
印 数:1~3000
定 价:49.00 元

产品编号:048582-01

本书自 2006 年 7 月出版以来,因其通俗易懂、图文并茂、实用性强等特点,被多所高职高专和普通高等院校选为教材,在各类计算机培训中更被广泛采用,受到学校和读者的好评。

Office 办公软件作为办公领域的实用软件,其使用范围之广、用户量之多,堪称行业之最。同时随着 Office 办公软件版本的不断更新,其新增功能使该软件的功能更加强大。本书第 1 版是基于 Office 2003 软件环境下编写的,考虑到目前 Office 2007 软件应用的普及和学校教学机房设备的现状,本书第 2 版是基于 Office 2007 软件环境下编写的。

本书共 12 章,分为 3 篇。

入门篇:主要讲解 Office 2007 集成办公软件中 Word 文字处理软件的基本操作。通过对本篇内容的学习,使学员掌握使用 Word 软件进行简单的文字处理的能力,达到能进行一般公文、报表、广告页、复杂表格、企业公文模板制作的目的。

拓展篇:主要讲解 Office 2007 集成办公软件的电子表格处理软件 Excel 和演示文稿制作软件 PowerPoint 的基本操作。通过对本篇内容的学习,使学员掌握使用 Excel 进行计算、数据分析、图表处理的能力;掌握使用 PowerPoint 软件制作不同内容、风格、版式的演示文稿的能力。

提高篇:主要讲解 Office 2007 集成办公软件的电子表格处理软件 Excel 和演示文稿制作软件 PowerPoint 的综合应用。通过对本篇内容的学习,使学员掌握文字处理的综合应用、电子表格的数据分析、演示文稿的综合应用的能力。

本书在编写上特别注意以下几点。

(1) 本书汲取了"建构主义学习理论",以"双主教学模式"为依据,在课堂教学进程中,力求实现"师生互动"的教学模式,在实践环节上,推荐"任务驱动"的方式。

(2) 基础知识和基本理论以"必需、够用"为度,基本操作和常用功能讲解以语言简洁、步骤清晰、重点突出、配合图例为特点,体现以学生能力培养为本位的教育观念。

(3) 案例选材贴近现实,讲求实效。以任务驱动、案例教学为主要学习方式,结合各软件特性选择具有代表性和实际应用价值的示例、案例,促进学生对知识的理解,掌握解决实际问题的能力,提高学习兴趣。

（4）突出 Office 集成办公特性。注重各软件的相互联系，不是把 Word、Excel、PowerPoint 等当做一个个的独立软件来对待，而是要着眼于 Office 是一个完整的办公系统，强调不同软件之间数据的共享和相互引用。

由于编者水平有限，书中难免有不足之处，请广大读者批评指正。

编　者

2013 年 5 月

目录
CONTENTS

拓展篇——数据处理与文稿演示

提高篇——数据的综合处理

Part one

入门篇

——编写文章与图表

学 习 导 读

学习目的

本篇主要讲解 Office 集成办公软件的 Word 文字处理软件（以 Word 2007 为例）的基本操作。

通过对本篇内容的学习，使学员掌握使用 Word 软件进行简单的文字处理的能力，达到能进行一般公文、报表、广告页、复杂表格、企业公文模板制作的目的。

知识结构与主要内容

本篇共分为 3 章，分别介绍"文章的编写与排印"、"制作图文并茂的文档"、"表格和模板"。

1. 文章的编写与排印

熟悉 Word 的基本操作，掌握编辑文本、视图、自定义工具栏、设置字符格式、设置段落格式、文档页面设置和打印的方法。

2. 制作图文并茂的文档

图形和图片的处理、插入艺术字、使用文本框、页眉和页脚。

3. 表格和模板

创建表格、表格的编辑与修饰、表格数据的排序和计算、如何利用现有模板提高工作效率、使用自己的模板创建新文档、恢复默认的通用模板。

Chapter 1
第1章
文章的编写与排印

联合国重新定义的新世纪的文盲标准为：第一类，不能读书识字的人，这是传统意义上的老文盲；第二类，不能识别现代社会符号的人；第三类，不能使用计算机进行学习、交流和管理的人。

计算机是信息传播的一个最重要的媒介之一，而文字处理则是计算机的一个最基本、最重要的功能。文字处理通常是指用计算机对文字、图形、表格等信息的输入、编辑、排版、网络传递和打印等。

文字处理软件种类繁多，但目前在我国深受广大用户喜爱的文字处理软件主要有微软公司的 Word 和金山公司的 WPS 两个软件。本章主要讲解 Word 软件的基本操作方法，使读者掌握文字处理的基本方法和技巧。通过本章的学习，使读者了解 Word 软件的基本操作，掌握文档中的文字、符号的输入与编辑方法，以及对文档的基本排版和打印的方法。

引例

人们在工作和学习中，经常要使用计算机来处理一些文档，如制作一些公文、报表、宣传资材、撰写论文及书稿等。Word 软件就好像人们手中的笔和纸，图 1-1 和图 1-2 所展示的是应用 Word 的部分功能编辑的一组常用文件的样张。下面将从本章开始学习和研究完成这类文档操作的基本技能和方法。

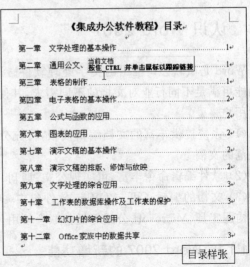

图 1-1　公文和目录样张

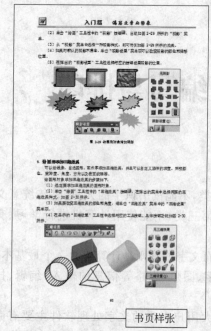

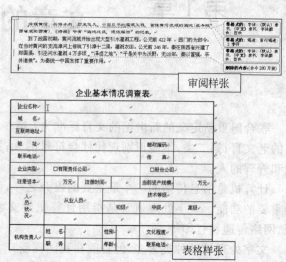

图 1-2　文字编辑样张

5 个样张的简单分析如下。

(1) 公文样张中应用了文字设置、段落设置。

(2) 目录样张中应用了索引和目录设置,可以自动实现链接跳转。

(3) 书页样张中应用了文字设置、段落设置、页眉设置、图形效果。

(4) 审阅样张中应用了审阅批注功能对文档进行注释及审阅。

(5) 表格样张是使用 Word 的表格功能创建的不规则表格。

1.1　认识 Word 2007

Word 是微软公司推出的文字处理软件。该软件以其优秀、友好的界面和丰富的编辑功能可满足不同行业对文档的不同需求,其便捷易学的操作和所见即所得的效果深受广大用户喜爱。

(1) 系统提供丰富的文档编辑模板,可充分利用这些模板功能很方便地完成各类标准规范的文稿。

(2) 软件编辑命令丰富,可实现公文、期刊、广告宣传品、书稿等多种编辑效果。

(3) 文档的编辑还可与 Office 软件包中一些工具,如 Microsoft Graph 图表、MS 组织结构图工具、Microsoft 公式等插件联合使用,全面反映信息内容。

1.1.1　Word 2007 的新增功能

新推出的 Word 2007 版本与之前版本相比,在功能上,尤其是在操作界面上有较大的变化和改进。这里仅就新增加的功能进行简单介绍。

1. 创建具有专业水准的文档

Word 2007 通过将一组全面的撰写工具与易于使用的界面相结合,来帮助人们创建和共享具有专业外观的文档。Word 2007 可以帮助人们更快地创建具有专业外观的文档。

(1) 将文档与业务信息连接

使用新的文档控件和数据绑定创建动态智能文档,这种文档可以通过连接到后端系统进行自我更新。利用新的 XML 集成功能,组织可以部署智能模板,帮助人们创建高度结构化的文档。

(2) 增强了对文档中隐私信息的保护

使用文档检查器检测并删除不需要的批注、隐藏文本和个人身份信息,确保在文档发布时不泄露敏感信息。

(3) 直接从 Word 2007 中发布和维护博客

现在可以直接从 Word 2007 中发布网络日志(博客)。用户可以将 Word 2007 直接链接到自己的博客网站,通过丰富的 Word 体验来创建包含图像、表格和高级文本格式设置功能的博客。

(4) 减少格式设置的时间,把更多精力花在撰写上

全新的面向结果的界面可在用户需要时提供相应的工具,从而便于快速设置文档的格式。现在,用户可以在 Word 2007 中找到适当的功能来更有效地传达文档中的信息。

新的"功能区"是用户界面的一个按任务分组工具的组件,它将使用频率最高的命令呈现在眼前。全新的、注重实效的用户界面可以根据用户的需要显示多种工具,做到条理分明,井然有序。

(5) 使用预定义的内容快速构建文档

使用 Word 2007 中的构建块,可以基于常用的或预定义的内容(如免责声明文本、重要引述、侧栏、封面以及其他类型的内容)来构建文档。这样就可以避免花费不必要的时间来重新创建内容,还有助于确保组织内创建文档的一致性。

(6) 借助新的格式设置功能和更具感染力的图片,更有效地传达信息

新增的图表制作功能和绘图功能包括三维形状、透明度、投影以及其他效果,可以帮助用户创建具有专业外观的图形,使文档能够更加有效地传达信息。通过"快速样式"和"文档主题",可以快速更改整个文档中的文本、表格和图形的外观,使之符合自己喜好的样式或配色方案。

(7) 即时对文档应用新的外观

从格式库中选择预定义样式、表格格式、列表格式、图形效果等内容,在用户提交更改之前就能实时而直观地预览文档中的格式。单击几下鼠标,即可添加预设格式的元素。

Word 2007 引入了构建基块,可将预设格式的内容添加到文档中。

(8) 自动拼写功能轻松避免拼写错误

在编写文档时,当然不希望出现影响理解或破坏专业形象的拼写错误。排除词典可以强制拼写检查,标记要避免使用的词语。

拼写检查可以查找并标记某些上下文拼写错误。在 Word 2007 中,可以启用"使用

上下文拼写检查"选项来获取关于查找和修复此类错误的帮助。当对使用英语、德语或西班牙语的文档进行拼写检查时,可以使用此选项。

2. 放心地共享文档

当用户向同事发送文档草稿以征求他们的意见时,Word 2007 可有效地收集和管理他们的修订和批注。在用户准备发布文档时,Word 2007 可确保所发布的文档中不存在任何未经处理的修订和批注。

(1) 快速比较文档的两个版本

使用 Word 2007 可以很方便地找出对文档所做的更改。它通过一个新的三窗格审阅面板来查看文档的两个版本,并清楚地标出删除、插入和移动的文本。

使用 Word 2007 可控制文档审阅过程。在 Word 2007 中启动和跟踪文档的审阅和批注过程,即可缩短组织内的审阅周期,而且无须学习新工具。

(2) 查找和删除文档中的隐藏元数据和个人信息

在共享文档之前,可使用文档检查器检查文档,以查找隐藏的元数据、个人信息或可能存储在文档中的内容。文档检查器可以查找和删除以下信息:批注、版本、修订、墨迹注释、文档属性、文档管理服务器信息、隐藏文字、自定义 XML 数据,以及页眉和页脚中的信息。文档检查器可确保与其他用户共享的文档不包含任何隐藏的个人信息或自己的组织可能不希望分发的任何隐藏内容。此外,组织可以对文档检查器进行自定义,以添加对其他类型的隐藏内容的检查。

(3) 向文档中添加数字签名或签名行

可以通过向文档中添加数字签名来帮助为文档的身份验证、完整性和来源提供保证。在 Word 2007 中,可以向文档中添加不可见的数字签名,也可以插入 Microsoft Office 签名行来捕获签名和数字签名的可见表示形式。

通过使用文档中的签名行捕获数字签名的能力使组织能够对合同或其他协议等文档使用无纸化签署过程。与纸质签名不同,数字签名能提供精确的签署记录,并允许在以后对签名进行验证。

(4) 将 Word 文档转换为 PDF 或 XPS

Word 2007 支持将文件导出为以下两种格式。

一是可移植文档格式(PDF),它是一种版式固定的电子文件格式,可以保留文档格式并允许文件共享。PDF 格式确保在联机查看或打印文件时能够完全保留原有的格式,并且文件中的数据不能轻易被更改。

二是 XML 纸张规范(XPS),它是一种电子文件格式,可以保留文档格式并允许文件共享。XPS 格式可确保在联机查看或打印 XPS 格式的文件时,该文件可以严格保持所要的格式,文件中的数据也不能轻易被更改。

(5) 即时检测包含嵌入宏的文档

Word 2007 对启用了宏的文档使用单独的文件格式(.docm),因此可以立即了解某个文件是否能运行任何嵌入的宏。

(6) 防止更改文档的最终版本

在与其他用户共享文档的最终版本之前,可以使用"标记为最终版本"命令将文档设置为只读。在将文档标记为最终版本后，其输入、编辑命令以及校对标记都会被禁用，以防查看文档的用户不经意地更改该文档。"标记为最终版本"命令并非安全功能。任何人都可以通过关闭"标记为最终版本"来编辑标记为最终版本的文档。

3. 超越文档

当计算机和文件互相连接时，更有必要将文档存储于容量小、稳定可靠且支持各种平台的文件中。为满足这一需求，Word 2007 版本在 XML 支持的发展方面实现了新的突破。基于 XML 的新文件格式使 Word 2007 文件变得更小、更可靠，并能与信息系统和外部数据源深入地集成。

（1）减小文件大小并提高恢复受损文件的能力

全新的 Microsoft Word XML 格式可使文件大小显著减小，同时可提高恢复受损文件的能力。这种新格式可以大大节省存储和带宽要求，并可减小 IT 人员的负担。

（2）将文档与业务信息连接

在业务中，用户需要创建文档来沟通重要的业务数据。这可通过自动完成该沟通过程来节省时间并降低出错风险。使用新的文档控件和数据绑定连接到后端系统，即可创建能自我更新的动态智能文档。

（3）在文档信息面板中管理文档属性

利用文档信息面板，可以在使用 Word 文档时方便地查看和编辑文档属性。在 Word 中，文档信息面板显示在文档的顶部。用户可以使用文档信息面板来查看和编辑标准的 Microsoft 文档属性，以及已保存到文档管理服务器中的文件的属性。如果使用文档信息面板来编辑服务器文档的文档属性，则更新的属性将直接保存到服务器中。

4. 从计算机问题中恢复

（1）诊断

Microsoft 诊断是一系列有助于发现计算机崩溃原因的诊断测试。这些诊断测试可以直接解决部分问题，也可以确定其他问题的解决方法。Microsoft 诊断取代了以下 Microsoft 2003 功能："检测并修复"以及"Microsoft 应用程序恢复"功能。

（2）程序恢复

Office Word 2007 的功能已得到改进，使之在程序异常关闭时避免丢失工作成果。只要可能，在重新启动后，Word 就会尽力恢复程序状态的某些方面。例如，如果用户正在同时处理若干个文件。每个文件都在不同的窗口中打开，每个窗口中都有特定可见数据，此时 Word 系统崩溃。当重新启动 Word 时，它将打开这些文件并将窗口恢复成 Word 崩溃之前的状态。

1.1.2　Word 2007 的操作界面

Word 2007 拥有新的操作界面，新的操作界面用简单明了的单一机制取代了 Word 早期版本中的菜单、工具栏和大部分任务窗格。新的操作界面旨在帮助用户在 Word 2007 中更高效、更轻松地找到完成任务的合适功能；发现新功能，并提高效率。Word 2007 操作界面主要由 Office 按钮、快速访问工具栏、功能区、标题栏、状态栏和编辑区等各部分组成,如图 1-3 所示。

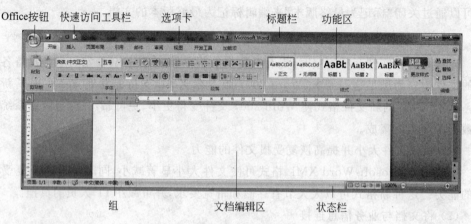

图 1-3   Word 2007 的操作界面

1. Office 按钮

Office 按钮是 Word 2007 的新增按钮,位于 Word 2007 操作界面的左上角,其功能类似于 Windows 操作系统的"开始"按钮,单击 Office 按钮,可以弹出 Office 菜单,如图 1-4 所示。Word 2007 的 Office 菜单中包含了一些常用的命令,如新建、打开、保存、打印等。

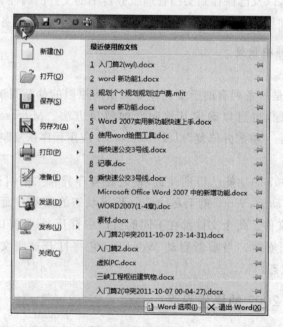

图 1-4   Office 菜单

2. 快速访问工具栏

快速访问工具栏位于 Office 按钮 右侧，只占一个很小的区域。该工具栏中包含了用户日常工作中频繁使用的"保存"、"撤消"、"重复"和"自定义快速访问工具栏"等按钮。

单击"自定义快速访问工具栏"按钮，弹出"自定义快速访问工具栏"菜单，选择菜单中的相应命令可添加或删除"自定义快速访问工具栏"中的命令，如图 1-5 所示。

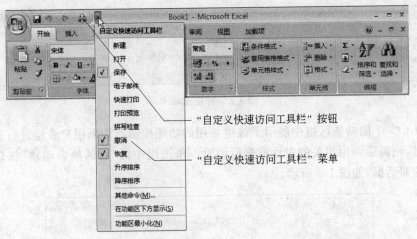

图 1-5　"自定义快速访问工具栏"按钮的使用

右击功能区中的命令，也可完成快速访问工具栏按钮的添加，如图 1-6 所示。

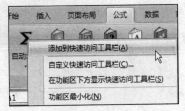

图 1-6　右击将功能区中的命令添加到快速访问工具栏

3. 功能区与对话框

Word 2007 的功能区是命令的主体部分，它集成了 Word 2007 的大部分功能，横跨 Word 程序窗口顶部，如图 1-7 所示。

功能区有 3 个基本组件。

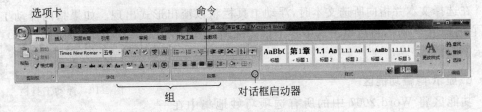

图 1-7　Word 2007 的功能区

（1）选项卡。在顶部有 7 个基本选项卡。每个选项卡代表一个活动区域。

（2）组。每个选项卡都包含若干个组，这些组将相关项显示在一起。

（3）命令。单击命令按钮时，执行某一相应操作或打开命令菜单。

选项卡上的任何项都是根据用户活动慎重选择的。例如，"开始"选项卡包含最常用的所有项，如"字体"组中用于更改文本字体的命令，"字体"、"字号"、"加粗"、"倾斜"等。

4. 特定选项卡

特定选项卡只有在需要时才会出现。例如,在文档中选择图片时,"图片工具"选项卡将出现。单击该选项卡时将显示用于处理图片的其他组和命令,例如"图片样式"组。

在图片外单击时,"图片工具"选项卡会消失,其他组将重新出现。对于其他活动区域,例如表格、绘图、图示和图表,将根据需要显示相应的选项卡,如图 1-8 所示。

图 1-8　特定选项卡

Word 2007 的功能区组中展示了该组常用的功能按钮。如果用户希望进行更多的相关设置时,则需要调用相关的对话框进行设置。单击组中的"对话框启动器"按钮可以打开相应的对话框,如图 1-9 所示。

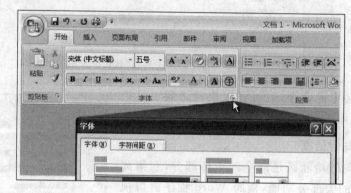

图 1-9　打开对话框

5. 浮动工具栏

在选择文本并指向所选文本时,浮动工具栏将以淡出形式出现。如果指向浮动工具栏,它的颜色会加深,可以单击其中一个格式选项,如图 1-10 所示。

6. 显示/隐藏功能区

功能区将 Word 2007 中的所有选项巧妙地集中在一

图 1-10　浮动工具栏

起,其优点是方便用户查找,缺点是所占空间较大。如果希望扩展工作区空间,可以隐藏功能区各命令。双击选项卡标签,可隐藏或显示功能区,如图 1-11 所示。

7. 状态栏

状态栏可显示诸如字数统计、签名、权限、修订和宏等选项的开关状态。状态栏右侧包括视图模式、显示比例和缩放滑块按钮,如图 1-12 所示。单击"缩放比例"按钮或向左、向右拖动滑块,可调整显示比例。单击"视图模式"按钮可切换到不同的视图。

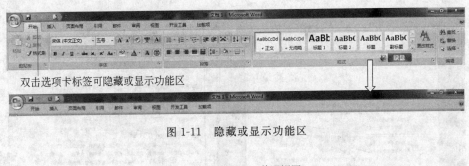

双击选项卡标签可隐藏或显示功能区

图 1-11　隐藏或显示功能区

图 1-12　使用状态栏切换视图和调整缩放比例

Office XP 以后的程序中提供任务窗格。任务窗格既是展现系统功能的窗口，也是提高用户效率的门户。在 Office XP 和 Office 2003 家族软件中基本都设置了任务窗格。考虑到任务窗格占用了较大的窗口面积，Office 2007 版取消了任务窗格。

1.1.3　Word 2007 的文档视图

Word 2007 有 5 种文档的显示方式，即页面视图、普通视图、大纲视图、Web 版式视图及阅读版式视图。不同的视图方式应用于不同的场合，一般情况下使用页面视图。选择"视图"选项卡，在文档视图组中单击相应的命令按钮，即可在几种视图显示方式中切换。

1. 页面视图
页面视图显示与实际打印效果完全相同的格式，文档中的页眉、页脚、页边距、图片和其他元素都会显示在原有的位置，在页面视图下可以进行 Word 的一切操作。

2. 普通视图
普通视图简化了页面的布局，在该视图中，可以输入、编辑和设置文档格式，也可以显示绝大多数的格式信息。但是只能将多栏显示成单栏格式，也不能显示页眉、页脚、页边距以及页号等，普通视图显示速度相对较快，因而非常适合于文字的录入阶段。广大用户可在该视图方式下进行文字的录入及编辑工作，并对文字格式进行编排。页面视图和普通视图如图 1-13 所示。

3. 大纲视图
大纲视图可以方便地查看文档的结构，并可以通过拖动标题来移动、复制和重新组织文档。大纲视图适合纲目的编辑、文档结构的整体调整以及长篇文档的分解与合并。

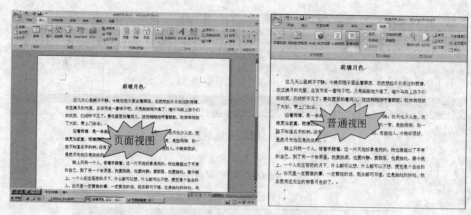

图 1-13　页面视图和普通视图

4. Web 版式视图

Web 版式视图显示文档在 Web 浏览器中的外观。例如,文档将显示为一个不带分页符的长页,并且文本和表格将自动换行以适应窗口的大小。

5. 阅读版式视图

阅读版式视图以最大的空间来阅读或批注文档,在该版式下,将显示文档的背景、页边距,并可进行文本的输入、编辑等操作,但不显示文档的页眉和页脚。大纲视图、阅读版式视图和 Web 版式视图如图 1-14 所示。

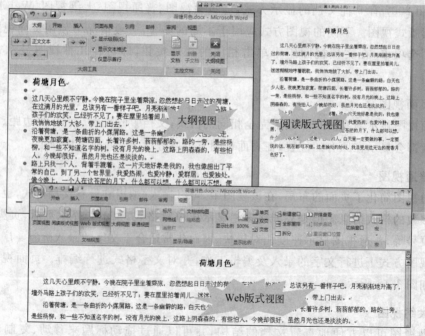

图 1-14　大纲视图、阅读版式视图和 Web 版式视图

1.2 创建文档

本节主要介绍如何使用 Word 软件创建一般文档的基本方法。其内容包括新建文档、输入文本、保存文档、打开文档和关闭文档等。

1.2.1 新建文档

Word 文档是文本、表格、图表和图片等对象的载体,如果需要在文档中进行输入或编辑等操作,首先需要创建文档。在 Word 2007 中可以创建新空白文档,也可以根据现有的内容和模板创建新文档。文档的基本操作主要包括创建新文档、保存文档、打开文档以及关闭文档等操作。

启动 Word 软件后,系统会自动建立一个空白文档,默认的文件名是"文档 1-Microsoft Word",一般情况下直接在该空白文档中进行编辑即可。在已有打开文档的情况下,常用方法有以下几种。

1. 创建空白文档

(1) 单击 Office 按钮 →"新建"命令,打开"新建文档"对话框,如图 1-15 所示。

图 1-15 "新建文档"对话框

(2) 在"空白文档和最近使用的文档"列表框中选择"空白文档"选项,然后单击"创建"按钮即可创建一个空白文档。

小技巧

在 Word 2007 中创建新文档可以使用 Ctrl+N 键。新文档的文件名为"文档 1",在实际保存文档时再另起新文件名。

2.根据现有文档创建文档

在"新建文档"对话框左侧的"模板"列表框中选择"根据现有内容新建"选项,弹出"根据现有文档新建"对话框。在该对话框中选择现有的文档模板,单击"新建"按钮。

3.根据我的模板创建文档

在"新建文档"对话框左侧的"模板"列表框中选择"我的模板"选项,弹出"新建"对话框。在该对话框中选择需要的模板,单击"确定"按钮。

4.根据已安装的模板新建文档

在"新建文档"对话框左侧的"模板"列表框中选择"已安装的模板"选项,在对话框的右侧显示已安装的模板,在"已安装的模板"列表框中选择需要的文档模板,在对话框的右侧可对文档模板进行预览,单击"创建"按钮,即可根据已安装的模板创建新文档,如图1-16所示。

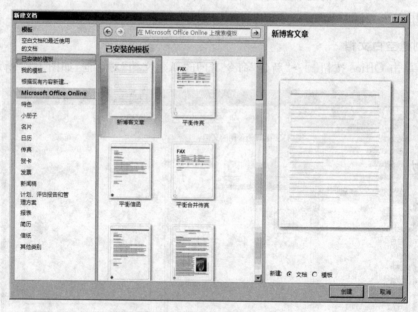

图1-16　已安装的模板选项

1.2.2　文本和符号的输入

文本的输入是Word的一项基本操作。在Word中新建一个文档后,在文档的起始位置将出现一个闪烁的光标,即插入点,在Word中输入任何文本都会在插入点处出现。定位了插入点后,选择一种输入法即可开始文本的输入。

1.输入中英文字符

启动Word后,一般系统默认输入法为英文。在编辑区中有闪烁的光标提示符,直接输入字母即可。输入文本时,插入点光标自动后移,输入到行尾时自动换行。按Enter

键,可在该位置输入一个段落标记,开始输入新的一段,光标移到下一行行首。将输入法切换至中文输入法,从插入点光标处开始输入中文字符。

2. 插入符号和特殊符号

输入文本时经常需要插入一些特殊符号,Word 提供了丰富的特殊符号列表。

(1) 定位光标,在"插入"选项卡的"符号"组中单击"插入符号"命令,选择所需符号,或选择"其他符号"打开"符号"对话框。

(2) 在"符号"选项卡中选择"字体"和"子集",查找所需字符,单击"插入"按钮。

(3) 在"特殊字符"选项卡中选择所需的特殊符号,如图 1-17 所示。

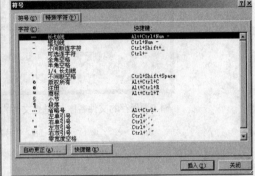

图 1-17　"符号"对话框

边学边做　　输入特殊符号

新建一个空白文档,练习插入一些特殊符号。例如:Σ、Ψ、‰、【】、※、♯、Ⅲ、log、㎡、★、《、》、♪、⊙。

1.2.3　保存文档

Word 为用户提供了多种保存方式,并且具有自动保存功能,可以最大限度地保护因意外断电而引起的数据丢失。

1. 第一次保存

新建文档未做保存前,暂时保留在内存中,需要长期保存该文档就要将其保存在磁盘中,保存方法有以下几种。

(1) 单击 Office 按钮　→"保存"命令,打开"另存为"对话框。

(2) 单击快速访问工具栏中的"保存"按钮　,打开"另存为"对话框。

(3) 按 Ctrl＋S 键打开"另存为"对话框。

在图 1-18 所示的"另存为"对话框中,依次设定以下内容:在"保存位置"中选择要保存文件的目标文件夹,在"文件名"文本框中输入文件名称,在"保存类型"中确认所需要的文件类型,单击"保存"按钮。

选定文件的保存位置

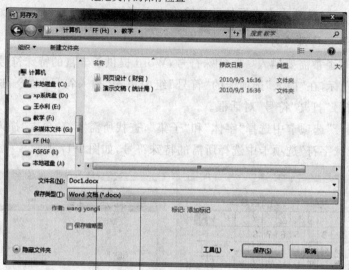

输入要保存的文件名称　　选定文件的保存类型

图 1-18　"另存为"对话框

 提示

保存位置默认文件夹为"我的文档",需根据实际情况设置保存路径;文件名默认文本第一行文字,因其支持中文长文件名,可自行修改;其扩展名为.docx不需重复输入。

2. 追加保存

在对原文档进行修改后,若保存位置及文件名均不需改动,则直接单击"保存"按钮▣,文档以原文件名保存在原文件夹中。

3. 另存为

文档需要备份时或根据需要调整保存位置及文件名时,需单击 Office 按钮▣→"另存为"命令,打开"另存为"对话框,重新设置保存位置及文件名。

4. 自动保存

为防止死机或突然断电情况下丢失数据,启用自动保存功能非常必要。单击 Office 按钮▣→"Word 选项"→"保存"命令,打开如图 1-19 所示的对话框,选中并设置"保存自动恢复信息时间间隔",单击"确定"按钮。

1.2.4　文档保护

若文档不希望他人查看,则可设置"打开权限密码",没有密码则无法打开此文档;若文档允许他人查看但禁止修改,则可设置"修改权限密码",此文档只能以"只读"方式打开。

图 1-19 设置保存自动恢复信息时间间隔

1. 设置"打开权限密码"和"修改权限密码"

(1) 单击 Office 按钮 → "保存"(或"另存为")命令,打开"另存为"对话框,单击"工具"按钮,在弹出的列表中单击"常规选项"命令,打开"常规选项"对话框。

(2) 如图 1-20 所示的对话框,在"打开文件时的密码"和"修改文件时的密码"和在确认密码对话框中输入密码。

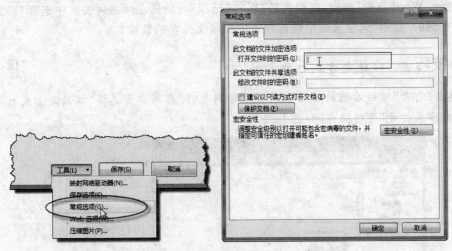

图 1-20 设置文档密码

(3) 返回"另存为"对话框,单击"保存"命令。

设置完成后关闭文档,当再次打开该文档时,系统弹出"密码"对话框,要求用户输入密码以便核对,如密码正确,则文档被打开;如果不正确,则出现信息提示框,文档不予打开,如图 1-21 所示。

图 1-21　"密码"对话框与信息提示框

2. 撤消密码

打开文件,再次单击 Office 按钮 →"另存为"命令,打开"另存为"对话框,单击"工具"按钮,单击"常规选项"命令,在设定密码界面删除文本框中原有密码,单击"确定"按钮即可。

1.2.5　打开文档

若要对以前保存过的文档进行修改或使用,必须打开此文档才能工作,一般情况下可以从"我的电脑"或"资源管理器"中找到 Word 文档,直接双击打开,也可通过"打开"对话框打开文件。通过以下两种方法可以弹出"打开"对话框。

(1) 单击 Office 按钮 →"打开"命令。

(2) 按 Ctrl+O 键。

在"打开"对话框中,在"查找范围"列表框中查找到文件保存到的文件夹,选择要打开的文档,单击"打开"按钮。

单击 Office 按钮 ,在"最近使用文档"列表中显示了最近使用过的文档,单击可直接打开。默认情况下,此列表中保留 17 个最近使用过的文档名,但可以通过单击 Office 按钮 →"Word 选项"命令,在弹出的"Word 选项"对话框左侧的列表框中选择"高级"选项,在右侧的"显示"选项区域中设置列表中保留文件名的数量。

小技巧　　**以特定方式打开文档**

单击"打开"按钮右侧的 ▼ 按钮打开下拉列表,可根据需要选择"以只读方式打开"或"以副本方式打开"进行操作,如图 1-22 所示。

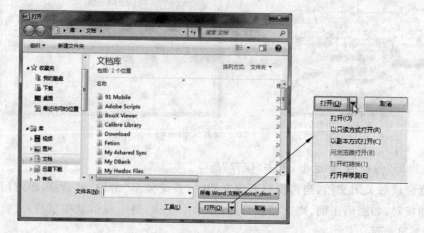

图 1-22　"打开"对话框与下拉列表

边学边做　　文件基本操作

按顺序完成以下操作练习,要求熟练掌握文件操作。

(1) 新建一个空白文档。

(2) 保存在"我的文档"文件夹中,文件名为"练习.doc"。

(3) 关闭文档(注意不要退出程序)。

(4) 打开保存过的文档。

(5) 对"练习.doc"进行另存为操作,保存位置要在"另存为"对话框中新建一个 D 盘下的以自己姓名命名的文件夹中,同时设置"打开权限密码",密码自定。

(6) 再次打开文件,撤消密码保护,保存文件。

1.3　编辑文本

文档的修改与编辑工作包括文本的插入、删除、移动、复制、查找与替换等操作,从而使内容更加完整、美观、准确。

1.3.1　选定文本

若要对部分文本进行各项编辑操作,则首先应选定这部分文本。

(1) 选定任意文本区:先将 I 形鼠标移到所需选定文本区开始处,拖动鼠标至所需选定区域最后一个字符处,松开鼠标。

(2) 选定矩形区域中的文本:将鼠标移至所需选定区域左上角,按住 Alt 键,拖动鼠标直到区域右下角,松开鼠标,如图 1-23 所示。

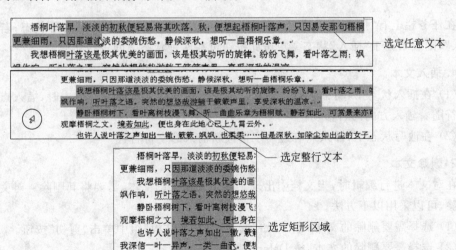

图 1-23　选定文本

（3）选定大块文本：先将鼠标选定区域开始处，配合滚动条将文本翻到所选区域末尾，按住 Shift 键，同时用鼠标单击末尾处。

（4）选定一行或多行：将鼠标移至该行所对左侧页边距内，当鼠标指针变成向右方所指箭头样式时，单击则可选定一行文本，如果拖动鼠标，则可选定多行文本。

（5）选定一个段落：将鼠标移到所需选定段落的任意行处连击 3 次，或将鼠标移至该段所对左侧页边距内，当鼠标指针变成向右方所指箭头样式时，双击则可选定一段文本。

（6）选定整个文档：将鼠标移至文档左页边距内连续快速 3 击左键。也可在"开始"选项卡"编辑"组中单击"选择"→"全选"命令或按 Ctrl＋A 键选定全文。

📌 小技巧　　选定不连续文本

配合 Ctrl 键，可连续选择多处不连续文本，这是在 Office XP 以后的版本的新功能，如图 1-24 所示。

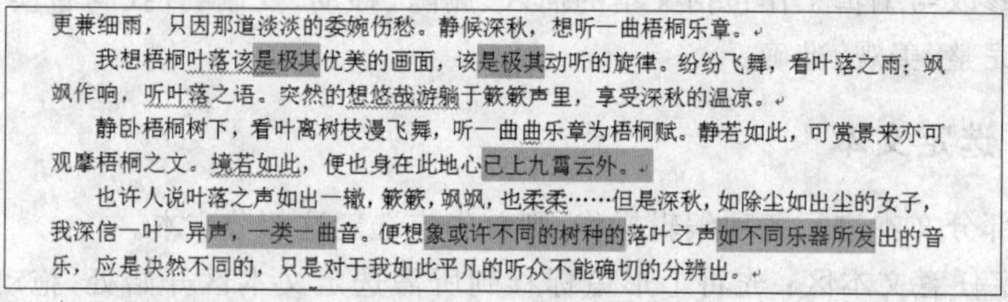

> 更兼细雨，只因那道淡淡的委婉伤愁。静候深秋，想听一曲梧桐乐章。
> 　　我想梧桐叶落该是极其优美的画面，该是极其动听的旋律。纷纷飞舞，看叶落之雨；飒飒作响，听叶落之语。突然的想悠哉游躺于簌簌声里，享受深秋的温凉。
> 　　静卧梧桐树下，看叶离高树枝漫飞舞，听一曲曲乐章为梧桐赋。静若如此，可赏景来亦可观摩梧桐之文。境若如此，便也身在此地心已上九霄云外。
> 　　也许人说叶落之声如出一辙，簌簌，飒飒，也柔柔……但是深秋，如除尘如出尘的女子，我深信一叶一异声，一类一曲备。便想象或许不同的树种的落叶之声如不同乐器所发出的音乐，应是决然不同的，只是对于我如此平凡的听众不能确切的分辨出。

图 1-24　选定不连续文本

1.3.2　插入和删除文本

在任务栏上有"插入/改写"切换按钮，若显示"改写"，则表示处于改写状态；若显示"插入"，则表示处于"插入"状态。单击此按钮可在两种状态之间进行切换。

1. 插入文本

（1）在插入状态下，将插入点移动到目标位置输入新文本即可。插入时，插入点右边的字符随着输入方向向右移动。

（2）在改写状态下，插入点右边的字符被新输入的字符替代。

2. 删除文本

在对文本进行编辑时，当文档中出现了多余或错误的文本，需要将其删除。对文本进行删除，可以采用以下方法。

（1）选择需要删除的文本，在"开始"选项卡的"剪贴板"组中单击"剪切"按钮。

（2）选择需要删除的文本，按 Delete 键。

（3）按 Backspace 键删除光标左侧的字符。

（4）按 Delete 键删除光标右侧的字符。

1.3.3　复制文本

在文档中经常需要输入重复文本,可以使用复制文本的方法加快输入和编辑的速度。进行文本复制的方法有很多种,下面介绍几种常用的复制文本方法。

1. 使用鼠标复制文本

(1) 选择需要复制的文本,将鼠标指针移到所选区域内,使其变为左上角箭头样式,先按住 Ctrl 键,再按住鼠标左键,鼠标指针下方增加一个"＋"号,拖动其虚插入点移到目标位置后松开鼠标。

(2) 选择需要复制的文本,按住鼠标右键拖动至目标位置,松开鼠标后从弹出的快捷菜单中单击"复制到此位置"命令。

2. 使用剪贴板复制文本

(1) 选择需要复制的文本,按 Ctrl＋C 键,将插入点定位到目标位置,按 Ctrl＋V 键。

(2) 选择需要复制的文本,在"开始"选项卡的"剪贴板"组中单击"复制"按钮,将插入点定位到目标位置,单击"粘贴"按钮。

(3) 选择需要复制的文本,右击,在弹出的快捷菜单中单击"复制"命令;将插入点定位到目标位置,右击,在弹出的快捷菜单中单击"粘贴"命令。

1.3.4　移动文本

移动文本的方法和复制文本的方法类似,移动文本后,原位置的文本消失,复制文本后原位置的文本仍然保留。下面介绍几种常用的移动文本的方法。

1. 使用鼠标移动文本

(1) 选定需要移动的文本,将鼠标指针移到所选区域内,使其变为左上角箭头样式,按住左键,鼠标指针下方增加一个灰色的矩形,拖动鼠标,将其虚插入点移到目标位置后松开鼠标。

(2) 选择需要移动的文本,按住鼠标右键拖动至目标位置,松开鼠标后从弹出的快捷菜单中单击"移动到此位置"命令。

2. 使用剪贴板移动文本

(1) 选择需要移动的文本,按 Ctrl＋X 键,将插入点定位到目标位置,按 Ctrl＋V 键。

(2) 选择需要移动的文本,在"开始"选项卡的"剪贴板"组中单击"剪切"按钮,将插入点定位到目标位置,单击"粘贴"按钮。

(3) 选择需要移动的文本,右击,在弹出的快捷菜单中单击"剪切"命令。将插入点定位到目标位置,右击,在弹出的快捷菜单中单击"粘贴"命令。

边学边做　练习文本编辑

根据以上学习内容,自己完成以下练习。

(1) 打开自己创建的"练习"空文档。

(2) 输入一篇文章,至少有 4 个自然段。

（3）使用多种选定文本方法进行练习，直到能够熟练掌握。

（4）在文章中进行插入和删除字符的操作。

（5）掌握两种以上移动和复制文本的方法，了解其余几种方法。

（6）将修改后的文本保存在自己的文件夹中。

1.3.5　查找与替换

查找与替换是一种常用的编辑方法，可以对所需要查找或者要替换的文字进行快速准确的操作，以提高编辑效率。

1. 查找文本

查找是指根据用户指定的内容，在文档中查找相同的内容，并将光标定位在此处，查找文本的具体操作步骤如下。

（1）单击"开始"选项卡的"编辑"组中的"查找"命令，弹出"查找和替换"对话框，如图 1-25 所示。

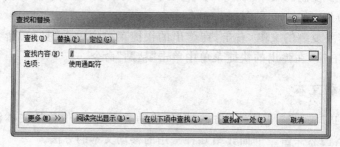

图 1-25　"查找和替换"对话框

（2）选择"查找和替换"对话框中的"查找"选项卡，在"查找内容"文本框中输入要查找的文字，单击"查找下一处"按钮，Word 将自动查找指定的字符串。

（3）如果需要继续查找，单击"查找下一处"按钮，Word 将继续查找下一个文本，直到文档的末尾。

2. 高级查找

单击"查找"选项卡中的"更多"按钮，将打开"查找"选项卡的高级形式，如图 1-26 所示。

（1）查找内容：可在列表框中直接输入字符，也可在下拉列表中找到最近查找过的文本重复查找。

（2）搜索：有"全部"、"向上"、"向下"3 个选项。"全部"选项表示从插入点开始向文档尾部查找，再从文档开头查找至插入点光标处。"向上"表示从插入点开始向文档开头部分查找。"向下"是从插入点开始向文档结尾部分查找。

（3）区分大小写和全字匹配：主要用于高级查找英文单词。

（4）使用通配符：选择此复选框后可在要查找的文本中使用通配符进行模糊查找。如输入查找字符为"天＊学"，查找结果可以查找到"天文学"、"天体力学"、"天体物理学"等。通配符"＊"可以匹配多个字符，"?"可以匹配单个字符。

（5）区分全/半角：可在查找过程中区分全/半角的英文和数字。

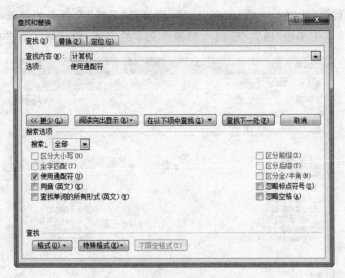

图 1-26 "查找"选项卡的高级形式

（6）特殊格式：打开"特殊格式"列表，可选择查找的特殊内容，如"段落标记"等。

（7）格式：打开"格式"列表，可选择对查找的文本进行格式设定。

小技巧   **打开"查找和替换"对话框中的"查找"选项卡**

在 Word 文档中，按 Ctrl＋F 键可以打开"查找和替换"对话框中的"查找"选项卡。

3. 替换文本

替换是指先查找所需要替换的内容，再按照指定的要求给予替换。替换文本的具体操作步骤如下。

（1）在"开始"选项卡的"编辑"组中单击"替换"命令，弹出"查找和替换"对话框，如图 1-27 所示。

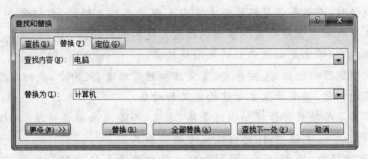

图 1-27 "替换"选项卡

（2）选择"替换"选项卡，在"查找内容"文本框中输入要查找的文字，在"替换为"文本框中输入要替换的内容。

（3）单击"替换"按钮，即可完成替换。

（4）如果要一次替换文档中的全部被替换对象，可单击"全部替换"按钮。

（5）单击"替换"选项卡中的"更多"按钮，将打开"替换"选项卡的高级形式，如图1-28所示。在该选项卡中单击"格式"按钮可对替换文本的字体、段落格式等进行设置。

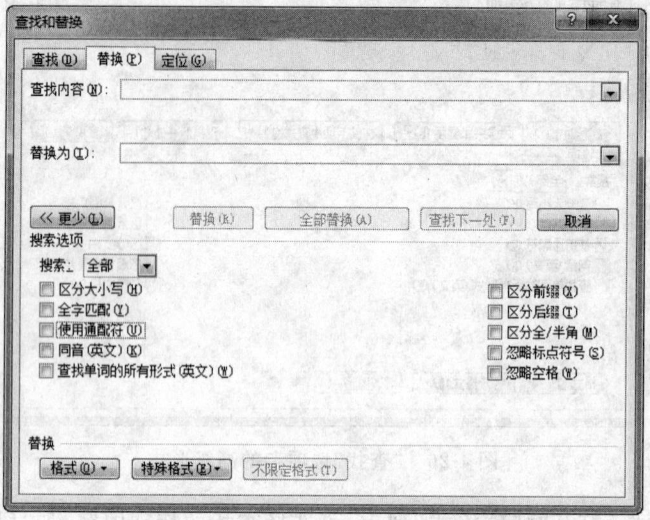

图1-28　"替换"选项卡的高级形式

任务1-1　替换文中的回车符合并段落

将下面各段文字除标题"建构主义的教学模式和教学方法"外，其余各段合并为一个自然段。

建构主义的教学模式和教学方法

与建构主义学习理论以及建构主义学习环境相适应的教学模式为：

"以学生为中心，在整个教学过程中由教师起组织者、指导者、帮助者和促进者的作用，利用情境、协作、会话等学习环境要素充分发挥学生的主动性、积极性和首创精神，最终达到使学生有效地实现对当前所学知识的意义建构的目的。"

在这种模式中，学生是知识意义的主动建构者；

教师是教学过程的组织者、指导者、意义建构的帮助者、促进者；教材所提供的知识不再是教师传授的内容，而是学生主动建构意义的对象；

媒体也不再是帮助教师传授知识的手段、方法，而是用来创设情境、进行协作学习和会话交流，即作为学生主动学习、协作式探索的认知工具。

显然，在这种场合，教师、学生、教材和媒体等四要素与传统教学相比，各自有完全不同的作用，彼此之间有完全不同的关系。

但是这些作用与关系也是非常清楚、非常明确的，因而成为教学活动进程的另外一种稳定结构形式，即建构主义学习环境下的教学模式。

任务分析：

合并段落的常用方法是将需合并段落中间的段落标记（回车符）删除，当段落数量较多时,使用查找替换完成非常方便。通过选择"特殊格式"中的"段落标记"选项,可直接将其代码产生于列表框中,在"替换为"文本框中不输入任何内容,即可合并若干段落。

实施步骤:

(1) 选择要合并的段落,即标题段落下的 7 个自然段。

(2) 在"开始"选项卡的"编辑"组中单击"替换"命令,打开"查找和替换"对话框。

(3) 将插入点光标置于"查找内容"列表框,单击"高级"按钮,在图 1-29 所示的"特殊格式"列表框中选择"段落标记"选项。在"查找内容"列表框中自动出现特殊符号^P。在"替换为"文本框中不输入任何内容。

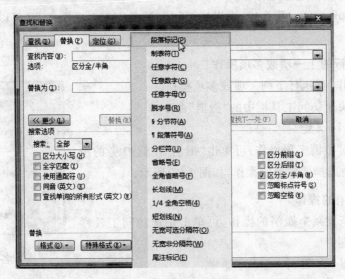

图 1-29 替换段落标记

(4) 单击"全部替换"按钮,马上会弹出如图 1-30 所示的提示框,提示已完成对所选范围内容的替换,并询问是否对其余部分进行替换,可单击"否"按钮。

图 1-30 提示已完成对所选内容的替换

(5) 实现结果为文档中的多个自然段合并为一个段落。

建构主义的教学模式和教学方法

与建构主义学习理论以及建构主义学习环境相适应的教学模式为:"以学生为中心,在整个教学过程中由教师起组织者、指导者、帮助者和促进者的作用,利用情境、协作、会话等学习环境要素充分发挥学生的主动性、积极性和首创精神,最终达到使学生有效地实现对当前所学知识的意义建构的目的。"在这种模式中,学生是知识意义的主动建构者;教师是教学过程的组织者、指导者、意义建构的帮助者、促进者;教材所提供的知识不再是教师传授的内容,而是学生主动建构意义的对象;媒体也不再是帮助教师传授知识的手段、方法,而是用来创设情境、进行协作学习和会话交流,即作为学生主动学习、协作式探索的认知工具。显然,在这种场合,教师、学生、教材和媒体四要素与传统教学相比,各自有完全不同的作用,彼此之间有完全不同的关系。但是这些作用与关系也是非常清楚、非常明确的,因而成为教学活动进程的另外一种稳定结构形式,即建构主义学习环境下的教学模式。

1.3.6　撤消、恢复或重复操作

在 Microsoft Office 程序中,可以撤消和恢复多达 100 项操作,并可以重复任意次数的操作。

1. 撤消执行的上一项或多项操作

要撤消操作,可执行下列一项或多项操作。

(1) 单击快速访问工具栏中的"撤消"命令 。

(2) 按 Ctrl+Z 键。

(3) 要同时撤消多项操作,可单击"撤消"按钮 旁的按钮 ,从列表中选择要撤消的操作,如图 1-31 所示。

2. 恢复撤消的操作

(1) 若要恢复某个撤消的操作,可单击快速访问工具栏中的"恢复"按钮 。

(2) 按 Ctrl+Y 键。

图 1-31　撤消多项操作

3. 重复上一项操作

(1) Word 若要重复上一项操作,可单击快速访问工具栏中的"重复"命令 。

(2) 按 Ctrl+Y 键。

1.4　字符格式

欲使一篇文章具有较好的可读性,通常要设置字符格式。字符是指汉字、英文字母、数字和标点符号等,设置字符格式通常指改变字符的外观,包括字体、字号、字形、字符间距和特殊效果等项目的设置。

1.4.1　设置字符格式

在 Word 2007 文档中输入的中文字符默认为五号宋体,为了使文档更加美观、条理更加清晰,通常需要对字符进行格式化操作。

设置文本的字体、字号和颜色是格式化文档的最基本的操作,可以通过"字体"组中的各个命令进行设置,如图 1-32 所示也可以通过"字体"对话框进行设置。

1. 设置字体

Word 2007 提供了许多的中文字体和英文字体,还可以添加更多的字体。系统默认

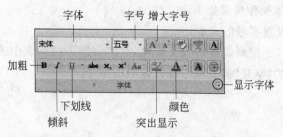

图 1-32　"字体"组命令

的中文字体是宋体。

设置字体的操作步骤如下。

（1）在文档中选中需要设置字体的文本。

（2）单击"开始"选项卡的"字体"组中的"字体"下拉列表右侧的按钮▼，在下拉列表中选择需要的字体。也可以选择"开始"选项卡，单击"字体"对话框启动器，打开"字体"对话框，使用"字体"选项卡设置文本的字体。在"中文字体"下拉列表中选择中文字体，在"西文字体"下拉列表中选择英文字体，如图 1-33 所示。

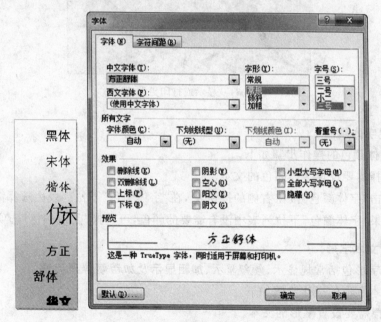

图 1-33　"字体"选项卡

2. 设置字号

字号是指字体的大小，我国国家标准规定字体大小的计量单位是"号"，如四号、五号等，而西方国家标准规定字体大小的计量单位是"磅"，如 9 磅、10 磅等，两者之间的换算关系是：9 磅字相当于五号字。

Word 2007 有两种字号的表示方式：一种是中文标准，如一号、二号等表示方法，最大是初号，最小是八号；另一种是西文标准，如用数字表示，最小的是 5 磅。

设置字号的具体操作步骤如下。

(1)选择需要设置字号的文本。

(2)单击"字号"下拉列表右侧的按钮▼,在"字号"下拉列表中选择所需的字号,或者在"字体"对话框中的"字号"列表框中选择需要的字号。

🖈 小技巧

如果需要显示或打印比初号更大的字。不妨试一试在字号列表框中直接输入所想要的字号磅值,如图1-34所示。到底能够显示或打印多大的字,还是自己试一试吧。

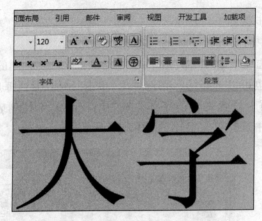

图1-34　显示或打印更大的字

3. 设置字体颜色

设置字体颜色的操作步骤如下。

(1)选择需要设置字体颜色的文本。

(2)单击"字体颜色"按钮右侧的按钮▼,在"字体颜色"下拉列表中选择需要的颜色。

(3)如果"字体颜色"下拉列表中没有需要的颜色,可选择"其他颜色"选项。

4. 设置文本字形

文本的字形包括常规显示、*倾斜显示*、**加粗显示**及***加粗倾斜显示***等。

设置文本字形的操作步骤如下。

(1)选择需要设置字形的文本。

(2)单击"倾斜"按钮倾斜文本,单击"加粗"按钮加粗文本。

5. 设置下划线和文字边框

设置文本下划线和边框的操作步骤如下。

(1)选择需要设置下划线和文字边框的文本。

(2)单击"下划线"按钮为文本添加单下划线,单击"字符边框"按钮为文本设置边框。

(3)如果要添加其他下划线,可以单击"下划线"按钮右侧的▼按钮,弹出下拉列表。在该下拉列表中选择"下划线"选项,或单击"其他下划线"命令弹出"字体"对话框,在"下划线线型"下拉列表中可设置其他类型的下划线;在"下划线颜色"下拉列表中可设置下划线的颜色,如图 1-35 所示。

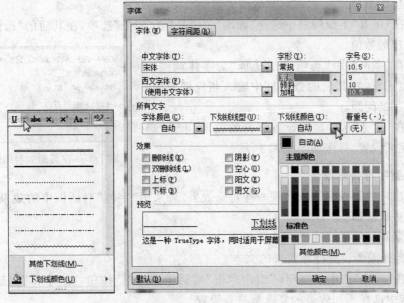

图 1-35 设置下划线

6. 设置字符间距和字符缩放

设置字符间距和字符缩放的操作步骤如下。

(1) 选择需要设置字符间距和字符缩放的文本。

(2) 在"开始"选项卡的"字体"组中单击"对话框启动器"按钮,在"字体"对话框的"字符间距"选项卡中,设置"缩放"或"间距"下拉列表,如图 1-36 所示。

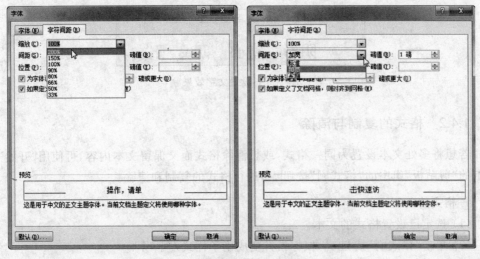

图 1-36 设置字符缩放和字符间距

（3）在该选项卡中的"缩放"下拉列表中选择需要的缩放比例。

（4）在"间距"下拉列表中选择"标准"、"加宽"或"紧缩"选项，在其后的"磅值"微调框中输入相应的数值。

（5）在"位置"下拉列表中选择"标准"、"提升"或"降低"选项，在其后的"磅值"微调框中输入相应的数值。

（6）在"字符间距"选项卡中选择"为字体调整字符间距"复选框，在其后的微调框中输入相应的数值，调整字与字的间距。

（7）在"预览"区中预览设置字符的效果，单击"确定"按钮完成设置，样张如图1-37所示。

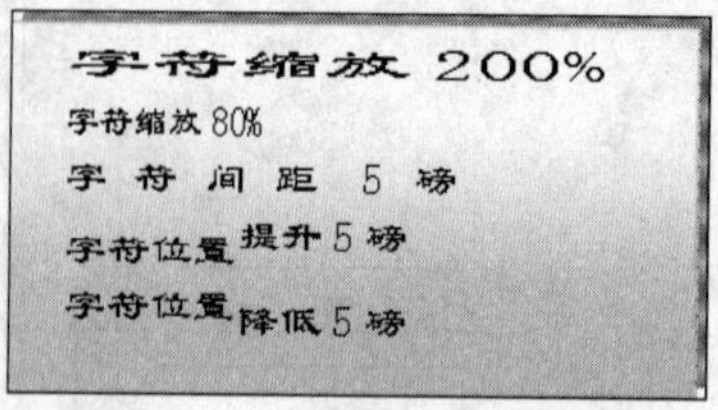

图 1-37　字符缩放与间距样张

7. 设置字符特殊效果

为突出一些重点字符或实现一些特殊效果，可采用"字体"对话框中的效果设置对所选定文本进行修饰。

设置字符特殊格式的操作步骤如下。

（1）选择需要设置特殊效果的文本。

（2）在"开始"选项卡"字体"组中单击"对话框启动器"按钮，在"字体"对话框的"字体"选项卡中选择不同效果的复选框进行设置。

小技巧　　悬浮工具栏的使用

在对字符进行字体、字号、字符颜色、加粗等设置时使用浮动工具栏更加方便快捷。

边学边做　　设置字体特殊效果

应用"字体"对话框中的"效果"复选框内容设置完成如图1-38所示的效果。

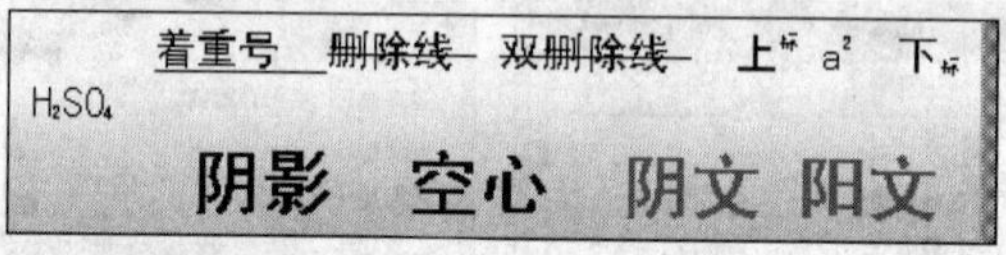

图 1-38　设置文字效果

1.4.2　格式的复制与清除

若想将多处文本设置为同一格式，或想清除格式而又保留文本内容，可使用"开始"选项卡的"剪贴板"组中的"格式刷"按钮，进行格式的复制和清除。

1. 格式的复制

（1）选定已设置格式的文本。

（2）单击"格式刷"按钮，鼠标指针变成刷子样式。

（3）将鼠标指针移动到准备复制格式的文本起始处。

（4）拖动鼠标至文本结束处，松开鼠标完成格式复制。

单击"格式刷"按钮只能复制一次,复制完成后鼠标指针自动恢复至原状。若要多次复制相同格式,需双击"格式刷"按钮,可连续拖动多次。若要取消此功能则再单击一次"格式刷"按钮或按 Esc 键即可。

2. 格式的清除

清除已设置的格式恢复到 Word 的默认状态,需首先选定设为默认格式的文本,用格式刷功能对目标文本进行格式复制。

任务 1-2　文字格式的设置

按照下面给出的格式样张对文字格式进行设置。

网络基础知识绪论

随着 *Internet* 网络的发展,地球村已不再是一个遥不可及的梦想。我们可以通过 *Internet* 获取各种我们想要的信息,查找各种资料,如文献期刊、教育论文、产业信息、留学计划、求职求才、气象信息、海外学讯、论文检索等。您甚至可以坐在电脑前,让电脑带您到世界各地作一次虚拟旅游。只要您掌握了在 *Internet* 这片浩瀚的信息海洋中遨游的方法,您就能在 *Internet* 中得到无限的信息宝藏。

什么是 *Internet*

到 *Internet* 海洋去冲浪,如今已成为一种时尚。每当我们拿起一张报纸、一本杂志或者打开收音机、电视机的时候,都可能听到一个词:*Internet*。而每每谈到 *Internet*,必然离不开 WWW、环球网、信息高速公路之类的时髦词儿,人们不禁要问,*Internet* 是什么? 从广义上讲,*Internet* 是遍布全球的联络各个计算机平台的总网络,是成千上万信息资源的总称;从本质上讲,*Internet* 是一个使世界上不同类型的计算机能交换各类数据的通信媒介。从 *Internet* 提供的资源及对人类的作用这方面来理解,*Internet* 是建立在高灵活性的通信技术之上的一个已硕果累累,正迅猛发展的全球数字化数据库。

***Internet* 在中国**

中国科学院高能物理研究所最早在 1987 年就开始通过国际网络线路接入 *Internet*。到 1997 年年底,已建成中国公用计算机网互联网(*CHINANET*)、中国教育科研网(*CERNET*)、中国科学技术网(*CSTNET*)和中国金桥信息网(*CHINAGBN*)等,并与 *Internet* 建立了各种连接。

任务分析:

3 个段落的标题为华文隶书、五号字、紫色、文字底纹;第一段正文为楷体、五号字;第二段正文为黑体、五号字;第三段正文为宋体、小五号字、字符间距加宽 1 磅;第三段正文中的 4 组大写英文单词为倾斜字体并加紫罗兰色双波浪下划线;3 个正文段落中的"Internet"替换为另一种西文字体、小四号字、加粗且倾斜、蓝色、阴影样式。

实施步骤:

(1) 新建一个文档,参照样例输入文本内容,默认宋体、五号字。文本中的数字为半角字符,标点符号为中文标点,按 Ctrl+空格键可切换中英文输入法,Caps Lock 为大写锁定键。

（2）按住 Ctrl 键选定 3 个段落标题，同时进行设置。在"开始"选项卡的"字体"组中的中文字体下拉列表中选择华文隶书；在"字号"下拉列表中选择五号；单击"字符底纹"按钮，添加默认底纹颜色；在"字体颜色"按钮的下拉列表中选择紫色。选定的 3 个段落标题文字格式同时设置完成。

（3）选定第一段正文，设置字体为楷体，字号为五号。

（4）选定第二段正文，设置字体为黑体，字号为五号。

（5）选定第三段正文，设置字体为宋体，字号为小五号。

单击"字体"组中的"对话框启动器"按钮，在"字体"对话框的"字符间距"选项卡中调整"字符间距"为加宽 1 磅。

（6）按住 Ctrl 键同时选定第三段正文中的 4 组大写英文单词，单击"倾斜"按钮，单击"下划线"按钮右侧的按钮▼，在下拉列表中选择"其他下划线"，打开"字体"选项卡，在其"下划线"的列表框中选择双波浪线，在"下划线颜色"列表框中选择紫色，单击"确定"按钮。

（7）将鼠标光标置于文首，单击"开始"选项卡的"编辑"组中的"替换"按钮，打开"查找和替换"对话框，在"替换"选项卡中，查找内容为"Internet"，替换内容为"Internet"，打开对话框中的"更多"按钮，将光标定位于"替换为"文本框中，单击"格式"按钮，单击"字体"命令，打开"查找字体"对话框。在其中设置一种英文字体、字号为小四号、加粗且倾斜、红色、效果中选择阴影，单击"确定"按钮。格式设置内容显示在"替换为"文本框下方。

（8）单击"替换"命令，光标停留在第一个"Internet"处。再次单击"替换"按钮，光标至下一个目标，当光标选定在段落标题处的"Internet"时，直接单击"查找下一处"按钮，即可对正文中按要求替换。

（9）也可预先同时选定 3 段正文文本，再进行替换编辑工作，设置完成后可直接单击"全部替换"按钮，即可实现对所选范围的一次性操作。

1.5　设置段落格式

段落格式设置主要包括段落对齐方式、段落缩进、间距与行距、项目符号和编号等。段落以段落标记"↵"表示一个段落的结束。当输入文本到右边界时，Word 会自动换行，只有在需要另起新的段落时，才按 Enter 键，产生一个段落标记。

段落格式的设置一般可通过"开始"选项卡的"段落"组中的命令和"段落"对话框进行设置。

打开"段落"对话框的方法如下。

（1）单击"开始"选项卡的"段落"组中的"对话框启动器"按钮。

（2）右击，在弹出的快捷菜单中单击"段落"命令，如图 1-39 所示。

1.5.1　设置段落对齐方式

段落对齐指文档边缘的对齐方式，包括两端对齐、居中对齐、左对齐、右对齐和分散对

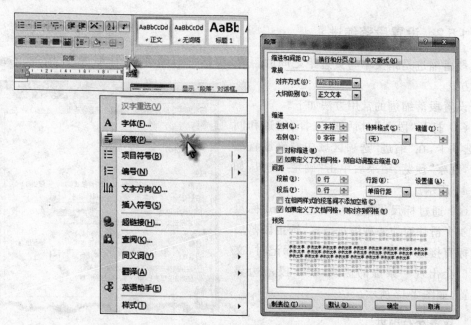

图 1-39　"段落"对话框

齐。用户可以使用"开始"选项卡的"段落"组中的命令设置段落的对齐方式，也可以打开"段落"对话框，设置段落对齐方式，如图 1-40 所示。

图 1-40　段落对齐方式

（1）两端对齐：是指段落的每行首尾对齐，是 Word 的默认对齐方式。当各行之间的字体大小不同时，将自动调整字符间距，以保持段落的两端对齐。

（2）左对齐：使整个段落在页面上靠左对齐排列。

（3）右对齐：使整个段落在页面上靠右对齐排列。

（4）居中对齐：使整个段落在页面上居中对齐排列。

（5）分散对齐：整个段落文本两端充满且均匀分布，多行段落时体现在最后一行。

边学边做　　设置段落对齐

创建一个具有 5 个段落的文档，分别设置为两端对齐、居中对齐、左对齐、右对齐和分散对齐 5 种段落对齐格式，仔细观察设置效果。

1.5.2　设置段落缩进

段落缩进是指文本与页边距之间的距离,包括首行缩进、悬挂缩进、左缩进、右缩进4种方式。

设置段落缩进的常用方法如下。

(1) 打开"段落"对话框,选择"缩进和间距"选项卡,在"缩进"选项区域中精确设置缩进量,观察"预览"结果后单击"确定"按钮,如图1-41所示。

(2) 通过标尺设置段落缩进,Word标尺中有4个滑块对应4种缩进方式,选定段落后用鼠标直接拖动滑块,在拖动滑块标记时,文档窗口会出现一条虚的竖线,表示段落边界的位置,如图1-42所示。

图1-41　"缩进和间距"选项卡

1. 段落左右缩进

段落左右缩进是指段落的左、右两端与页面左、右边距间的距离,如图1-43所示。以厘米或字符为单位,在"段落"对话框中可直接修改度量值。默认左右缩进与左右边距重合。

图1-42　利用标尺设置段落缩进

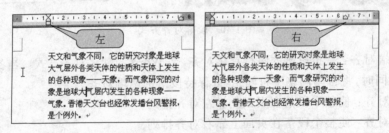

图1-43　左右缩进设置样式

2. 特殊格式

特殊格式是指"首行缩进"和"悬挂缩进"两种设置。悬挂缩进即段落中的首行文本不缩进,但是下面的行缩进,首行缩进与其正好相反如图1-44所示。

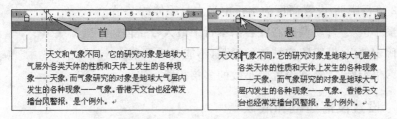

图 1-44　首行缩进与悬挂缩进

1.5.3　设置段落间距和行间距

用户可以通过"段落"组中的"行距"命令设置行距,或通过"段落"对话框来调整段落的行间距和段落间距。

1. 段落间距

选定段落或将光标定位于该段落中,单击"段落"组中的"对话框启动器"按钮,打开"段落"对话框,选择"缩进和间距"选项卡,在"段前"和"段后"微调框中分别设置数值,预览后单击"确定"按钮,如图 1-45 所示。分别设定当前段落与前、后段落之间的距离。以行或磅值为单位。

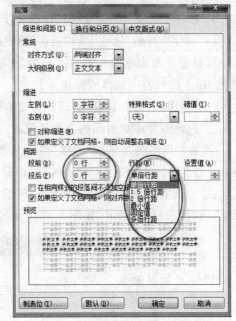

图 1-45　"缩进和间距"选项卡

2. 行间距

选定需要设置行距的段落,打开"段落"对话框,选择"缩进和间距"选项卡,在"行距"下拉列表中选择行距,预览后单击"确定"按钮。

在"开始"选项卡的"段落"组中单击"行距"按钮 快速设置行距,如图 1-46 所示。

(1)"单倍行距":每行高度可容纳本行中最大号字体,上下留有适当空隙。这是默认行距。

(2)"1.5 倍行距":设置高度为本行中最大号字体的 1.5 倍。

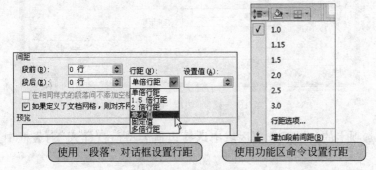

图 1-46　设置段落行距

（3）"2 倍行距"：设置高度为本行中最大号字体的 2 倍。

（4）"最小值"：自动调整高度容纳本行中最大号字体。

（5）"固定值"：设置固定数值的行距，不能自动调节。

（6）"多倍行距"：允许设置带小数的多倍行距。

1.5.4　设置段落边框和底纹

在进行文字处理时，可以在文档中添加多种样式的边框和底纹，以增加文档的生动性和实用性。

1. 设置边框

不同的边框设置方法不同，Word 2007 提供了多种边框类型，用来强调或美化文档内容。为文本或段落添加边框的具体操作步骤如下。

（1）使用"开始"选项卡的"段落"组中的命令为文本添加边框

选择要添加边框的文本，在"开始"选项卡的"段落"组中单击"下框线"按钮右侧的按钮▼，在下拉列表中选择所需边框。

（2）使用"边框和底纹"对话框为文本或段落添加边框

① 选定需要添加边框的文本或段落。

② 在"开始"选项卡的"段落"组中单击"下框线"按钮，在弹出的下拉列表中单击"边框和底纹"命令，打开"边框和底纹"对话框。

在"页面布局"选项卡的"页面布局"组中单击"页面边框"命令，打开"边框和底纹"对话框，选择"边框"选项卡，如图 1-47 所示。

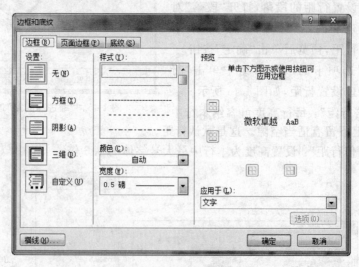

图 1-47　"边框"选项卡

③ 在该选项卡的"设置"选项区域中选择边框类型；在"样式"列表框中选择边框的线型。

④ 单击"颜色"下拉列表右侧的按钮▼，打开"颜色"下拉列表，如图 1-48 所示。在该

下拉列表中选择需要的颜色。

　⑤ 如果在"颜色"下拉列表中没有用户需要的颜色,可选择"其他颜色"选项,弹出"颜色"对话框,如图 1-49 所示。在该对话框中选择需要的标准颜色或者自定义颜色。

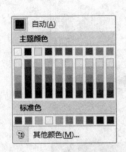

图 1-48 "颜色"下拉列表

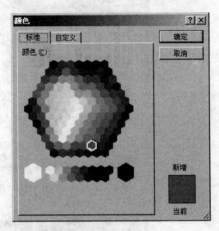

图 1-49 "颜色"对话框

　⑥ 在"宽度"下拉列表中选择边框的宽度。

　⑦ 在"应用于"下拉列表中选择"文本"或"段落"。

　⑧ 设置完成后,单击"确定"按钮即可为文本或段落添加边框。

2. 添加底纹

可在"开始"选项卡的"段落"组中单击"底纹"命令或使用"段落"对话框为文本和段落添加底纹。

(1) 使用"开始"选项卡的"段落"组中的"底纹"命令设置底纹

　① 选定需要添加底纹的文本或段落。

　② 在"开始"选项卡中的"段落"组中单击"底纹"按钮右侧的按钮 ▼,在下拉列表中选择底纹颜色。

(2) 使用"边框和底纹"对话框设置"底纹"

　① 在"开始"选项卡的"段落"组中单击"下框线"→"边框和底纹"命令,打开"边框和底纹"对话框,选择"底纹"选项卡,在"填充"选项区域中的下拉列表中选择颜色,如图 1-50 所示。

　② 单击"样式"下拉列表后的 ▼ 按钮,打开"样式"下拉列表,在列表中选择底纹的样式比例,如图 1-51 所示。

　③ 设置完成后,单击"确定"按钮即可为文本或段落添加底纹。

边学边做

为下面文字分别添加文字和段落的边框和底纹效果,并加以比较。

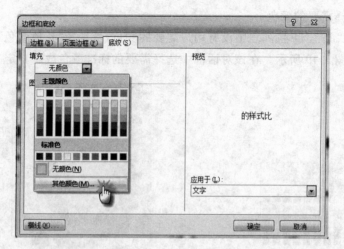

图1-50　"底纹"对话框

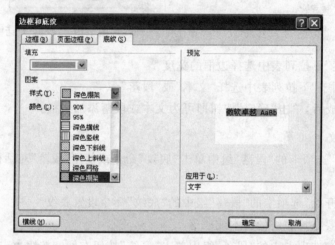

图1-51　"样式"下拉列表

文字边框和底纹效果如下：

> 在 Microsoft Office Word 2007 中，边框可以加强文档各部分的效果，使其更有吸引力。可以向页面、文本、表格和表格单元格、图形对象和图片添加边框。

段落边框和底纹效果如下：

> 【注意】给段落添加边框和底纹的方法与给文本添加边框和底纹的方法相同。需注意的是：在"边框"和"底纹"两个选项卡中的"应用于"列表框中应选择"段落"。

3. 设置页面边框

要设置页面边框，只需在"边框和底纹"对话框中选择"页面边框"选项卡，其中的设置基本上与"边框"选项卡相同，只是多了"艺术型"下拉列表，通过该下拉列表可以定义页面的边框，如图1-52所示。

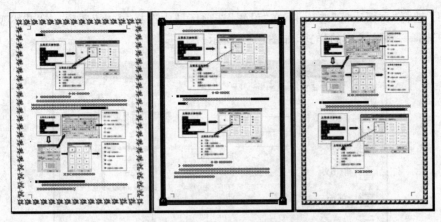

图 1-52　为文档的页面设置边框

此项操作不需要选定全文，操作方法与文字和段落的边框设置方法相同。

任务 1-3　设置段落底纹和页面边框

在文档中，为段落设置底纹效果，为页面设置艺术型边框效果，如图 1-53 所示。

图 1-53　设置段落底纹和页面边框

任务分析：

此任务需要一个多段落的文本，读者可以自己创建或打开任意一个已存在的文本，段落底纹和页面边框都可通过"边框和底纹"对话框实现。

实施步骤：

（1）启动 Word 2007，打开文档。

（2）单击"开始"选项卡的"段落"组中的"下框线"按钮右侧的按钮▼，在弹出的下拉列表中单击"边框和底纹"命令，弹出"边框和底纹"对话框。

（3）选择"页面边框"选项卡，在"设置"选项区域中选择"方框"选项，在"艺术型"下拉列表中选择一种艺术型的样式，如图1-54所示。

图1-54　"页面边框"选项卡

提示

在"页面布局"选项卡"页面背景"组中单击"页面边框"命令，也可以打开"边框和底纹"对话框。

（4）选择标题文本，选择"底纹"选项卡，在"填充"下拉列表中选择"红色 强调文字颜色2 淡色60%"，在"应用于"下拉列表中选择"段落"，单击"确定"按钮。

（5）选择正文第一段，选择"底纹"选项卡，在"图案"中的"样式"下拉列表中选择"深色网格"，在"图案"中的"颜色"列表框中选择"深蓝 文字2 淡色80%"，在"应用于"下拉列表中选择"段落"，单击"确定"按钮。

（6）为其他文字添加底纹。

1.5.5　设置分栏

分栏可使版面显得更加生动。Word提供的分栏功能以段落为单位。

（1）如对整篇文档进行分栏，则不需要选定文本；如对部分段落进行分栏，则需选定段落。

（2）单击"页面布局"选项卡的"页面设置"组中的"分栏"命令，在列表中选择所分栏目，单击列表中的"更多分栏"命令可以打开"分栏"对话框，如图1-55所示。

（3）在"预设"选项组中选择分栏样式，共有5种预设样式；也可在"列数"文本框输入列数，最多可设置11栏。

（4）根据需要可选择"栏宽相等"和"分隔线"两个复选框。

（5）如需调整栏宽，可在"分栏"对话框的"栏宽"和"间距"编辑区中进行设置，也可在水平标尺显示的分栏标记中用鼠标拖动，如图1-56所示。

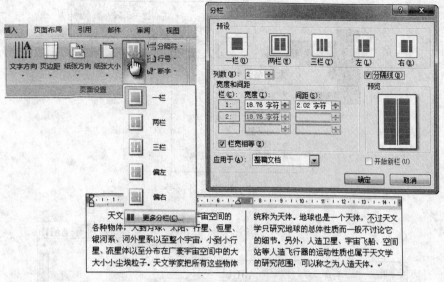

图 1-55　"分栏"对话框与分栏效果示例

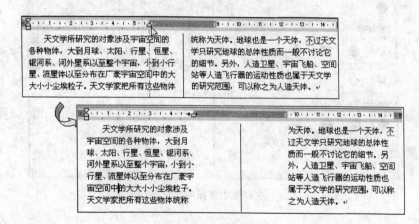

图 1-56　改变分栏宽度

1.5.6　设置段落编号和项目符号

在编辑条目性文本时需要添加编号或用特定的符号,使文档条理清晰,增强可读性。

1. 设置项目符号和编号

(1) 选定文本中段落,单击"开始"选项卡的"段落"组中的"项目符号"和"编号"命令,为段落添加默认项目符号和编号,如图 1-57 所示。

(2) 选定文本中段落,单击"开始"选项卡的"段落"组中的"项目符号"和"编号"命令右侧的按钮▼,在列表中选择所需的项目符号和编号,如图 1-58 所示。

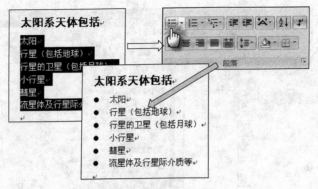

图 1-57　设定项目符号

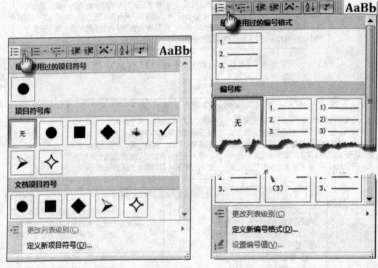

图 1-58　在列表中选择项目符号和编号

2. 自定义"项目符号"和"编号"

（1）定义新项目符号

选定文本中的段落,在"开始"选项卡的"段落"组中单击"项目符号"命令右侧的按钮▼,在列表中选择"定义新项目符号",打开"定义新项目符号"对话框并进行设置,如图 1-59 所示。

（2）定义新编号格式

选定文本中段落,在"开始"选项卡的"段落"组中单击"编号"命令右侧的 ▼ 按钮,在列表中选择"定义新编号格式",打开"定义新编号格式"对话框并进行设置,如图 1-60 所示。

1.5.7　设置段落制表位

制表位用来规范字符所处的位置。通常人们也可以利用空格键来规范字符的位置,但是这样不但太麻烦而且不能保证能排得规范。利用制表位就可以克服以上缺点。打印

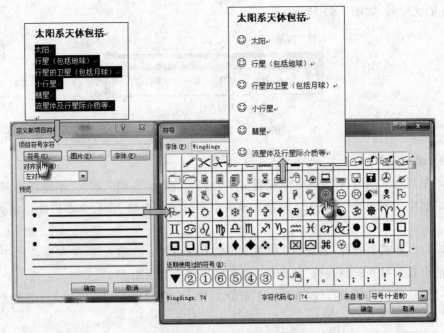

图 1-59　设置自定义的项目符号

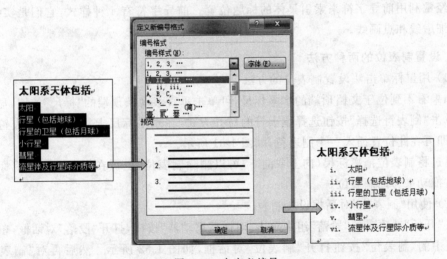

图 1-60　自定义编号

菜单、价目表、文档目录、公文的单位落款、文件后署名或日期可使用制表位操作,从而使操作更加方便快捷。

1. 制表位的三要素

制表位的三要素包括制表位位置、制表位的对齐方式和制表位的前导字符。在设置一个新的制表位格式时,主要是针对这 3 个要素进行操作。

（1）制表位位置

制表位位置用来确定表内容的起始位置,比如,确定制表位的位置为 10.5 厘米时,在该制表位处输入的第一个字符是从标尺上的 10.5 厘米处开始,然后,按照指定的对齐方式向右依次排列,如图1-61所示。

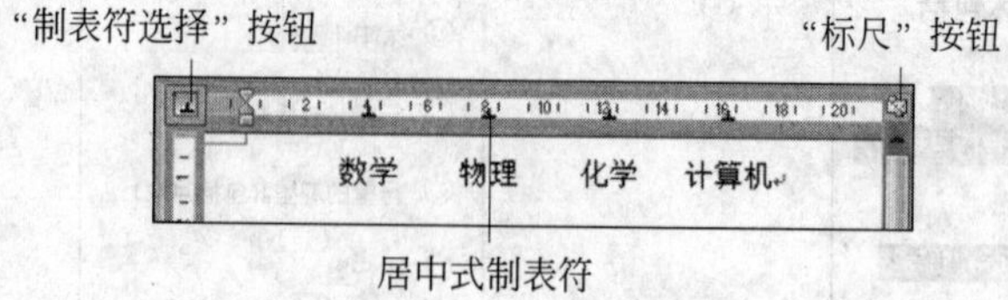

图1-61　制表符及按钮

(2) 对齐方式

┗ "左对齐式制表符"制表位:设置文本的起始位置。在输入时,文本将移动到右侧。

┻ "居中式制表符"制表位:设置文本的中间位置。在输入时,文本以此位置为中心显示。

┛ "右对齐式制表符"制表位:设置文本的右端位置。在输入时,文本移动到左侧。

┷ "小数点对齐式制表符"制表位:使数字按照小数点对齐。

┃ "竖线对齐式制表符"制表位:不定位文本。它在制表符的位置插入一条竖线。

(3) 前导字符

前导字符是制表位的辅助符号,用来填充制表位前的空白区域。比如,在书籍的目录中,就经常利用前导字符来索引具体的标题位置。前导字符有4种样式,它们是实线、粗虚线、细虚线和点画线。

2. 设置制表位的两种方法

(1) 用鼠标单击法设置制表位的方法

如果看不到位于文档顶端的水平标尺,可单击垂直滚动条顶端的"标尺"按钮,显示标尺。单击"制表符选择"按钮选择制表符的对齐方式,在水平标尺上需要插入制表符位置单击,即可在此位置插入一个制表符,如图1-61所示。

通过将制表位拖离标尺(向上或向下)可以删除制表位,也可在标尺上利用鼠标向左或向右拖动来移动制表位。

(2) 使用"制表位"对话框设置制表位

在"开始"选项卡的"段落"组中单击"对话框启动器"按钮,打开"段落"对话框,单击该对话框中的"制表位"按钮打开"制表位"对话框,如图1-62所示。然后再对"制表位位置"、"对齐方式"和"前导符"等进行选择。所谓"前导符"就是准备加到字符前的小圆点、细线条等。

按Tab键即可快速地把光标移动到下一个制表位处,在制表位处输入各种数据的方法与常规段落完全相同。

除了这5种制表符以外,还有一个默认的制表符,它是按Tab键以后产生的那个灰色向右的箭头。默认情况下,按一次Tab键,将在文档中插入一个制表符,其间隔为0.74厘米。所以,这个制表符本身也可以规范字符的位置。

前导符的各个选项意义如下。

1:不在制表位前面添加任何前导字符。

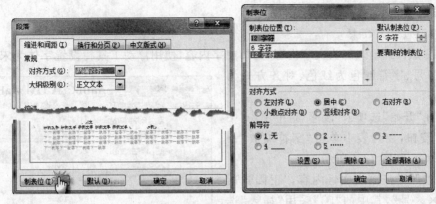

图 1-62　"制表位"对话框

2：指定在制表位前面添加紧密虚线。

3：指定在制表位前面添加虚线。

4：指定在制表位前面添加实线。

5：指定在制表位前面添加松散虚线。

"制表位"对话框中的 3 个按钮意义如下。

"设置"按钮：用指定的选项创建新制表位或更新以前设置的制表位位置。

"清除"按钮：将所选的制表位位置标记为删除。单击"确定"按钮时，会从列表中删除要清除的制表位。

"全部清除"按钮：将所有存储的制表位位置标记为删除。单击"确定"按钮时，会从列表中删除要清除的制表位。

任务 1-4　制作如图 1-63 所示的公文文档

公文要求：

（1）设置公文红头，文字内容如样张所示，字体如样张所示，字符颜色为红色。

（2）红头及文号下方设置一条红线。

（3）公文标题为二号宋体或黑体、加粗、居中显示。

（4）公文中需要填写的文字内容用"××××"符号表示。

（5）公文中正文字体为三号仿宋、行距为 1.2 倍。

（6）保存文件。

任务分析：

要完成以上要求，可首先按样张输入文本字符，对字符和段落进行格式设置、边框设置、完成编辑后保存文件。

图 1-63　公文模板

实施步骤：

(1) 设置公文红头

① 参照样式输入红头文字内容，选择文字内容，使用浮动工具栏设置字体为宋体、字号为小初号、字符颜色为红色、对齐方式为分散对齐。

② 在"开始"选项卡"段落"组中单击"中文版式"按钮，在列表中单击"字符缩放"→"80％"命令，如图 1-64 所示。

③ 参照样张输入文号内容，"正阳党通〔2010〕××号"，其中的"〔〕"采用"插入"选项卡中"插入符号"命令插入。"××"表示由用户替换的内容。

④ 将插入点光标定位在文号尾部，在"开始"选项卡的"段落"组中单击"下划线"右侧的按钮▼，在列表中单击"横线"命令绘制横线，双击横线，打开"设置横线格式"对话框，横线颜色为红色，高度为 2 磅，如图 1-65 所示。

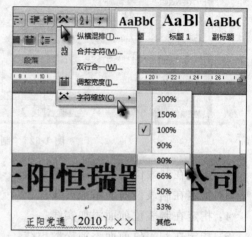

图 1-64　设置字符缩放

(2) 设置公文标题和公文内容

① 输入模板标题内容"关于×××××的通知"，设置标题字体为黑体、字号为二号、对齐方式为居中对齐。

② 输入模板内容，用"×××"表示用户替换内容，使用"开始"选项卡中的命令设置正文字体为仿宋、字号为三号，使用"段落"对话框中的命令设置首行缩进 2 个字符，行距为 1.5 倍行距。

③ 在正文内容后标尺右侧适当位置设置居中式制表符，并输入发文单位及发文日期，如图 1-66 所示。

图 1-65　"设置横线格式"对话框

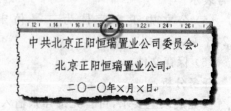

图 1-66　设置居中式制表符

（3）主题词、抄送等项的设置

① "主题词"用三号黑体字，居左顶格标识，后标全角冒号。词目用三号小标宋体字；词目之间空一字。

② 公文如有抄送，首先换行；左空一字用三号仿宋体字标识"抄送"，后标全角冒号；抄送机关间用顿号隔开，换行时与冒号后的抄送机关对齐；在最后一个抄送机关处标句号。如主送机关移至主题词之下，标识方法同抄送机关。

③ 印发机关和印发时间位于抄送机关之下（无抄送机关在主题词之下）占 1 行位置；用三号仿宋体字。印发机关左空 1 字，印发时间右空 1 字。印发时间以公文付印的日期为准，用阿拉伯数字标识。

④ 选择"抄送"一段文字，或将光标定位在该段落中，在"开始"选项卡的"段落"组中单击"下框线"右侧的按钮▼，在列表中单击"边框和底纹"命令，打开"边框和底纹"对话框。为该段落设置上下边框线，如图 1-67 所示，结果样张如图 1-68 所示。

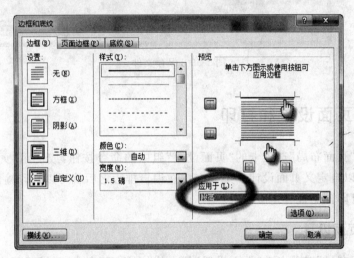

图 1-67　设置段落上下边框线

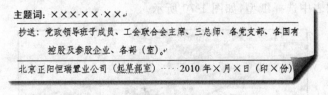

图 1-68　公文主题词、抄送格式效果

（4）保存文件

单击快速启动工具栏中的"保存"命令，在"另存为"对话框中选择文件保存位置，并在"文件名"文本框中输入保存文件名称，单击"保存"按钮，如图 1-69 所示。

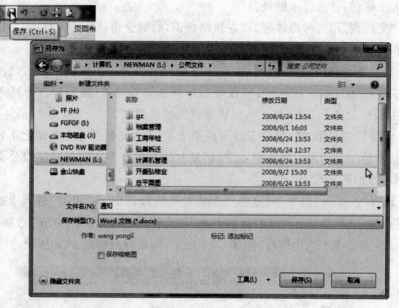

图 1-69　保存文件

1.6　文档页面设置和打印

通过单击"页面布局"选项卡的"页面设置"组中的命令按钮,或使用"页面设置"对话框中的选项可以自定义页面设计方案。文章在编辑排版之后就可以打印输出了。在打印前,可以利用打印预览查看排版效果。

1.6.1　页面设置

单击"页面布局"选项卡的"页面设置"组中的"页边距"命令,可设置页边距为"普通"、"窄"、"适中"、"宽"等。单击"纸张方向"命令,在列表中选择"纵向"或"横向"。单击"纸张大小"命令,在列表中选择纸型,如图 1-70 所示。

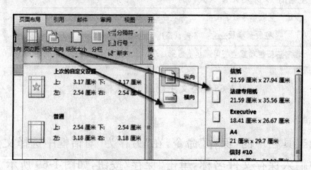

图 1-70　常用页面设置命令

在"页面布局"选项卡的"页面设置"组中单击"对话框启动器"按钮,打开"页面设置"

对话框,在对话框中也可设置"页边距"、"纸张方向"、"纸张大小"和"垂直对齐"等,如图 1-71 所示。

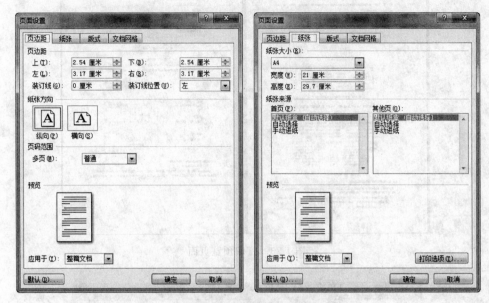

图 1-71　"页面设置"对话框

1.6.2　打印预览

打印预览用于打印输出前的模拟显示,它在页面视图方式显示文档完整打印效果的基础上,增加了同时显示文档多个页面内容的功能,有助于检查文档的布局。

(1) 单击 Office 按钮 →"打印"→ "打印预览"命令,如图 1-72 所示,打开打印预览页面,如图 1-73 所示。

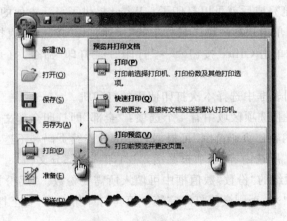

图 1-72　"打印预览"命令

(2) 在打印预览页面中有打印预览功能区,可实现多种预览效果,如图 1-74 所示。

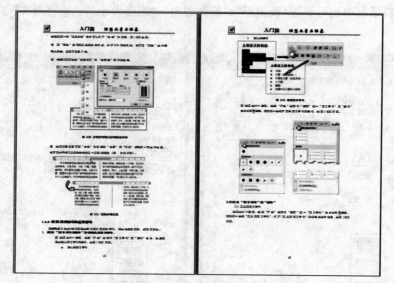

图 1-73　打印预览页面

图 1-74　打印预览功能区

1.6.3　打印

用户在打印预览完成后就可以打印了。Word 提供了灵活方便的打印功能。

(1) 快速打印：单击快速启动工具栏中的"快速打印"按钮，可直接打印。

(2) 打印文档：单击 Office 按钮⚫→"打印"→"打印"命令，打开"打印"对话框，如图 1-75 所示。

(3) 在"名称"列表框中选择本次打印使用的打印机。

(4) 在"页面范围"选项区域中有 4 个选项："全部"即打印全部文档内容；"当前页"只打印鼠标所在页面内容；"页码范围"可根据需要进行连续页码和不连续页码的打印；若在文档中选定内容，则"所选内容"选项被激活，只打印选定部分文档。

(5) "副本"选项组的"份数"数值框中可填入所需要份数。"逐份打印"是指在打印多份文本时按份打印出来，否则全部打印完第一页再打印第二页，直至打印完毕。

　提示

打印文件时要占用内存空间，如打印内容过多，要分批打印，否则内存不足将不能打印出公式或特殊格式。

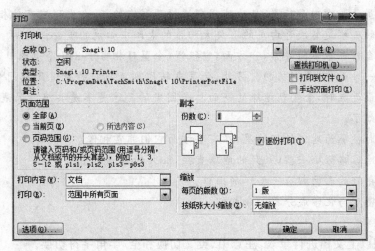

图 1-75 "打印"对话框

本章小结

本章主要讲解的是文字处理软件的基本编辑功能。以 Word 2007 软件版本为例,介绍了编辑窗口和基本操作,旨在使读者通过这一章的学习能够独立完成常规文档的创建与编辑。

在文档操作中包括新建文档、保存和打开文档。在输入文本后能对文档进行插入、删除、移动、复制、查找与替换等修改与编辑工作,从而使内容更加准确。在对文档的修饰中重点介绍的是字符格式设置和段落格式设置,字符格式设置包括字体、字号、字形、颜色、字符间距与缩放、添加边框和底纹等内容。段落格式设置包括段落对齐方式、段落缩进、段落间距与行距、分栏、项目符号和编号等。编辑工作完成以后先通过打印预览功能对其页面进行校验,预览后即可打印输出。

本章节内容较多,但实操性强,通过该软件"所见即所得"的功能能够帮助读者实现编辑一般文档的显著效果,同时为下一步学习打下良好基础。

综合练习

按要求完成对文档的编辑操作。

素材:

金星(希腊语:阿佛洛狄特;巴比伦语:Ishtar)是美和爱的女神,之所以会如此命名,也许是对古代人来说,它是已知行星中最亮的一颗。(也有一些异议,认为金星的命名是因为金星的表面如同女性的外貌。)

金星在史前就已为人所知晓。除了太阳与月亮外,它是最亮的一颗。就像水星,它通常被认为是两个独立的星构成的:晨星叫 Eosphorus,晚星叫 Hesperus,希腊天文学家更了解这一点。

　　既然金星是一颗内层行星,从地球用望远镜观察它的话,会发现它有位相变化。伽利略对此现象的观察是赞成哥白尼的有关太阳系的太阳中心说的重要证据。

　　金星的自转非常不同寻常,一方面,它很慢(金星日相当于 243 个地球日,比金星年稍长一些);另一方面,它是倒转的。另外,金星自转周期又与它的轨道周期同步,所以当它与地球达到最近点时,金星朝地球的一面总是固定的。这是不是共鸣效果或只是一个巧合就不得而知了。

　　金星有时被誉为地球的姐妹星,在有些方面它们非常相像:

　　金星比地球略微小一些(95％的地球直径,80％的地球质量)。

　　在相对年轻的表面都有一些环形山口。

　　它们的密度与化学成分都十分相似。

　　题目:

　　1. 参照以上文档进行录入,注意中、英文切换和全/半角字符切换。

　　2. 在正文前加上标题"美丽的金星",字体设置为黑体、三号、加粗,段后间距 1 行,标题居中,设置文字底纹,颜色自定。

　　3. 正文字体设置:中文设置为宋体、四号;英文设置为 Gungsuh、四号;各段首行缩进 2 字符,行距 1.3 倍。

　　4. 正文第一段添加左右各缩进 1.5 厘米。

　　5. 正文第二段分为等宽 2 栏,中间加分隔线。

　　6. 正文第三段文字字符间距调整 1 磅。

　　7. 正文第四段添加蓝色双线段落边框。

　　8. 正文第六、七、八段落添加项目符号,样式自定。

　　9. 试给全文添加页面边框,样式自定。

Chapter 2
第2章　制作图文并茂的文档

　　图文混排是 Word 的特色功能之一，可以在文档中插入由其他软件制作的图片，也可以插入用 Word 提供的绘图工具绘制的图形，使文章达到图文并茂的效果。

引例

　　人们经常可以在书刊、教材及各种类型的宣传页中见到图文并茂的文档。在文章中适当地插入一些艺术字、图片、文本框等，可以使文章生动活泼、主题突出。

　　图 2-1 所示是使用 Word 软件制作的一个计算机图形、一个图文混排的文档和一个带有背景的名片。

图 2-1　图文并茂文档的引例样张

　　图 2-1①是使用 Word 绘图工具绘制的一个计算机图形，在该图形的绘制过程中主要用到了 Word 自选图形，图形的单色填充效果、图片填充效果、图案填充效果、图形对象的组合等技能。

　　图 2-1②是一篇图文混排的文章，在文章中用插入了艺术字、文本框、剪贴画、自绘图形。对文本框应用了背景色填充、设置了文本框的边框及阴影。对整个页面设置了页面边框。

　　图 2-1③是一张精美的名片,在该名片中为名片的背景设置了背景图片,名片的左上方插入了一个自选图形并设置了背景颜色为红色。名片的各部分文字内容由不带边框的文本框来控制。

2.1　图形和图片

　　在文章中适当地插入一些图片和图形,会使文章显得生动有趣。Word 2007 具有强大的图文混排功能。

2.1.1　关于 Word 图形

　　基本图形类型:图形对象包括形状、图表、流程图、曲线、线条和艺术字等。这些对象是 Word 文档的组成部分。可以使用颜色、图案、边框和其他效果更改并增强这些对象。

1. 图形对象

　　(1)艺术字:使用已有效果创建的文本对象,并可以对其应用其他格式效果。

　　(2)自选图形:一组已有的形状,包括如矩形和圆形这样的基本形状,以及各种线条和连接符、箭头汇总、流程图符号、星与旗帜和标注等。

　　(3)图片:由两个或多个图形对象组合而成的图形文件或作为单个对象的位图文件。

　　自选图形、艺术字和图片对象的效果如图 2-2 所示。

图 2-2　自选图形、艺术字和图片

2. 绘图画布

　　向 Word 文档插入图形对象时,可以将图形对象放置在绘图画布中。绘图画布可帮助用户在文档中排列绘图。

　　绘图画布可用来绘制和管理多个图形对象。使用绘图画布,可以将多个图形对象作为一个整体,在文档中移动、调整大小或设置文字绕排方式,也可以对其中的单个图形对象进行格式化操作,且不影响绘图画布。绘图画布内可以放置自选图形、文本框、图片、艺术字等多种不同的图形,如图 2-3 所示。

　　当添加或更改一个图形时,在图形的周边是绘图边界和尺寸控制点,可通过鼠标拖动画布的尺寸控制点调整画布大小。

3. 添加绘图

　　在 Word 中创建绘图时,一般应先插入一个绘图画布。绘图画布可帮助用户排列绘图中的对象并调整其大小。

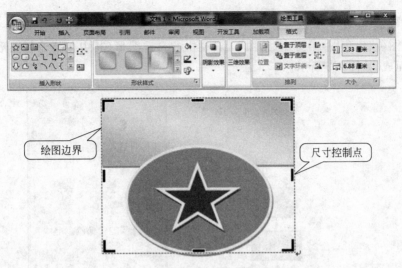

图 2-3　绘图画布及绘图工具栏

（1）单击文档中要创建绘图的位置。

（2）在"插入"选项卡的"插图"组中单击"形状"→"新建绘图画布"命令。在文档中将插入一个绘图画布。

（3）插入绘图画布时，可以在"绘图工具"的"格式"选项卡中单击一个或多个形状以将其插入文档，或可以更改形状并向其添加文本，如图 2-4 所示。

图 2-4　在画布中绘制图形

（4）通过选择画布并单击"大小"组中的箭头来调整画布大小，或单击"大小"对话框启动器以指定更精确的度量。

（5）对形状应用样式。在"形状样式"组中，将指针停留在某一样式上以查看应用该样式时形状的外观。单击样式以应用，或单击"形状填充"或"形状轮廓"命令并选择所需的选项。

（6）如果要应用"形状样式"组中未提供的颜色和渐变效果，可先选择颜色，然后再应用渐变效果。

（7）使用阴影和三维效果可增加绘图中形状的吸引力。

（8）对齐画布上的对象。若要对齐对象，可按住 Ctrl 键并选择要对齐的对象。在"排列"组中，单击"对齐"命令以从各种对齐命令中进行选择。

4. 流程图

流程图(或流程图示)可由"绘图"工具栏中的自选图形(其中包括流程图形状和连接符)组合而成,如图 2-5 所示。

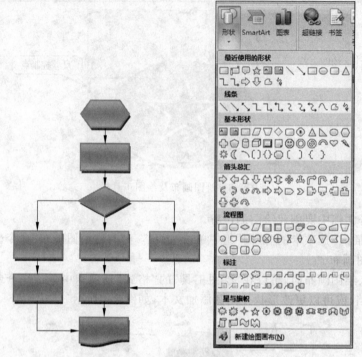

图 2-5　流程图与连接符

5. SmartArt 图形

SmartArt 图形是信息和观点的视觉表示形式。可以通过从多种不同布局中进行选择来创建 SmartArt 图形,从而快速、轻松、有效地传达信息。

在"插入"选项卡"插图"组中单击"插入 SmartArt 图形"命令,打开"选择 SmartArt 图形"对话框,如图 2-6 所示。在该对话框中选择图形类型,选择方法见表 2-1。

表 2-1　选择图形类型

要执行的操作	使用此类型
显示无序信息	列表
在流程或时间线中显示步骤	流程
显示连续的流程	循环
创建组织结构图	层次结构
显示决策树	层次结构
对连接进行图解	关系
显示各部分如何与整体关联	矩阵
显示与顶部或底部最大一部分之间的比例关系	棱锥图

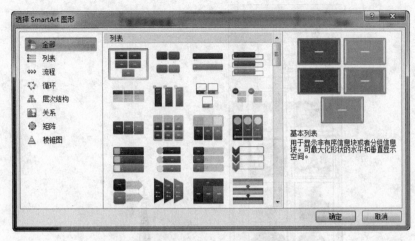

图 2-6　"选择 SmartArt 图形"对话框

2.1.2　在文档中插入图片

在 Word 2007 中不仅可以插入系统提供的图片,还可以从其他程序和位置导入图片,或者从扫描仪或数码相机中直接获取图片。

1. 插入剪贴画

Word 2007 所附带的剪贴画库内容丰富、设计精美、构思巧妙,并且能够表达不同的主题,适合于制作文档的各种需要,从地图到人物、从建筑到名胜风景,应有尽有。

要在文档中插入剪贴画的具体操作步骤如下。

(1) 将光标定位在需要插入剪贴画的位置。

(2) 在"插入"选项卡的"插图"组中单击"剪贴画"命令,打开"剪贴画"任务窗格。

(3) 在"搜索文字"文本框中输入剪贴画的相关主题或类别;在"搜索范围"下拉列表中选择要搜索的范围;在"结构类型"下拉列表中选择文件类型。

(4) 单击"搜索"按钮,即可在"剪贴画"任务窗格中显示查找到的剪贴画。

(5) 单击要插入文件的剪贴画,即可将剪贴画插入文件中,如图 2-7 所示。

提示

插入剪贴画还可以在"剪贴画"任务窗格中单击"管理剪辑"按钮,打开"剪辑管理器"窗口,在其中选择要插入的剪贴画,单击剪贴画右侧的下三角按钮,从弹出的菜单中单击"复制"命令,如图 2-8 所示。然后在文档中右击,从弹出的快捷菜单中单击"粘贴"命令,即可将剪贴画插入文件中。

2. 插入来自文件的图片

在 Word 2007 中除了可以插入其本身所带的剪贴画外,还可以插入来自磁盘上其他位置的图片,如 BMP、GIF、JPEG 等格式的文件。

要在文档中插入来自文件的图片的操作步骤如下。

图 2-7　插入剪贴画

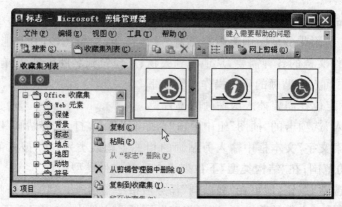

图 2-8　"剪辑管理器"窗口

（1）将光标定位在要插入图片的位置。

（2）在"插入"选项卡的"插图"组中单击"图片"命令，弹出"插入图片"对话框，如图 2-9 所示。

（3）在"插入图片"对话框中选择图片所在的位置，在列表框中选择要插入的图片，单击"插入"按钮，即可在文档中插入图片。

3. 裁剪图片

使用"裁剪"命令可裁剪除动态 GIF 图片以外的任意图片。若要裁剪动态 GIF 图片，可在动态 GIF 编辑程序中修剪图片，然后插入该图片。

单击选中图片，当图片被选中时功能区会出现"图片工具"的"格式"选项卡，如图 2-10 所示。

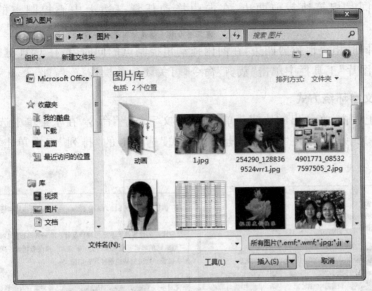

图 2-9　"插入图片"对话框

图 2-10　图片工具栏

裁剪图片的操作步骤如下。

（1）在"图片工具"的"格式"选项卡的"大小"组中单击"裁剪"命令。

（2）将鼠标指针置于裁剪控点上，再执行图 2-11 所示的操作。

① 若要裁剪一边，向内拖动该边上的中心控制点。

图 2-11　裁剪图片的操作步骤

② 若要同时相等地裁剪两边,在向内拖动任意一边上中心控制点的同时,按住 Ctrl 键。

③ 若要同时相等地裁剪四边,在向内拖动角控制点的同时,按住 Ctrl 键。

(3) 在"图片"工具栏中单击"裁剪"命令,可关闭裁剪操作。

4. 设置文字环绕方式

在图片上右击,在弹出的快捷菜单中单击"文字环绕"命令,在子菜单中选择一种环绕方式,如图 2-12 所示;或在"图片工具"的"格式"选项卡的"排列"组中单击"文字环绕"命令。

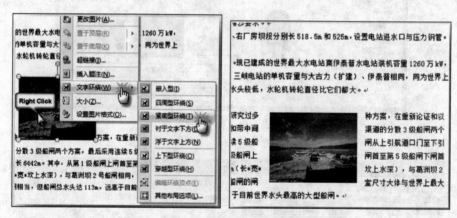

图 2-12　为图片设置文字环绕方式

2.1.3　插入图形对象

2.1.2 小节介绍的在文档中插入的剪贴画和图片都是预先绘制好的。但在实际工作中,经常需要用户自己绘制各种图形。可以通过"绘图"工具绘制所需的图形。同时,Word 还为用户提供了 100 多种自选图形,可以任意改变自选图形的形状,调整图形的大小,也可以对其进行旋转、翻转或添加颜色等,还可以与其他图形组合成更复杂的图形。Word 剪贴库中的许多剪贴画就是利用各种图形组合在一起而形成的。

利用"绘图"工具,可以完成对图形对象的大部分操作。同时需要注意的是,图形的绘制应在页面视图或者 Web 视图下进行,在普通视图或大纲视图下,绘制的图形不可见。

在 Word 2007 中,可以很方便地插入各种形状,如圆形、心形、星形、矩形等。要插入自选图形,需要在"插入"选项卡的"插图"组中单击"形状"命令,弹出"形状"下拉列表,在该下拉列表中或在"绘图工具"的"格式"选项卡的"插入形状"组中选择一种需要绘制的自选图形的形状,按住鼠标左键在文档中拖动,即可绘制选择的自选图形的形状,如图 2-13 所示。

1. 在文档中插入形状

(1) 插入绘图画布。在"插入"选项卡的"插图"组中单击"形状"→"新建绘图画布"命令。

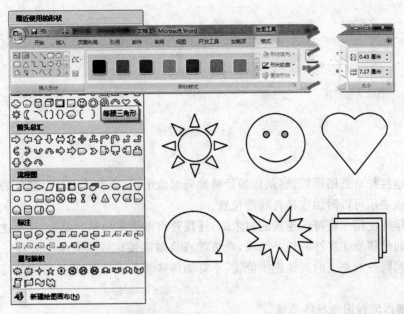

图 2-13　"形状"下拉列表和"绘图工具"的"格式"选项卡

（2）在"绘图工具"的"格式"选项卡中单击"插入形状"组中的"其他"按钮 ▼ 。

（3）单击所需形状，接着单击文档中的位置，然后拖动以放置形状，如图 2-13 所示。

要创建规范的正方形或圆形（或限制其他形状的尺寸），需在拖动的同时按住 Shift 键。

边学边做　绘制基本图形

完成如图 2-14 所示图形的绘制。

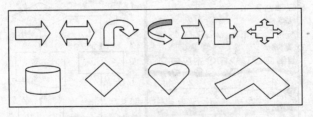

图 2-14　绘制基本图形

2. 绘制流程图

在实际工作中会经常画一些流程图，如生产流程图、算法流程图等。由于流程图中的每个图框都有不同的含义，所以在画流程图时必须牢记各种方框的意义，但在 Word 中，只需在"自选图形"菜单的"流程图"中选择不同的图框即可，画流程图一般需要加上连接符线，才能形成真正的流程图。

（1）关于连接符线

有 3 种类型的连接符线可用于连接对象：直线、肘形线（带有角度）和曲线，如图 2-15

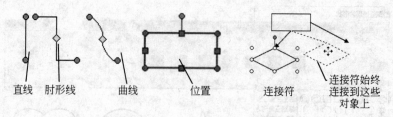

直线　肘形线　　曲线　　　　位置　　　　连接符　　连接符始终
连接到这些
对象上

图 2-15　连接符线

所示。

选择连接符自选图形后,将鼠标指针移动到对象上时,会在其上显示蓝色的连接符位置。这些点表示可以附加连接符线的位置。

重新排列使用连接符线连接的对象时,连接符将继续附加到对象上,并与这些对象一起移动。如果移动连接符的任一端点,则该端点将解除锁定或从对象中分离。然后可以将其锁定到同一对象上的其他连接位置,不管如何移动各个对象,连接符将始终连接到这些对象上。

(2)制作流程图的具体步骤

① 插入绘图画布。在"插入"选项卡的"插图"组中单击"形状"→"新建绘图画布"命令。

② 在"绘图工具"的"格式"选项卡中单击"插入形状"组中的"其他"按钮。

③ 在"流程图"工具面板中选择需要的图框,在屏幕上画出相应的图形。

④ 使用连接符线连接各图形。

画出流程图后,在图框中添加相应的文字即可,如图 2-16 所示。

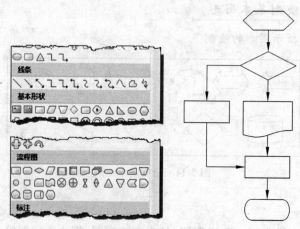

图 2-16　制作流程图

3. 编辑自选图形

在 Word 2007 中,插入各种形状后,即可对这些形状进行编辑。

(1)改变形状的大小和形状

① 改变自选图形的大小:选中自选图形后,在其周围就会出现 8 个控制点,将鼠标指

针放在任意控制点上单击并拖动，可改变自选图形的大小。拖动 4 个角的控制点可以等比例地改变自选图形的大小。

② 改变自选图形的形状：选中自选图形后，会出现几个黄色的方形控制点，拖动这些控制点可以改变自选图形的形状，如图 2-17 所示。

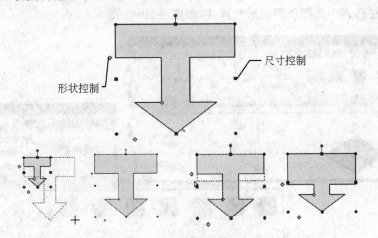

图 2-17　调整图形的大小和形状

（2）为自选图形添加文本

为自选图形添加文本可选择下列方法之一。

① 选中要添加文字的自选图形，在"绘图工具"的"格式"选项卡的"插入形状"组中单击"编辑文本"命令。

② 选中要添加文字的自选图形，右击，在弹出的快捷菜单中单击"添加文字"命令。

光标会定位到自选图形上，在该图形中输入文本，如图 2-18 所示。

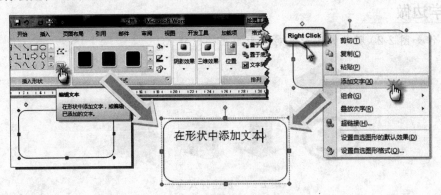

图 2-18　为图形添加文本

（3）为图形添加快速样式

快速样式是不同格式选项的组合，在各种快速样式库中它们在缩略图中显示。图形的快速样式包括边缘、阴影、线型、渐变和三维透视。当鼠标指针放置在快速样式缩略图上时，可以看到图形或形状应用快速样式的效果。

为图形添加快速样式可执行下列操作之一。

① 若要对一个形状应用效果,需单击想要向其添加效果的形状。

② 若要向多个形状添加同一种效果,单击第一个形状,然后在按住 Ctrl 键的同时单击想要向其添加该效果的其他形状。

在"绘图工具"的"格式"选项卡的"形状样式"组中单击"形状效果"命令,或单击"其他"按钮▾,在列表中选择所需的形状样式,如图 2-19 所示。

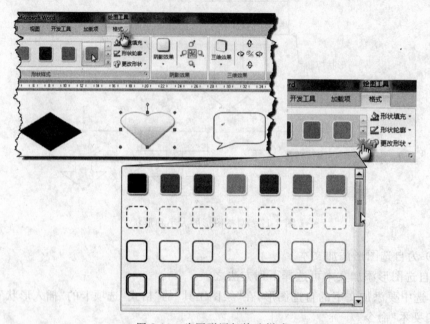

图 2-19　为图形添加快速样式

边学边做

制作如图 2-20 所示的图形并对图形应用快速样式。

图 2-20　快速样式应用

(4) 设置形状轮廓

插入的自选图形,用户可以设置其边框线的粗细、形状以及线型等,具体操作步骤如下。

① 选定需要设置的自选图形。

② 在"绘图工具"的"格式"选项卡中单击"形状样式"组中的"形状轮廓"命令,弹出"形状轮廓"下拉列表。在该下拉列表中选择自选图形的边框颜色、粗细、虚线等。也可以

单击"形状轮廓"下拉列表中的"图案"命令,弹出"带图案线条"对话框,如图 2-21 所示,为自选图形设置带图案的边框线。

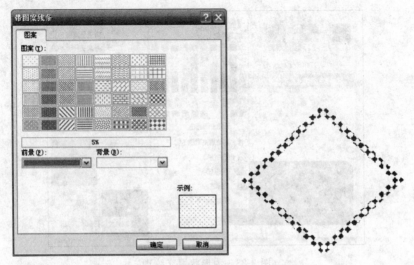

图 2-21 为图形添加带图案线条

(5) 设置填充效果

对插入的自选图形,用户可以设置其填充效果,如填充颜色过渡、纹理、图案和图片等,其操作步骤如下。

① 选定需要设置的自选图形。

② 在"绘图工具"的"格式"选项卡中单击"形状样式"组中的"形状填充"命令,在"形状轮廓"下拉列表中选择填充的颜色过渡、渐变、纹理、图案和图片等。

③ 当在"形状填充"下拉列表中单击"图片"命令时,弹出"选择图片"对话框,在该对话框中选择要填充的图片,单击"插入"按钮,即可在自选图形中填充该图片,如图 2-22 所示。

图 2-22 "选择图片"对话框

④ 当在"形状填充"下拉列表中单击"纹理"命令时,可为选定形状设定纹理效果,如图 2-23 所示。

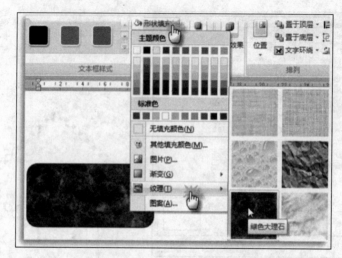

图 2-23　为形状填充纹理

图 2-24 所示为形状填充的渐变、纹理、图案、图片效果。

图 2-24　形状填充效果

(6) 设置阴影效果

给自选图形设置阴影效果,可以使自选图形具有深度感和立体感,给自选图形设置好阴影后,还可以调整阴影的位置和颜色。设置自选图形阴影效果的操作步骤如下。

① 选定要设置阴影效果的自选图形。

② 在"绘图工具"的"格式"选项卡中单击"阴影效果"组中的"阴影效果"命令,在"阴影效果"下拉列表中选择需要的阴影样式,如图 2-25 所示。

③ 单击"阴影颜色"命令,在弹出的子菜单中设置阴影的颜色。

④ 使用"阴影效果"组中的命令可对图形阴影的位置进行调整,如图 2-26 所示。

(7) 设置三维效果

给图形设置三维效果,可以使图形更加真实、更具有立体感。设置图形三维效果的具体操作步骤如下。

① 选定要设置三维效果的图形。

② 在"绘图工具"的"格式"选项卡中单击"三维效果"组中的"三维效果"命令,在"三

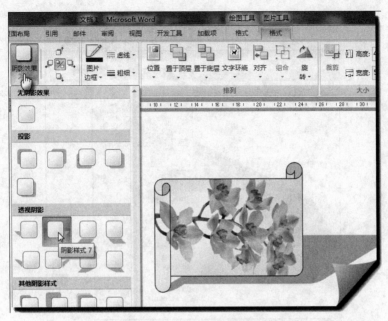

图 2-25 为图形添加阴影

图 2-26 调整阴影位置

维效果"下拉列表中选择需要的三维样式,即可为图形设置三维效果,并可在该下拉列表中设置三维效果的颜色、方向等参数,如图 2-27 所示。

2.1.4 组合图形对象

组合图形对象就是指将绘制的多个图形对象组合在一起,以便把它们作为一个新的对象去使用。例如:Word 的剪贴库中的大部分剪贴画就是将各个不同的图形对象组合在一起,并填充上不同的颜色而形成的。

组合后的图形可以在任何时候取消对象的组合,并且可以通过选定以前组合的任何对象或新绘制的图形对象重新组合。

组合图形对象的步骤如下。

(1) 在"开始"选项卡的"编辑"组中单击"选择"→"选择对象"命令,然后按住鼠标左键拖动,将要选定的图形全部框住。此时,被选定的每个图形对象周围都出现句柄,表明它们是独立的,也可以按住 Shift 键,逐次单击选中要组合的图形对象,如图 2-28 所示。

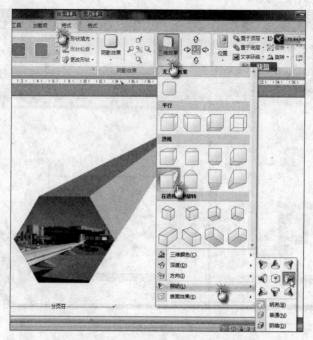

图 2-27   为图形设置三维效果

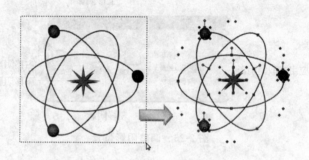

图 2-28   选择图形对象

（2）在选定的图形对象上右击，在弹出的快捷菜单中单击"组合"→"组合"命令；或在"绘图工具"的"格式"选项卡中单击"排列"组中的"组合"按钮，在弹出的下拉列表中单击"组合"命令，如图 2-29 所示。

将多个图形对象组合之后，再次选定组合后的对象，会发现它们只有一组句柄了。如果要想取消它们的组合，或者想对其中某个对象修改一下，需单击"取消组合"命令。

对某个图形修改后，觉得需要将它们重新组合起来，只需单击以前组合过的一个图形对象，然后单击"组合"→"重新组合"命令。

2.1.5   旋转和翻转图形对象

对于插入文档中的图形，可以以任意角度进行自由旋转，也可以将图形向左或者向右旋转 90°，其操作步骤如下。

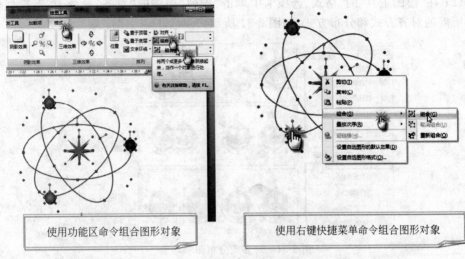

图 2-29　组合图形对象

（1）选定该图形对象，然后拖动对象上的旋转控点。

（2）选定该图形对象，在"绘图工具"的"格式"选项卡中单击"排列"组中的"旋转"命令，可使图形向右旋转 90°、向左旋转 90°、垂直翻转、水平翻转，如图 2-30 所示。

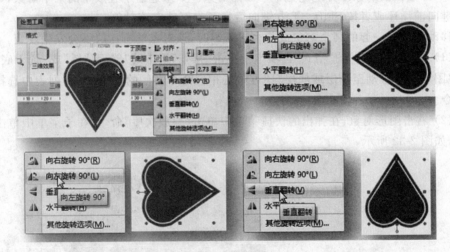

图 2-30　旋转图形

2.1.6　对齐和排列图形对象

一般人们喜欢通过使用鼠标移动图形对象的方法实现图形的排列和对齐，这种方法一般很难使多个图形对象排列得非常整齐。使用"绘图工具"中提供的"对齐"命令可以快速准确地对齐图形对象。

排列和对齐图形对象的具体步骤如下。

（1）在"开始"选项卡的"编辑"组中单击"选择"→"选择对象"命令，拖动鼠标选择需要排列的图形对象。

（2）在"绘图工具"的"格式"选项卡中单击"排列"组中的"对齐"命令,在下拉列表中选择所需的对齐方式和分布方式,如图 2-31 所示。

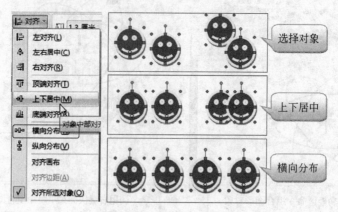

图 2-31　对齐或分布图形对象

2.1.7　叠放图形对象

可以把插入到文档中的图形对象像纸一样叠放在一起。对象叠放时,可以看到叠放的顺序,即上面的对象部分地遮盖了下面的对象。如果遮盖了叠放中的某个对象,可以按 Tab 键向前循环或者按 Shift＋Tab 键向后循环直至选定该对象。

移动叠放在一起的某个对象或某个对象组时,该对象的所在层不会发生改变。

（1）在"绘图工具"的"格式"选项卡中单击"排列"组中的"置于顶层"或"置于底层"命令,将图形对象移动至顶层或底层,还可单击相应命令右侧的按钮 ▼,在列表中选择所需的命令。

（2）右击图形对象,在弹出的快捷菜单中单击"叠放次序"命令,在子菜单中单击所需命令,如图 2-32 所示。

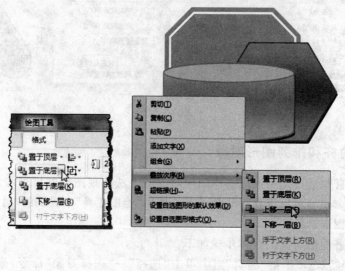

图 2-32　修改图形的叠放次序

（3）当图形对象与文档正文重叠在一起时，要将图形对象移到文档正文的前面或后面，可单击"叠放次序"→"浮于文字上方"或者"衬于文字下方"两个命令。"浮于文字上方"就是将图形覆盖在中文的上方，如果图形对象不透明，将看不到图形下面的文字；"衬于文字下方"就是将中文覆盖在图形上面，形成类似水印的效果。

2.1.8　移动和复制图形对象

在文档中，绘制的对象在图形层，可以在文档中任意移动或复制图形对象。

1. 移动图形

（1）当选定图形对象后，把鼠标移到图形对象上，鼠标指针会变成四头箭头形状，按住鼠标左键可以拖动图形对象到所需的位置。

（2）如果要牵制对象只能横向或纵向移动，可以在拖动图形对象的同时按住 Shift 键。

（3）用鼠标移动图形对象不够精确，可以通过键盘上的方向键来移动图形对象。按 Ctrl 键和方向键可实现图形对象的微调，实现精确定位。

2. 复制图形

（1）当选定图形对象后，可在按住 Ctrl 键的同时拖动，此时鼠标会有一个加号，形状如 ，拖动图形对象到所需的位置。

（2）在"开始"选项卡的"剪贴板"组中单击"复制"命令或按 Ctrl＋C 键，然后单击"粘贴"命令或按 Ctrl＋V 键。

任务 2-1　绘制计算机显示器

使用 Word 绘图功能绘制如图 2-33 所示的计算机显示器。

图 2-33　绘制的计算机显示器

任务分析：

此任务可以使用 Word 中的绘图工具完成，计算机的显示器可看成是两个中心重合的矩形。显示器中显示的内容可用屏幕复制的方法将正在使用的计算机桌面复制并保存为图形文件,再对中间的矩形采用图片的填充效果。显示器座可用一个三角形和矩形来完成。

实施步骤:

(1) 制作显示器主体部分

在"插入"选项卡的"插图"组中单击"形状"命令,在下拉列表中单击"新建画布"命令,此时在 Word 窗口中会自动产生"绘图画布"。在画布中绘制一个矩形,使用"复制"和"粘贴"命令产生另一个矩形,并调整其中一个矩形的大小和位置,使用"绘图工具"的"格式"选项卡中的"对齐"命令将两个矩形的中心重合。

选择外侧矩形并双击,在"绘图工具"的"格式"选项卡的"形状样式"组中单击"对话框启动器"按钮,打开"设置自选图形格式"对话框,设置渐变填充效果,如图 2-34 所示。

图 2-34 选择矩形的填充效果

复制屏幕并保存为图片文件(方法略)。

在中间矩形中填充图片:选择中间图形,在"绘图工具"的"格式"选项卡的"形状样式"组中单击"形状填充"→"图片"命令,打开"选择图片"对话框,在对话框中选择需要填充的图片,如图 2-35 所示。

(2) 制作显示器座

使用"插入形状"组中的命令,分别绘出一个三角形和一个矩形。分别对两个图形填充"单色水平渐变"效果并将它们水平居中对齐。为了方便后续操作,需将两个对象进行组合。

(3) 组合图形

将分别制作的显示器的上面部分和底座移动到同一个绘图画布中,分别调整好各自的大小和位置使两个对象水平居中对齐。将显示器的上下两部分进行组合。

还可以在显示器上再添加一个剪贴画作为商标,到此计算机的显示器部分制作完毕。

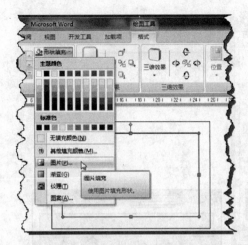

图 2-35 在自选图形中填充图片

任务 2-2 完成如图 2-36 所示计算机图形的绘制

任务分析：

计算机显示器的绘制方法已经在上一任务中进行过介绍，在本任务中主要研究一下机箱和键盘的制作。机箱部分比较简单，是矩形、圆角矩形和椭圆形的组合；键盘部分由梯形和多边形组成。计算机中各部分的颜色采用单色渐变的填充效果。

实施步骤：

（1）制作机箱简图

使用"绘图工具"中的"插入形状"组中的命令，绘制圆、矩形、圆角矩形，组成如图 2-37所示的机箱简图。

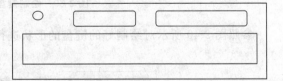

图 2-36 Word 绘制的计算机图形   图 2-37 制作计算机的机箱

填充主机箱各对象的颜色，双击图 2-37 所示中的一个矩形，在"绘图工具"的"格式"选项卡中单击"形状样式"组中的"对话框启动器"按钮，打开"设置自选图形格式"对话框。在对话框中单击"填充效果"按钮，打开"填充效果"对话框，参照图 2-38 所示对机箱的各图形对象进行填充设置。

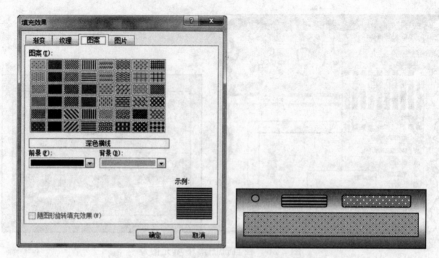

图 2-38　对主机箱进行颜色填充后的效果

（2）键盘的制作

使用"绘图工具"中基本图形的梯形工具▽绘制一个梯形，并将其垂直翻转，如图 2-39①所示。

使用"绘图工具"中线条的任意多边形工具⌒绘制键盘内部的两个多边形，如图 2-39②所示。

使用"绘图工具"中线条的任意多边形工具⌒绘制键盘厚度，如图 2-39③所示。

使用"选择对象"按钮◥，选择键盘图形的所有对象，如图 2-39④所示。

使用"组合"命令，将图形对象组合，如图 2-39⑤所示。

参照图 2-39⑥所示对绘制好的键盘结构图中的各对象应用颜色填充效果。

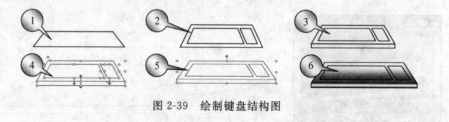

图 2-39　绘制键盘结构图

参照图 2-40 所示对绘制好的键盘的形状进行简单的调整。

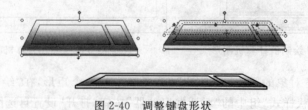

图 2-40　调整键盘形状

（3）将显示器、机箱及键盘进行组合

将几个对象同时选中并使用"组合"命令进行对象组合，或将各对象放置在同一绘图画布中进行调整。

边学边做　制作如图 2-41 所示的网络结构示意图

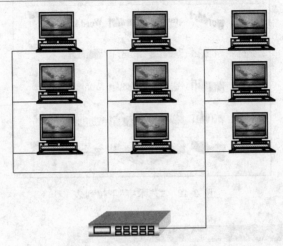

图 2-41　网络结构示意图

提示

　　图中的计算机小图可直接使用上面任务所产生的结果图,对其组合后缩小其尺寸。
图形下方的交换机示意图,在制作时使用了"绘图工具"中的"三维效果"命令。

2.2　插入艺术字

　　在 Word 2007 中不仅可以插入各种图片,还可以插入多种艺术字,这些艺术字增添
了强烈的视觉冲击效果,使编辑的文档更加美观、生动。

2.2.1　插入艺术字

　　在 Word 2007 中,艺术字是作为一种图形对象插入的,用户可以像编辑图片那样编
辑艺术字。在文档中插入艺术字的具体操作步骤如下。
　　(1)将光标定位在需要插入艺术字的位置。
　　(2)在"插入"选项卡的"文本"组中单击"艺术字"命令,打开"艺术字"下拉列表,如
图 2-42 所示。
　　(3)在"艺术字"下拉列表中选择一种艺术字的样式,弹出"编辑艺术字文字"对话框,
如图 2-43 所示。
　　(4)在该对话框的"文本"文本框中输入需要插入的艺术字文字,在"字体"下拉列表
中选择艺术字的字体,在"字号"下拉列表中选择艺术字的字号。单击"加粗"按钮可以加
粗艺术字文字,单击"倾斜"按钮可以设置艺术字的倾斜效果。
　　(5)设置完成后,单击"确定"按钮即可在文档中插入艺术字。

图 2-42 "艺术字"下拉列表

图 2-43 "编辑艺术字文字"对话框

2.2.2 编辑艺术字

插入艺术字后,当不能满足用户的要求时,可以对插入的艺术字进行编辑。单击艺术字后,就会出现"艺术字工具",选择"艺术字工具"中的"格式"选项卡,可以对艺术字进行各种设置,如图 2-44 所示。

图 2-44 "艺术字工具"中的"格式"选项卡

小技巧

也可以在要设置的艺术字上右击,从弹出的快捷菜单中单击"设置艺术字格式"命令,打开"设置艺术字格式"对话框,在该对话框中对艺术字进行各种设置。

1. 设置艺术字形状

选取要定义形状的艺术字,在"艺术字工具"的"格式"选项卡中单击"艺术字样式"组中的"更改形状"命令,弹出"艺术字形状"下拉列表。在该下拉列表中选择一种艺术字的形状后选中的艺术字形状将随之改变,如图 2-45 所示。

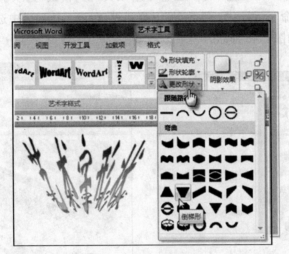

图 2-45 设置艺术字形状

2. 设置艺术字的环绕方式

选取要设置环绕方式的艺术字,在"艺术字工具"的"格式"选项卡中单击"排列"组中的"文字环绕"命令,弹出"文字环绕"下拉列表,在该下拉列表中选择用户所需要的文字环绕方式,如图 2-46 所示。

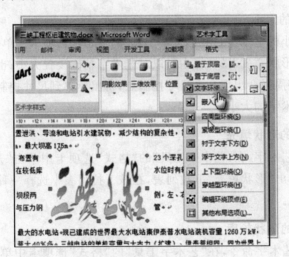

图 2-46 设置艺术字的环绕

3. 设置艺术字的阴影效果

选取要设置阴影效果的艺术字,在"艺术字工具"的"格式"选项卡中单击"阴影效果"

组中的"阴影效果"命令,弹出"阴影效果"下拉列表,在该下拉列表中选择用户所需要的艺术字阴影效果,如图2-47所示。

4. 设置艺术字的三维效果

选取要设置三维效果的艺术字,在"艺术字工具"的"格式"选项卡中单击"三维效果"组中的"三维效果"命令,弹出"三维效果"下拉列表,在该下拉列表中选择用户所需要的艺术字的三维效果,如图2-48所示。

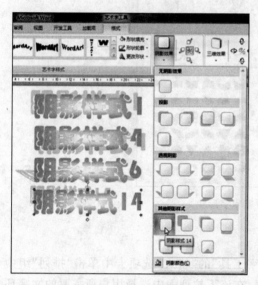
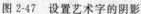

图2-47　设置艺术字的阴影

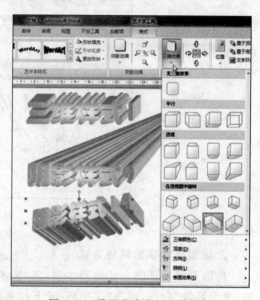

图2-48　设置艺术字的三维效果

5. 调整艺术字的大小

选取要调整大小的艺术字,在"艺术字工具"的"格式"选项卡中单击"大小"组中的"形状高度"微调框和"形状宽度"微调框中可以对艺术字精确设置大小;也可以选取要调整大小的艺术字,艺术字周围会出现8个尺寸控制点,将鼠标移到尺寸控制点上按住鼠标左键拖动也可以设置艺术字的大小。

6. 设置艺术字的形状填充

选取要设置的艺术字,在"艺术字工具"的"格式"选项卡中单击"艺术字样式"组中的"形状填充"命令,弹出"形状填充"下拉列表,在该下拉列表中选择一种填充格式(如颜色、图片、纹理、图案等)。

7. 设置艺术字的形状轮廓

选取要设置的艺术字命令,在"艺术字工具"的"格式"选项卡中单击"艺术字样式"组中的"形状轮廓"命令,弹出"形状轮廓"下拉列表,在该下拉列表中选择艺术字的形状轮廓。

任务 2-3　制作如图 2-49 所示的 4 组艺术字效果

图 2-49　艺术字样张

任务分析：

此任务中几个艺术字的文字内容是相同的，只是艺术字的字体、形状或格式有所不同。可先创建一项，然后将其复制 3 份，再使用"艺术字工具"根据不同的要求进行修改。

实施步骤：

(1) 创建第一组艺术字

① 在"插入"选项卡的"文本"组中单击"艺术字"命令。

② 在"艺术字"列表中选择 WordArt 样式。

③ 在"编辑艺术字文字"对话框的"文本"文本框中输入"艺术字效果"，选择文字的字体为"华文彩云"，单击 *I* 按钮设置文字斜体，如图 2-50 所示。

图 2-50　第一组艺术字效果

(2) 创建第二组艺术字

① 通过复制和粘贴操作制作一个副本。选中该副本，在"艺术字工具"的"格式"选项卡中单击"艺术字样式"组中的 WordArt 样式。

② 单击"文本"组中的"编辑文字"命令，在"编辑艺术字文字"对话框中选择文字的字体为"华文行楷"，如图 2-51 所示。

图 2-51　第二组艺术字效果

(3) 创建第三组艺术字

① 通过复制和粘贴操作制作第一个艺术字的第二个副本。选中该副本，单击"文本"组中的"编辑文字"命令，在"编辑艺术字文字"对话框中选择文字的字体为"隶书"，单击 *I* 按钮取消文字斜体设置。

② 在"艺术字工具"的"格式"选项卡中单击"对话框启动器"按钮，打开"设置艺术字格式"对话框，参考图 2-52 设置艺术字的填充效果。

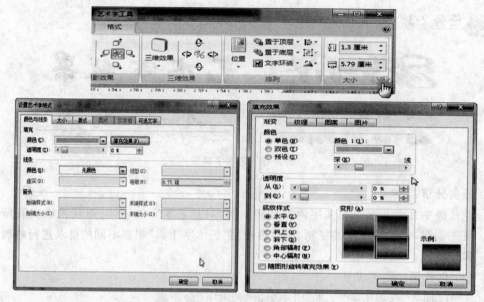

图 2-52　设置艺术字的填充效果

（4）创建第四组艺术字

① 通过复制和粘贴操作制作第一个艺术字的第三个副本。选中该副本，单击"文本"组中的"编辑文字"命令，在"编辑艺术字文字"对话框中选择文字的字体为"隶书"。

② 在"艺术字工具"的"格式"选项卡中单击"艺术字样式"组中的 **WordArt** 样式。

③ 单击"编辑文字"按钮，在"编辑艺术字文字"对话框中选择文字的字体为"隶书"。

④ 单击"更改形状"命令，在下拉列表中选择"细上弯弧"⌒。

2.3　文本框的应用

文本框是 Word 提供的一种可以在页面上任意放置文本的工具。使用文本框可以将横排文本、竖排文本、图形、艺术字以及图形等组织在一起，形成版面丰富、图文并茂的文档。

文本框的特点如下。

（1）可以通过链接各文本框使文字从文档一个部分排至另一部分。

（2）可用文本框创建水印，以包含能显示在文档打印层上的文字。

（3）可用新的"绘图工具"命令对文本框进行格式设置。

（4）可在更广泛的范围内选择环绕文字选项。

（5）可旋转和翻转文本框。

（6）可改变文本框中的文字方向。

插入的文本框，可以像处理图形对象一样来处理，可以与其他图形组合叠放，可以设置三维效果、阴影、边框类型和颜色、填充颜色和背景等。

2.3.1　插入文本框

在 Word 中,根据文本框中文字的排列方向,可以插入横排文本框和竖排文本框两种,插入文本框的操作步骤如下。

(1) 在"插入"选项卡的"文本"组中单击"绘制文本框"命令,在弹出的下拉列表中单击"绘制文本框"或"绘制竖排文本框"命令,此时光标变为十字光标。

(2) 将鼠标指针移到需要绘制文本框的位置,按住鼠标左键拖动至合适大小,松开鼠标即可在文档中绘制"横排文本框"或"竖排文本框"。

(3) 在文本框中输入文字,定义好格式后单击文本框以外的任何地方即可。效果如图 2-53 所示。

图 2-53　绘制文本框

2.3.2　设置文本框

设置文本框格式的操作方法和设置图形格式的方法类似,其操作步骤如下。

(1) 选中要设置格式的文本框。

(2) 在"文本框工具"的"格式"选项卡中单击"文本框样式"组中的"对话框启动器"按钮,打开"设置文本框格式"对话框,如图 2-54 所示。

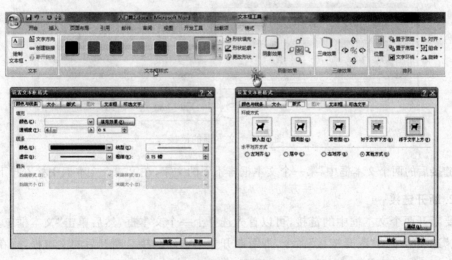

图 2-54　"设置文本框格式"对话框

(3) 选择"颜色与线条"选项卡,可以对文本框的填充颜色、填充效果,线条的颜色、线型以及粗细等进行设置。

(4) 选择"大小"选项卡,可以对文本框的高度、宽度、旋转的角度以及缩放比例等进行设置。

(5) 选择"版式"选项卡,可以设置文本框的文字环绕方式和文本框的水平对齐方式。

(6) 选择"文本框"选项卡,可以设置文本框的内部边距、垂直对齐方式等。

(7) 设置完成后,单击"确定"按钮即可完成设置。

2.3.3　文本框的链接

文本框的链接就是把两个以上的文本框链接在一起,不管它们的位置相差多远,如果文字在上一个文本框中排满,则在链接的下一个文本框中接着排下去。

1. 创建链接

要创建文本框的链接,可以按如下方法进行。

(1) 创建一个以上的文本框,注意不要在文本框中输入内容。

(2) 选中第一个文本框,其中内容可以空,也可以非空。

(3) 单击"文本框工具"的"格式"选项卡中的"创建链接"命令。

(4) 此时鼠标变成 形状,把鼠标移到目标文本框上面单击即可创建链接。

(5) 如果要继续创建链接,可以继续移到空的文本框上面单击即可。

(6) 按 Esc 键即可结束链接的创建。

注意

横排文本框与竖排文本框之间不能创建链接。

创建链接的文本框如图 2-55 所示。

图 2-55　文本框的链接

链接后的两个文本框中,第一个文本框排不下的文字,在第二个文本框中接着排下去。

2. 断开链接

要断开两个文本框中的链接,可以首先选择上一个文本框,然后单击"文本框工具"的"格式"选项卡中的"断开链接"命令,即可断开文本框的链接。断开后的文本框,排在下一个文本框中的文字将移到上一个文本框中。

任务 2-4　制作一个如图 2-56 所示的图文混排的文档

图 2-56　图文混排文档

任务分析：

完成此任务可使用前面学过的图片、艺术字、自选图形、文本框等知识创建一篇图文并茂的 Word 文档。文档中使用的文字素材和图片素材可从网上下载。

实施步骤：

（1）新建文档

单击 Office 按钮 →"新建"命令，打开"新建文档"对话框。在该对话框中的"空白文档和最近使用的文档"列表中选择"空白文档"选项，单击"创建"按钮，即可在 Word 2007 中创建一个空白文档。

（2）在文档中插入图片和艺术汉字

① 在"插入"选项卡的"插图"组中单击"图片"命令，在打开的"插入图片"对话框中选择插入图片。在"文本"组中单击"艺术字"命令，打开"艺术字"下拉列表，如图 2-57 所示。

② 在"艺术字"下拉列表中选择艺术字样式，在"编辑艺术字"对话框中输入文字"黄山风光"并参照样张设置字体。

图 2-57　"艺术字"下拉列表

③ 在"艺术字工具"的"格式"选项卡中单击"排列"组中的"文字环绕"命令,从弹出的下拉列表中单击"浮于文字上方"命令。用鼠标移动艺术字到适当位置。

(3) 字体及段落设置

输入(或粘贴)文章正文,选中正文,在"开始"选项卡的"段落"组中单击"对话框启动器"按钮,在"段落"对话框中选择"缩进和间距"选项卡,在"缩进"区域的"特殊格式"下拉列表中设置"首行缩进"为 2 字符,单击"确定"按钮完成设置。

(4) 插入图形图片

① 在"插入"选项卡的"插图"组中单击"形状"命令,在下拉列表中选择基本形状"椭圆"。将鼠标指针移到需要绘制图形的位置,按住鼠标左键拖动至合适大小,松开鼠标即可在文档中绘制"椭圆"。

② 选中"椭圆",在"绘图工具"的"格式"选项卡中单击"形状样式"组中的"形状填充"→"图片"命令,设置图片填充效果。单击"形状轮廓"命令,参照样张设置椭圆轮廓线。

③ 在"绘图工具"的"格式"选项卡中单击"排列"组中的"文字环绕"命令,选择下拉列表中的"四周型环绕"设置环绕方式。

④ 使用同样方法插入圆角矩形,右击圆角矩形,在弹出的快捷菜单中单击"输入文本"命令,输入样张所示文本,并设置文本字体、字号和文字方向。

(5) 插入并设置文本框

① 在"插入"选项卡的"文本"组中单击"文本框"→"绘制竖排文本框"命令,在文档中绘制一个文本框。

② 选中"文本框",在"文本框工具"的"格式"选项卡中单击"文本框样式"组中的"形状填充"→"纹理"命令,设置文本框的填充纹理,如图 2-58 所示。

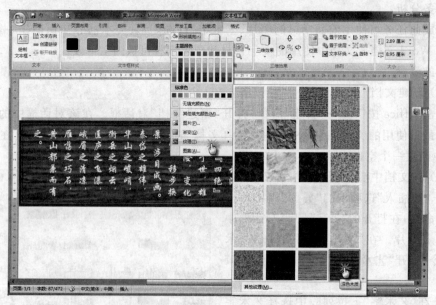

图 2-58　设置文本框的填充纹理

2.4 使用 SmartArt 图形功能

为了插入更具专业水准的插图，可以使用 Word 2007 中的 SmartArt 图形功能，用来说明各种概念性的内容。

2.4.1 插入 SmartArt 图形

SmartArt 图形包括列表、流程、循环、层次结构、关系、矩阵以及棱锥图等，要插入 SmartArt 图形，单击"插入"选项卡的"插入"组中的 SmartArt 按钮，打开"选择 SmartArt 图形"对话框，如图 2-59 所示。用户根据自己的需要选择合适的图形即可。

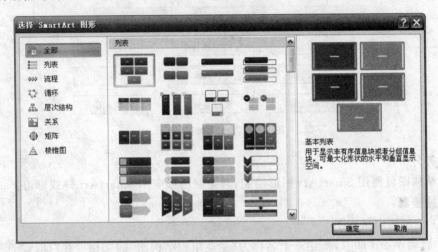

图 2-59 "选择 SmartArt 图形"对话框

2.4.2 编辑 SmartArt 图形

在 Word 2007 中文档中插入 SmartArt 图形后，还可以对其进行编辑，在"SmartArt 工具"的"设计"选项卡中还可以对 SmartArt 图形的布局、颜色、样式等进行设置，如图 2-60 所示。

图 2-60 "设计"选项卡

在"SmartArt 工具"的"格式"选项卡中还可以对 SmartArt 图形的形状、形状样式、艺术字样式、排列、大小进行设置，如图 2-61 所示。

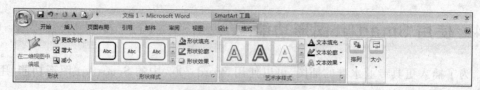

图 2-61　"格式"选项卡

任务 2-5 **制作如图 2-62 所示的组织结构图**

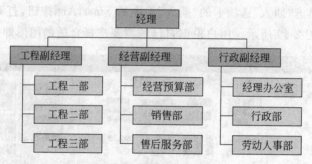

图 2-62　企业组织结构图

任务分析：

此结构图可使用 SmartArt 图形绘制，对绘制图形应用 SmartArt 样式即可。

实施步骤：

(1) 绘制组织结构图

① 启动 Word 2007，新建一个名称为"企业组织结构图"的文档。在"插入"选项卡的"插图"组中单击 SmartArt 按钮，打开"选择 SmartArt 图形"对话框，在左侧的列表中选择"层次结构"选项，在中间窗口中选择第一种样式，如图 2-63 所示。

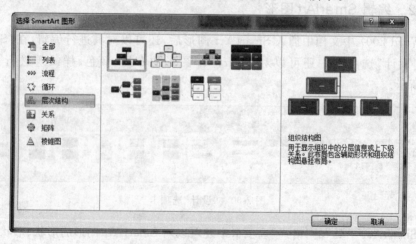

图 2-63　"选择 SmartArt 图形"对话框

② 通过"文本"窗格输入和编辑在 SmartArt 图形中显示的文字。"文本"窗格显示在 SmartArt 图形的左侧。在"文本"窗格中添加和编辑内容时，SmartArt 图形会自动更新，即根据需要添加或删除形状，调整图形中文字字体，如图 2-64 所示。

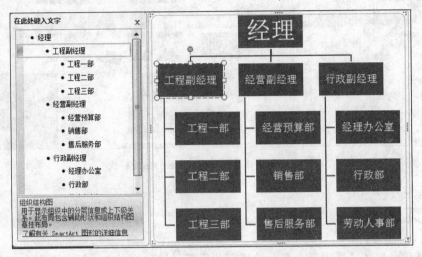

图 2-64　利用"文本"窗格输入和编辑内容

（2）设置图形样式

① 选择图形，在"SmartArt 工具"的"设计"选项卡中单击"SmartArt 样式"组中的"更改颜色"命令，在列表中选择一种彩色样式，如图 2-65 所示。

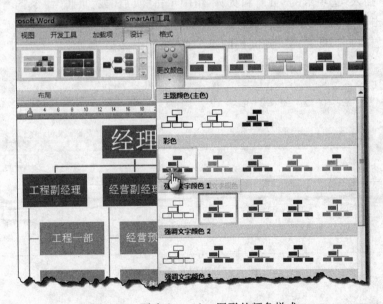

图 2-65　更改 SmartArt 图形的颜色样式

② 在"SmartArt 工具"的"设计"选项卡中单击"SmartArt 样式"组中的"其他"按钮，在列表中选择一种三维样式，如图 2-66 所示。

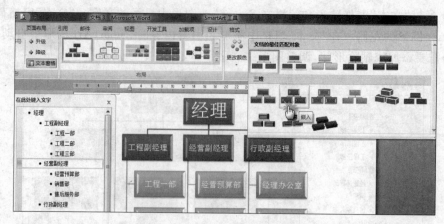

图 2-66　更改 SmartArt 图形的三维样式

2.5　页眉和页脚

页眉和页脚是文档中每个页面的顶部和底部区域。可以在页眉和页脚中插入文本或图形,例如页码、日期、公司徽标、文档标题、文件名或作者名等,这些信息通常打印在文档中每页的顶部或底部。

1. 创建每页都相同的页眉和页脚

(1) 在"插入"选项卡的"页眉和页脚"组中单击"页眉"或"页脚"命令。

(2) 单击所需的页眉或页脚设计。

(3) 页眉或页脚即被插入到文档的每一页中,如图 2-67 所示。

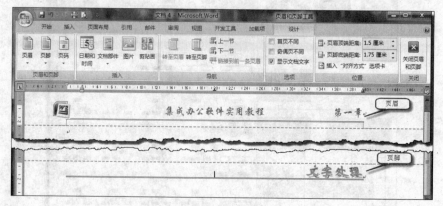

图 2-67　设置页眉和页脚

2. 删除首页中的页眉或页脚

(1) 在"页面布局"选项卡中单击"页面设置"对话框启动器按钮,然后选择"版式"选项卡。

(2) 选择"页眉和页脚"选项区域中的"首页不同"复选框,如图 2-68 所示。

(3) 页眉和页脚即被从文档的首页中删除。

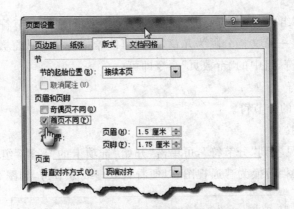

图 2-68　设置页眉页脚的首页不同

3．对奇偶页使用不同的页眉或页脚

用户在使用时可能需要在奇数页上使用文档标题，而在偶数页上使用章节标题。

（1）在"页面布局"选项卡中单击"页面设置"对话框启动器按钮，然后选择"版式"选项卡。

（2）选择"奇偶页不同"复选框。

以上操作即可在偶数页上插入用于偶数页的页眉或页脚，在奇数页上插入用于奇数页的页眉或页脚。

4．插入分节符

使用分节符可改变文档中一个或多个页面的版式或格式。例如，可以将单列页面的一部分设置为双列页面；可以分隔文档中的各章，以便每一章的页码编号都从 1 开始；也可以为文档的某节创建不同的页眉或页脚。

（1）插入分节符

① 单击要更改格式的位置。

② 在"页面布局"选项卡的"页面设置"组中单击"分隔符"命令，如图 2-69 所示。

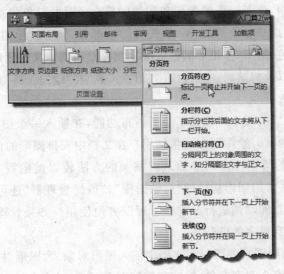

图 2-69　插入分隔符

③ 在"分节符"组中,单击与要进行的格式更改类型对应的分节符类型。

例如,如果要将一篇文档分隔为几章,用户可能希望每章都从奇数页开始。要实现这一设置,单击"分节符"组中的"奇数页"命令即可。

(2) 删除分节符

① 选择要删除的分节符。

② 按 Delete 键。

如果在文档中见不到"分节符",可单击"开始"选项卡的"段落"组中的"显示/隐藏编辑标记"命令或将文档转换为普通视图,以便看到双虚线分节符,如图 2-70 所示。

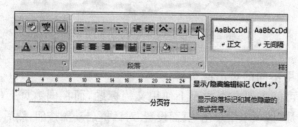

图 2-70　"显示/隐藏编辑标记"命令

本章小结

通过在 Word 文档中插入图形、艺术字、文本框等,可以使文档的主题更加突出,内容更加丰富多彩。在本章中介绍了有关在 Word 文档中如何使用图形和图形处理的技术制作图文并茂文档的一些技巧和方法。

本章的主要内容包括:在 Word 文档中插入图形和图像,使用 Word 绘制和编辑简单的图形和图像,在文档中插入艺术字、文本框、页眉和页脚等操作。

在本章的学习中,读者应了解图形和图像的概念:图形对象包括自选图形、图表、曲线、线条和艺术字。这些对象都是 Word 文档的一部分。使用"绘图"工具栏可以更改和增强这些对象的颜色、图案、边框和其他效果。图片是由其他文件创建的图形。它们包括扫描的图片和照片以及剪贴画。通过使用"图片工具"和"绘图工具"命令可以更改和增强图片效果。

在 Word XP 以后的版本中添加了绘图画布功能,在插入一个图形对象时,图形对象的周围会放置一块画布。绘图画布可帮助用户在文档中安排图形的位置。

Word XP 以后的版本在文档中插入剪贴画的方法较以前的版本有了较大的改进。它不但提供了由一些常用图形构成的"剪贴画库","剪辑管理器"还可以对硬盘中或指定文件夹中的图片、声音和动画进行分类和管理以方便使用。如果计算机处于与因特网连通的状态,还可以得到更多的剪贴画。

使用 Word 中的绘图功能可以在文档中插入图形对象、为图形对象添加文字、改变图形对象的叠放次序、组合图形对象、旋转和翻转图形对象、对齐和排列图形对象、编辑图形对象、移动图形对象、插入艺术字、插入文本框、设置文本框的链接。

在本章中还介绍了一些如何对页面进行布局设置的基本技能，以及在文章中设置页眉和页脚，在文档中插入分隔符的操作。

本章的内容较多，掌握好本章所介绍的各项技能可以使制作的文档更加丰富多彩。学好本章内容的关键是多做练习。

综合练习

1. 制作如图 2-71 所示的图形，为图形添加填充效果。
2. 制作如图 2-72 所示的图形，为图形添加阴影效果。

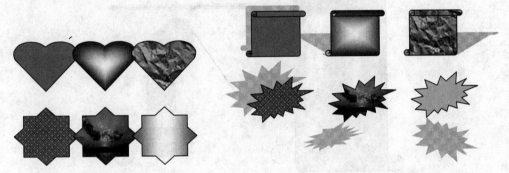

图 2-71　为图形添加填充效果　　　　图 2-72　为图形添加阴影效果

3. 制作如图 2-73 所示的图形，为图形设置三维效果。
4. 利用 Word 绘图工具绘制如图 2-74 所示的流程图，流程图中的各图素要求使用蓝色边框，淡蓝色底纹并增加阴影。

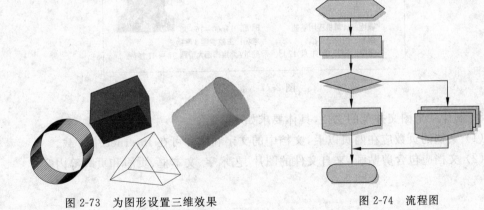

图 2-73　为图形设置三维效果　　　　图 2-74　流程图

5. 绘制如图 2-75 所示的组织结构图。
6. 利用所学的知识和技能完成图 2-76 所示图形的制作。其中图形①中的背景图片可由读者自由选定。
7. 制作一个如图 2-77 所示的准考证。

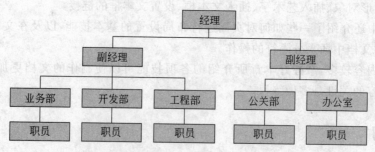

图 2-75　公司组织结构图

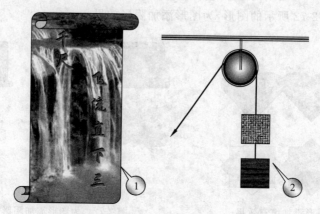

图 2-76　Word 绘图

图 2-77　准考证

8. 制作一个图文并茂的文档,具体要求如下。

(1) 文档的页数应在两页以上,文档中的文字和图片可在 Internet 中下载。

(2) 文档应包含剪贴画、来自文件的图片、艺术字、文本框、页眉和页脚等内容。

Chapter 3
第3章   表格和模板

在文字处理软件中,制表功能是其重要的组成部分,表格由许多单元格构成,具有简明、直观等特点。在编辑文档时,为了更加形象地说明问题,往往需要在文档中制作各种各样的表格,如课程表、学生成绩表、财务报表、简历表等。Word 2007 提供了非常强大的表格编辑功能,使用它可以快速创建与编辑各种表格。

许多软件都可以处理表格,比较有代表性的是 Office 中的 Word 表格和 Excel 表格。Word 表格在制作和编辑上十分简单和方便,特别是在编辑和处理异型结构的表格时更能表现出易用表格处理能力。Word 还可以对表格中的内容进行排序和计算。但应注意,这已经不是 Word 表格所长。Excel 表格在统计计算、数据分析和处理方面的能力远远强于 Word 表格。因此我们不赞成使用 Word 表格来制作一些含有较多计算的表格。

在工作中人们经常要处理大量的文档,如何提高工作效率和工作质量就成为一个十分重要的问题。利用 Word 提供的各式各样的模板及自己动手制作一些常用的模板,会给人们的工作带来极大的方便,既规范了文档格式又提高了工作效率和工作质量。

引例

如图 3-1 所示是一个非常实用的"个人简历"表格和一个很漂亮的日历文档。"个人简历"表格的结构比较复杂,在表格中较多地应用了单元格的合并与拆分功能。日历文件是应用 Word 自带的模板创建的,文档十分漂亮具有专业水准,而且制作十分简单。

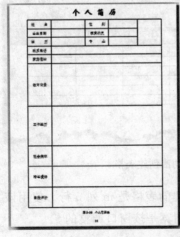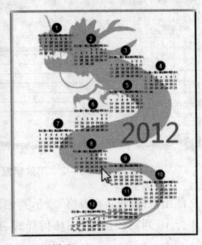

图 3-1　表格及日历样张

3.1   创建表格

在 Word 2007 中可以使用多种方法来创建表格,例如按照指定的行、列插入表格,绘制不规则表格和插入 Excel 电子表格等。

表格由行、列和单元格组成,可以在单元格中填写文字和插入图片。表格通常用来组织和显示信息,还可以使用表格创建有趣的页面版式。表格的左上角为移动控点,右下角为缩放控点,如图 3-2 所示。使用鼠标拖动移动控点可以改变表格的位置,拖动缩放控点可以改变表格的大小。

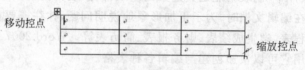

图 3-2   移动控点和缩放控点

3.1.1   拖动鼠标以选择行数和列数插入规则表格

使用拖动鼠标的方法创建表格的操作步骤如下。

(1) 将光标定位在要插入表格的位置。

(2) 在"插入"选项卡的"表格"组中单击"表格"命令。

(3) 在弹出的下拉列表中,显示如图 3-3 所示的网格框。

(4) 在网格框中拖动鼠标确定需要创建表格的行数和列数。然后单击即可完成一个规则表格的创建。

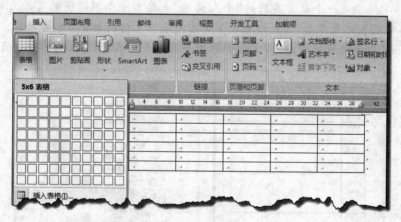

图 3-3   用鼠标拖动法创建表格

网格框顶部出现的"m×n 表格"表示要创建的表格是 m 列 n 行。使用该方法创建的表格最多是 8 行 10 列,并且不套用任何样式,列宽是按窗口调整的。

3.1.2　使用对话框创建表格

使用"插入表格"对话框创建表格时,可以在建立表格的同时设置表格的大小。使用"插入表格"对话框创建表格的具体操作步骤如下。

(1) 将光标定位在要插入表格的位置。

(2) 在"插入"选项卡的"表格"组中单击"表格"命令。

(3) 在弹出的下拉列表中单击"插入表格"命令,弹出"插入表格"对话框,如图 3-4 所示。

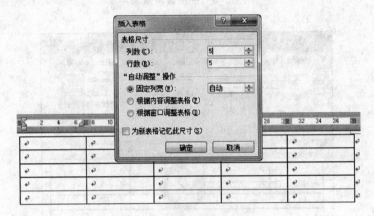

图 3-4　"插入表格"对话框

(4) 在"列数"和"行数"微调框中设置表格的列数和行数。在默认情况下,"插入表格"对话框显示的列数和行数是上一次输入的数值。

(5) 在"自动调整"操作选项区域中选择"固定列宽"等。

(6) 单击"确定"按钮,即可完成一个规则表格的创建。

3.1.3　绘制表格

创建表格的操作步骤如下。

(1) 将光标定位在要插入表格的位置。

(2) 在"插入"选项卡的"表格"组中单击"表格"命令。

(3) 在弹出的下拉列表中单击"绘制表格"命令,此时光标变为笔形。

(4) 将鼠标移动到文档中需要插入表格的位置,按住鼠标左键拖动即可绘制表格边框。

(5) 用鼠标继续在表格边框内自由绘制表格的横线、竖线以及斜线,绘制出表格的单元格,如图 3-5 所示。

(6) 要擦除一条线或多条线,可在"表格工具"的"设计"选项卡中单击"绘制边框"组中的"擦除"命令。

(7) 单击要擦除的线条或拖动鼠标选择要删除的线段,如图 3-6 所示。完成后,单击"绘制表格"命令,继续绘制表格。

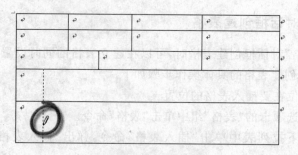

图 3-5　手绘表格效果

图 3-6　擦除表格线

（8）绘制完表格以后，在单元格内双击或再次单击"绘制表格"命令结束绘制。

3.1.4　文本转换成表格

在 Word 2007 中，可以将用段落标记、逗号、制表符以及空格等其他特定字符隔开的文本转换成表格，将文本转换成表格的具体操作步骤如下。

（1）选定要转换成表格的文本。

（2）在"插入"选项卡的"表格"组中单击"表格"命令。

（3）在弹出的下拉列表中单击"文本转换成表格"命令，弹出如图 3-7 所示的"将文字转换成表格"对话框。

（4）在"将文字转换成表格"对话框的"表格尺寸"选项区域中，"列数"微调框中的数值为 Word 自动检测出的列数。用户可以根据具体情况，在"'自动调整'操作"选项区域中选择所需要的选项，在"文字分隔位置"选项区域中选择或者输入分隔符。

（5）设置完成后，单击"确定"按钮，即可将选定文本转换成表格。

3.1.5　插入电子表格

在 Word 2007 中，不但可以插入普通表格，还可以插入 Excel 电子表格。插入 Excel 电子表格的具体操作步骤如下。

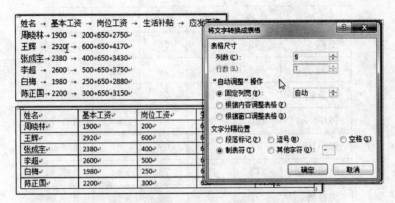

图 3-7　"将文字转换成表格"对话框

（1）将光标定位在要插入电子表格的位置。

（2）在"插入"选项卡的"表格"组中单击"表格"命令，然后在弹出的下拉列表中单击"Excel 电子表格"命令，即可在文档中插入一个电子表格，如图 3-8 所示。

图 3-8　在 Word 文档中插入 Excel 电子表格

（3）在插入的 Excel 电子表格中输入内容，编辑完成后单击电子表格外的空白处即可。

 提示

电子表格插入以后，将被视为图片，如果要对插入的电子表格进行编辑，可在插入的电子表格处双击，使其处于编辑状态即可。

边学边做

新建一个 Word 文档，在文档中插入 Excel 电子表格，如图 3-9 所示。

学生姓名	政治	语文	数学	外语	总分
王英	89	90	78	87	344
李军军	68	67	70	58	263
孙全鹏	89	76	78	73	316
钟华	100	89	87	89	365
朱小庆	78	73	67	67	285
欧阳小荣	78	76	78	64	296
沈春梅	79	57	56	67	259
肖鹏举	56	45	88	56	245
张力力	59	79	85	35	258

图 3-9   在 Word 文档中插入 Excel 电子表格示例

3.1.6   快速插入表格

在 Word 2007 中,快速插入表格的操作步骤如下。

(1) 将光标定位在要插入表格的位置。

(2) 在"插入"选项卡的"表格"组中单击"表格"命令。

(3) 在弹出的下拉列表中单击"快速表格"命令。

(4) 在弹出的子菜单中选择一种表格样式,如图 3-10 所示。

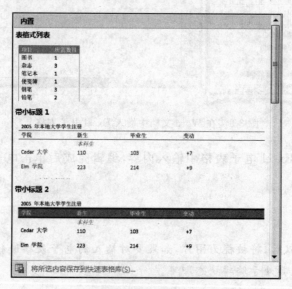

图 3-10   "快速表格"命令的子命令

3.2   编辑表格

在 Word 2007 文档中插入表格后，需对表格进行各种编辑操作，如在表格中添加文本、插入与删除行或列、合并或拆分单元格、拆分表格等。在表格中处理文本的方法与在普通文档中处理文本的方法略有不同。

3.2.1   选定表格

在对表格进行各种操作之前，必须先选定表格，如选定整个表格、选定行或列、选定单元格等。

在对表格进行修改时，首先必须选定要修改的表格对象，如图 3-11 所示。

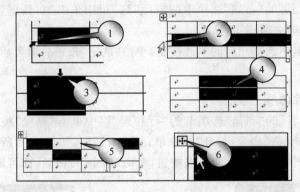

图 3-11   选定表格对象

（1）选定一个单元格：单击单元格左边框。

（2）选定一行：单击该行的左侧。

（3）选定一列：单击该列顶端的虚框或边框。

（4）选定连续的多个单元格、行或列：用鼠标拖动要选定的单元格、行或列。

（5）选定不连续的多个单元格、行或列：单击所需的第一个单元格、行或列，按住 Ctrl 键，再单击所需的下一个单元格、行或列。

（6）整张表格：在页面视图中，单击表格移动控点。

（7）使用表格菜单选择表格对象：将光标定位在所需选定区域中的某一位置，然后在"表格工具"的"布局"选项卡的"表"组中单击"选择"→"选择表格"命令，选择所需的表格对象，如图 3-12 所示。

3.2.2   在表格中插入和删除单元格

表格的基本组成就是行和列构成的单元格，在表格中可以非常方便地插入和删除单元格。

1. 插入单元格

插入单元格的操作步骤如下。

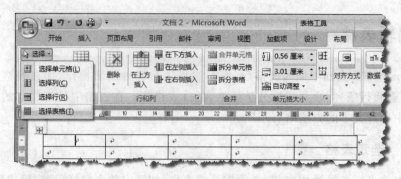

图 3-12   使用选择命令选择表格对象

(1) 将光标定位在要插入单元格的位置。

(2) 在"表格工具"的"布局"选项卡的"行和列"组中单击"对话框启动器"按钮,弹出"插入单元格"对话框,如图 3-13 所示。

(3) 在该对话框中选择相应的单选按钮,单击"确定"按钮后即可插入单元格。

2. 删除单元格

(1) 选择要删除的单元格。

(2) 在"表格工具"的"布局"选项卡的"行和列"组中单击"删除"按钮,在弹出的下拉列表中单击"删除单元格"命令,打开"删除单元格"对话框,如图 3-14 所示。

(3) 在该对话框中选择相应的单选按钮,单击"确定"按钮后,即可删除单元格。

图 3-13   "插入单元格"对话框

图 3-14   "删除单元格"对话框

3.2.3   在表格中插入和删除行或列

在创建表格后,经常会遇到行和列不够使用或者行和列多余的情况。这时就需要在表格中插入新的行或列,或者将多余的行或列删除。

1. 插入行或列

(1) 在表格中选取与需要插入行(或列)的位置相邻的行(或列),选取的行数(或列数)和要增加的行数(或列数)相同。

(2) 在"表格工具"的"布局"选项卡中单击"行或列"组中"在上方插入"/"在下方插入"(或"在左侧插入"/"在右侧插入")命令,即可完成行或列的插入。

2. 删除行或列

(1) 在表格中选取要删除的行或列。

（2）在"表格工具"的"布局"选项卡中单击"行和列"组中"删除"命令，在弹出的列表中单击"删除行"或"删除列"命令，即可完成行或列的删除。

"表格工具"的"布局"选项卡中的"行和列"组中的命令如图 3-15 所示。

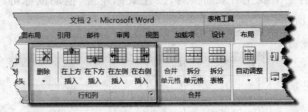

图 3-15　"行和列"组中的命令

3.2.4　合并和拆分单元格

在编辑表格时，有时需要将表格中的多个单元格合并，有时又需要将一个单元格拆分成若干个单元格，在 Word 2007 中可以很方便地完成此操作。

1. 合并单元格

（1）选取要合并的单元格。

（2）在"表格工具"的"布局"选项卡中单击"合并"组中的"合并单元格"命令，或者右击，在弹出的快捷菜单中单击"合并单元格"命令，即可将选区的若干个单元格合并为一个大的单元格。

2. 拆分单元格

（1）选取要拆分的单元格。

（2）在"表格工具"的"布局"选项卡中单击"合并"组中的"拆分单元格"命令，或者右击，在弹出的快捷菜单中单击"拆分单元格"命令，弹出"拆分单元格"对话框，如图 3-16 所示。

图 3-16　"拆分单元格"对话框

提示

如果要选中几个单元格进行拆分，则需要在"拆分单元格"对话框中选择"拆分前合并单元格"复选框，否则会将选中的单元格中的每一个单元格拆分成设置的行或列数。

（3）在"拆分单元格"对话框中选择相应的"列数"或"行数"，单击"确定"按钮，即可完成单元格的拆分。

3.2.5　调整行高和列宽

修改表格的行高或列宽的方法也有拖动鼠标和使用菜单命令两种。一般情况下，Word 能根据单元格中输入内容的多少自动调整行高，但也可以根据需要来修改它。调整行高和列宽的方法类似。

1. 用鼠标修改表格的行高、列宽及表格大小

将鼠标的指针移动到表格的横线或竖线(或水平标尺的列标记及垂直标尺的行标记)上,当鼠标指针变为上下或左右双箭头时,按住鼠标左键,拖动鼠标可以改变表格的行高和列宽,如图3-17所示。

图 3-17   使用鼠标调整行高和列宽

用鼠标拖动表格的缩放控点可以改变表格的大小。

2. 使用"表格工具"命令调整行高和列宽

将光标定位在需要调整行高的表格中,在"表格工具"的"布局"选项卡的"单元格大小"组中使用"高度"(或"宽度")微调框中设置行高(或列宽)值。

单击"自动调整"命令可根据内容自动调整表格;根据窗口自动调整表格;设置固定宽带。

选定多个行或列,单击"分布行"("分布列")命令,在所选行(列)之间平均分布行高(列宽),如图3-18所示。

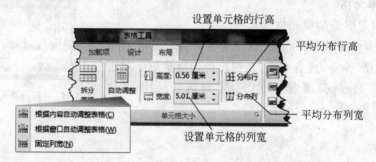

图 3-18   使用"表格工具"命令设置行高和列宽

3. 使用"表格属性"对话框调整行高、列宽

将光标定位在需要调整列宽的表格中,右击,从弹出的快捷菜单中单击"表格属性"命令,弹出"表格属性"对话框。打开"行"或"列"选项卡,设置单元格的"行高"或"列宽",如图3-19所示。

3.2.6 拆分表格

拆分表格是将一个表格拆分成两个独立的表格。表格拆分后可以在表格之间插入文本。拆分表格的操作步骤如下。

(1) 将光标定位在要拆分表格的位置。

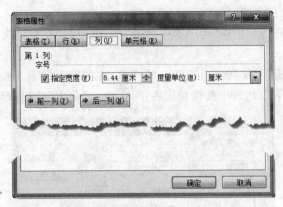

图 3-19　使用"表格属性"对话框设置行高和列宽

（2）在"表格工具"的"布局"选项卡中单击"合并"组中的"拆分表格"命令，即可将一个表格拆分成两个独立的表格，如图 3-20 所示。

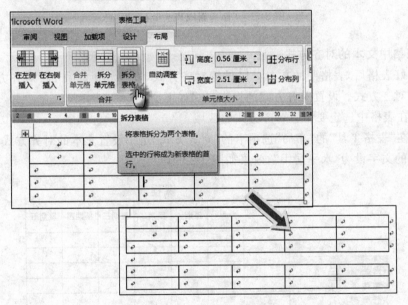

图 3-20　拆分表格

3.2.7　格式化表格

格式化表格主要包括表格的对齐方式、表格的自动套用格式以及表格的边框和底纹等操作。

1. 绘制斜线表头

在实际工作中，经常需要带有斜线表头的表格。表头总是位于所选表格的第 1 行第 1 列的单元格中，绘制斜线表头是指在表格的第 1 单元格中用斜线划分多个项目标题，分别对应表格的行或列。绘制斜线表头的操作步骤如下。

（1）将光标定位在要绘制斜线表头的位置。

（2）在"表格工具"的"布局"选项卡中单击"表"组中的"绘制斜线表头"命令，打开"插入斜线表头"对话框。

（3）在"表头样式"下拉列表中选择一种样式，在"行标题"和"列标题"文本框中输入标题，在"字体大小"下拉列表中选择相应的字体，单击"确定"按钮即可，如图3-21所示。

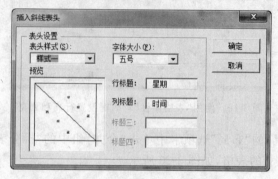

图3-21　"插入斜线表头"对话框

2. 表格中文本的对齐方式

创建好表格后，表格中的文本可以设置对齐方式，在Word 2007的"对齐方式"组中共有9种对齐方式。设置对齐方式的操作步骤如下。

（1）在表格中选定要设置对齐方式的区域。

（2）在"表格工具"的"布局"选项卡的"对齐方式"组中设置文本的对齐方式。例如将课程表中的文字设为"水平居中"，效果如图3-22所示。

课程表

时　间＼星　期		星期一	星期二	星期三	星期四	星期五
上午	第一节					
	第二节					
	第三节					
	第四节					
下午	第五节					
	第六节					

图3-22　"对齐方式"组命令及水平居中效果

3. 表格的自动套用格式

Word 2007中为用户提供了一些预先设置好的表格样式，这些样式可供用户在制作表格时直接套用，这样可以省去设置表格的时间，而且制作出来的表格更加美观。使用表格自动套用格式的操作步骤如下。

（1）将光标定位在要套用格式的表格中的任意位置。

（2）在"表格工具"的"设计"选项卡的"表样式"组中选择套用样式，如图3-23所示。

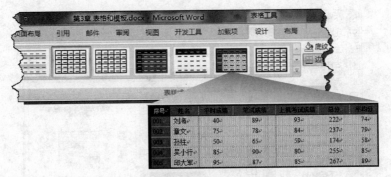

图 3-23 对表格应用自动套用格式

4. 表格的边框和底纹

为表格添加边框和底纹类似于为文字、段落添加边框和底纹。在表格中添加边框和底纹,可以使表格中的内容更加突出和醒目,可以使表格的外观更加美观。为表格添加边框和底纹的操作步骤如下。

(1) 选择要添加边框和底纹的表格。

(2) 在"表格工具"的"设计"选项卡中单击"表样式"组中的"底纹"命令,在弹出的下拉列表中选择要设置的底纹颜色,或者单击"其他颜色"命令,弹出"颜色"对话框,如图 3-24 所示。在"颜色"对话框中选择"标准"选项卡,在其中选择其他颜色。如果还是没有要设置的颜色,选择"自定义"选项卡,在其中自定义颜色。

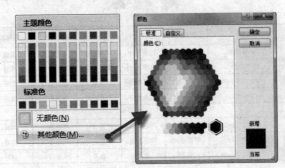

图 3-24 "颜色"对话框

(3) 在"表格工具"的"设计"选项卡中单击"表样式"组中的"边框"命令,或者右击,从弹出的快捷菜单中单击"边框和底纹"命令,弹出"边框和底纹"对话框,选择"边框"选项卡,如图 3-25 所示。

(4) 在该选项卡中的"设置"区域中选择相应的边框样式,在"样式"列表框中设置边框线的样式,在"颜色"和"宽度"下拉列表中设置边框的颜色和宽度,在"预览"区域中设置相应的边框或者单击"预览"区域中左侧和下方的按钮,在"应用于"下拉列表中选择应用的范围。

(5) 设置完成后单击"确定"按钮即可。

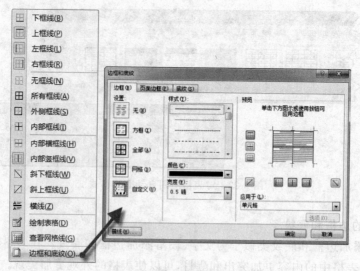

图 3-25 “边框”选项卡

任务 3-1 制作如图 3-26 所示的课程表

课程表

时间 \ 星期		星期一	星期二	星期三	星期四	星期五
上午	8:00~8:45	高等数学	程序设计	高等数学	高等数学	英语
	9:00~9:45	高等数学	程序设计	高等数学	高等数学	英语
	10:00~10:45	网页设计	动画制作	网页设计	动画制作	英语
	11:00~1145	网页设计	动画制作	网页设计	动画制作	英语
下午	13:00~13:45	平面设计	网络基础	平面设计	网络基础	体育
	14:00~14:45	平面设计	网络基础	平面设计	网络基础	体育
	15:00~15:45	自习	自习	自习	自习	自习

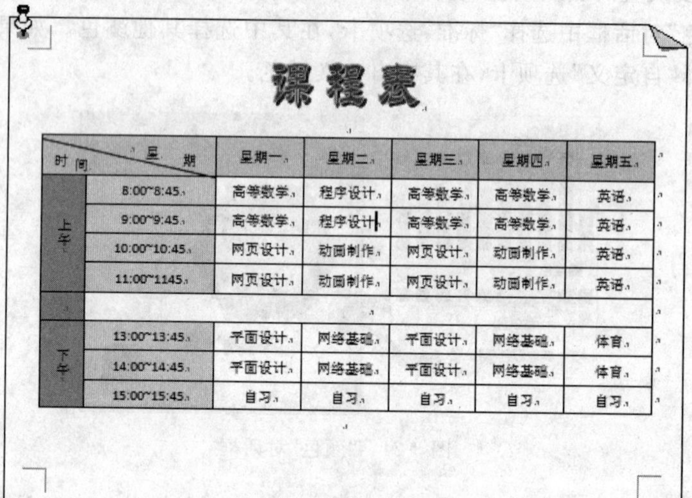

图 3-26 课程表效果图

任务分析:

此课程表使用的纸张为非标准尺寸,可使用“自定义大小”,定义纸张的尺寸为宽20厘米,高15厘米。对页面按样图增加边框。课表标题使用艺术字。表格的列标题、上下午列、时间列设置了不同颜色的底纹填充效果。左上角第一个单元格增加斜线表格线。

实施步骤:

(1) 进行页面设置。

启动 Word 2007,在空白文档中的“页面设置”选项卡的“页面设置”组中单击“对话框启动器"按钮,打开"页面设置"对话框。在该对话框中单击"纸张"选项卡,设置纸张大小为"自定义大小",宽度为 20 厘米,高度为 15 厘米。单击"页边距"选项卡,设置上、下、左、右边均为 2 厘米。

在"页面设置"选项卡的"页面背景"组中单击"页面边框"命令,打开"边框和底纹"对话框。在"页面边框"选项卡中设置艺术型边框,宽度为 30 磅,如图 3-27 所示。

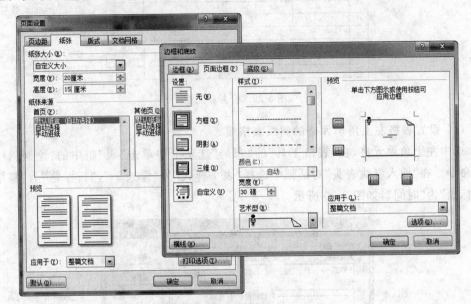

图 3-27　页面设置和页面边框设置

(2) 插入艺术汉字"课程表"。

在"插入"选项卡的"文本"组中单击"艺术字"命令,参照样张插入艺术字"课程表"。

(3) 绘制表格单元格。

在"插入"选项卡的"表格"组中单击"表格"→"插入表格"命令,创建一个 9 行 7 列的空白表格,如图 3-28 所示。

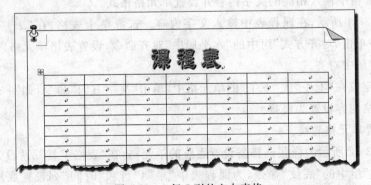

图 3-28　9 行 7 列的空白表格

调整第一行的行高,将光标移动到第二条水平线上,当鼠标指针变为上下双箭头时,向下拖动鼠标,调整到适当位置。

合并单元格,按图 3-29 所示,选择要合并的单元格,右击,在弹出的快捷菜单中单击 "合并单元格"命令,合并表格中的部分单元格。

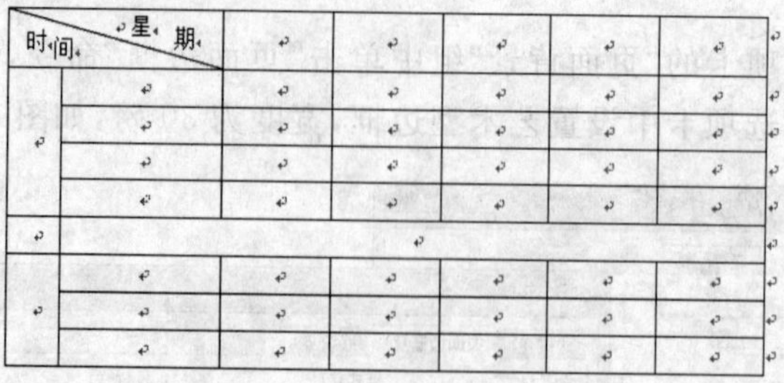

图 3-29　合并单元格

(4) 设置表格左上角单元格的斜线表格线。

选中左上角单元格,在"表格工具"的"布局"选项卡中单击"表"组中的"绘制斜线表 头"命令。在"插入斜线表头"对话框中选择"表头样式"为"样式一","行标题"为"星期", "列标题"为"时间",如图 3-30 所示。

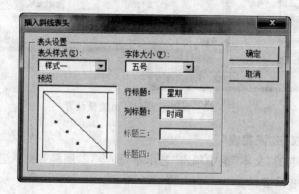

图 3-30　在单元格中插入斜线

(5) 在表格中输入相应的文字内容并设置单元格格式。

参照图 3-31 所示,在课程表中输入文字内容。选择整个表格,在"表格工具"的"布 局"选项卡中单击"对齐方式"组中的"水平居中"对齐命令,设置表格单元格内容为水平居 中对齐,垂直居中对齐。

将光标定位在"上午"或"下午"的单元格中,单击"文字方向"命令,如图 3-31 所示,将 该两个单元格内容设置为竖排。

(6) 设置单元格底纹。

参照图 3-32 所示的样张选择需设置底纹的单元格,在"表格工具"的"设计"选择卡中 单击"表样式"组中的"底纹"命令,为课程表中"星期"行和"时间"列设置底纹填充,颜色 自定。

(7) 完成"课程表"制作后保存文件。

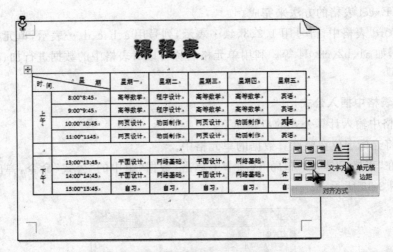

图 3-31　对"课程表"单元格设置对齐方式

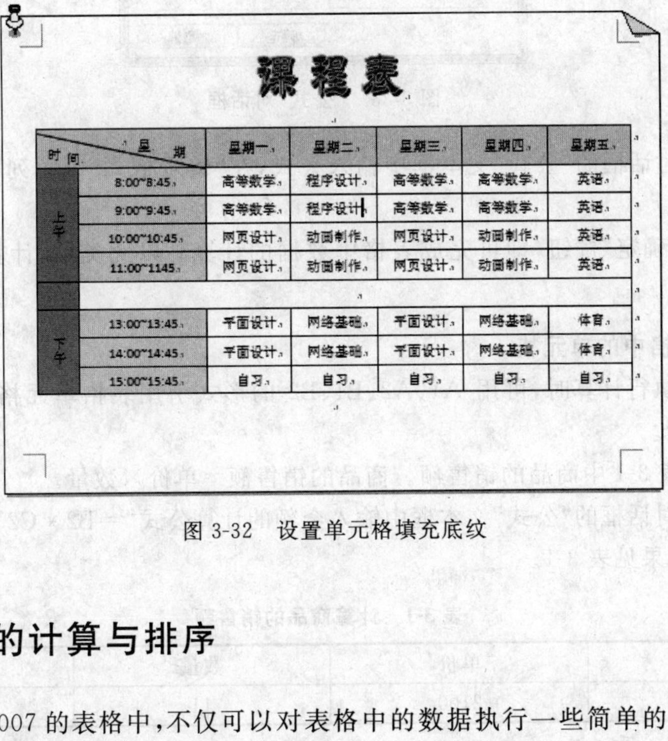

图 3-32　设置单元格填充底纹

3.3　表格的计算与排序

在 Word 2007 的表格中,不仅可以对表格中的数据执行一些简单的运算,还能够方便地按数字、字母顺序或拼音的顺序对表格中的内容进行排序。

3.3.1　在表格中计算

在 Word 软件中提供了一些用于计算的常用函数,如求和、平均值、计数、最大值、最小值、条件函数等,也可以在 Word 表格中进行常用加、减、乘、除等算术运算。在这里只给大家介绍一些最简单的计算方法,较为复杂的计算建议读者使用 Excel 或在 Word 文档中插入 Excel 表格的方法来完成。

在 Word 表格中,行号用 1、2、3、4、…表示,列号用 a、b、c、d、…表示,单元格由列号加行号组成,如 a1、b2、c3、d4 等。利用单元格名称可以对表格中的数据进行加、减、乘、除等运算。

1. 在表格中插入公式

在表格中输入计算公式的步骤如下。

(1) 将光标定位在要计算数据的单元格中。

(2) 在"表格工具"的"布局"选项卡中单击"数据"组中的"公式"命令,弹出"公式"对话框,如图 3-33 所示。

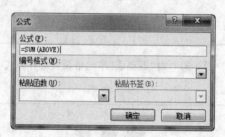

图 3-33　"公式"对话框

(3) 在该对话框的"公式"文本框中输入公式,在"编号格式"下拉列表中选择一种合适的数字结果。

(4) 单击"确定"按钮,即可完成表格中数据的计算。以此类推,计算表格中的其他数据。

2. 引用表格中的单元格

在表格中执行计算时,可用 A1、A2、B1、B2 的形式引用表格单元格,其中字母表示列,数字表示行。

例:计算表 3-1 中商品的销售额。商品的销售额＝单价×数量。

在"公式"对话框的"公式"文本框中输入金额的计算公式"＝B2 * C2",单击"确定"按钮即可,计算结果见表 3-1。

表 3-1　计算商品的销售额

商品名称	单价	数量	销售额
长虹彩电	2100	11	23100

3.3.2　在表格中排序

在 Word 2007 中,除了可以对表格中的数据进行加、减、乘、除等运算外,还可以对表格中指定的列进行排序。对表格中指定列进行排序的操作步骤如下。

(1) 将光标定位在需要排序的表格中。

(2) 在"表格工具"的"布局"选项卡中单击"数据"组中的"排序"按钮,弹出"排序"对话框,如图 3-34 所示。

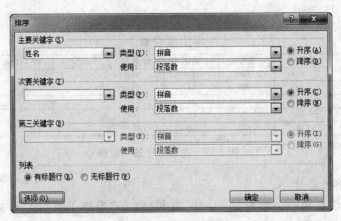

图 3-34　"排序"对话框

(3) 在该对话框的"主要关键字"下拉列表中选择一种排序依据,在"类型"下拉列表中选择一种排序类型,选择"升序"或"降序"单选按钮。

(4) 设置完成后,单击"确定"按钮即可。

任务 3-2　制作如图 3-35 所示的"学生成绩表"文档

学生成绩表

姓名	数学	英语	计算机	总分	平均分
张　红	89	87	89	265.00	88.33
赵　静	90	68	98	256.00	85.33
李丽丽	88	94	87	269.00	89.67
王　刚	98	69	76	243.00	81.00
刘大伟	80	78	88	246.00	82.00

图 3-35　学生成绩表

任务分析:

在其中制作一个 6 行 6 列的表格,输入数据并设置字体字号,使用求和函数及平均值函数计算学生的总分成绩及平均分成绩。计算完成后将表格以"姓名"为主关键字按笔画升序排序。

实施步骤:

(1) 创建成绩表

启动 Word 2007,创建一个名为"学生成绩表"的文档,将光标定位在要插入表格的位置,输入标题"学生表",选中标题文本"学生成绩表",将其字体格式定义为黑体,字号定义为二号,水平居中对齐。

将光标移到要插入表格的位置,在"插入"选项卡的"表格"组中单击"表格"→"插入表格"命令,弹出"插入表格"对话框。在"列数"微调框中选择 6,在"行数"微调框中选择 6,在"自动调整"操作选项区中选择"固定列宽"。单击"确定"按钮,即可创建一个 6 行 6 列的表格。

　　在表格中输入学生姓名及各科成绩,设置表格列标题为宋体加粗、小四字号。效果如图 3-36 所示。

学生成绩表

姓名	数学	英语	计算机	总分	平均分
张　红	89	87	89		
赵　静	90	68	98		
李丽丽	88	94	87		
王　刚	98	69	76		
刘大伟	80	78	88		

图 3-36　在表格中输入数据

　　(2)计算学员总分

　　将光标定位在第一名学员的"总分"单元格,在"表格工具"的"布局"选项卡中单击"数据"组中的"公式"命令。在"公式"对话框中,"公式"文本框中显示默认公式"=SUM(LEFT)",其中"SUM"为求和函数的函数名,"LEFT"为求和参数,表示对左侧单元格中的数据进行计算。

　　将光标定位在第二名学员的"总分"单元格中,在"表格工具"的"布局"选项卡中单击"数据"组中的"公式"命令。在"公式"文本框中显示默认公式"=SUM(ABOVE)",其中"ABOVE"表示对上方单元格中的数据进行计算,应将"公式"文本框中的"=SUM(ABOVE)"修改为"=SUM(LEFT)"并单击"确定"按钮。

　　同样方法计算每名学员的"总分"。

　　(3)计算学员的平均分

　　将光标定位在第一名学员的"平均分"单元格,在"表格工具"的"布局"选项卡中单击"数据"组中的"公式"命令。在"公式"对话框中,"公式"文本框中显示默认公式"=SUM(LEFT)",在"公式"文本框中输入"=",在"粘贴函数"列表中选择平均值函数并输入参数"=AVERAGE(b2:d2)",设置编号格式"0.00",单击"确定"按钮,如图 3-37 所示。

图 3-37　在"公式"文本框中输入平均值函数

　　将光标定位在第二名学员的"平均分"单元格,打开"公式"对话框并输入公式"=AVERAGE(b3:d3)",采用同样方法计算其他学员的"平均分",结果如图 3-38 所示。

学生成绩表

姓名	数学	英语	计算机	总分	平均分
张　红	89	87	89	265	88.33
赵　静	90	68	98	256	85.33
李丽丽	88	94	87	269	89.67
王　刚	98	69	76	243	81.00
刘大伟	80	78	88	246	82.00

图 3-38　计算平均分

（4）表格排序

将光标定位在表格"姓名"列的任意单元格中，在"表格工具"的"布局"选项卡中单击"数据"组中的"排序"命令。在"排序"对话框中，设置主关键字为"姓名"，类型为"笔画"，选择"升序"单选按钮，单击"确定"按钮，如图 3-39 所示，即可完成表格数据的计算与排序。效果如图 3-40 所示。

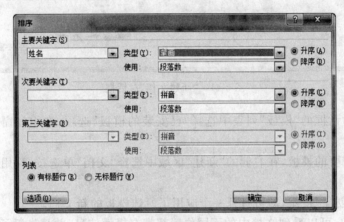

图 3-39　"排序"对话框

学生成绩表

姓名	数学	英语	计算机	总分	平均分
王　刚	98	69	76	243	81.00
刘大伟	80	78	88	246	82.00
李丽丽	88	94	87	269	89.67
张　红	89	87	89	265	88.33
赵　静	90	68	98	256	85.33

图 3-40　姓名按笔画排序

3.4　模板及其应用

模板是一种带有特定格式的、扩展名为 .dotx 的文档，它包括特定的字体格式、段落样式、页面设置、快捷键方案、菜单、特殊格式、样式等。模板决定了文档的基本结构和设置，当用户要编辑多篇格式相同的文档时，可以使用模板来统一文档的风格，从而能够提高工作效率。

3.4.1　使用模板创建文档

Word 2007 提供了一些比较常用的模板,使用这些模板可以帮助用户快速创建基于某种类型的文档。通过"模板"创建文档的操作步骤如下。

(1) 在 Word 2007 中单击 Office 按钮 🔘→"新建"命令,打开"新建文档"对话框,如图 3-41 所示。

图 3-41　"新建文档"对话框

(2) 在该对话框的"模板"列表中选择"已安装的模板"选项,在中间窗口中将显示已安装的模板。

(3) 选择需要的模板,在右侧的"新建"区域中选择"文档"单选按钮,用来确定用户所创建的文档。

(4) 单击"创建"按钮,即可打开一个应用了所选模板的新文档。

在该文档中,可以看到文档中的不同位置都带有提示信息,并且告诉了用户该位置应该输入什么内容,用户只需要根据这些提示信息输入相关的内容即可。

任务 3-3　*使用已安装的模板创建平衡简历*

平衡简历效果如图 3-42 所示。

图 3-42　平衡简历效果

任务分析：

在 Word 程序的"已安装的模板"中存在着现成的"平衡简历"模板，读者可直接使用该模板创建个人简历，简单实用。

实施步骤：

（1）启动 Word 2007，单击 Office 按钮 → "新建"命令，打开"新建文档"对话框。

（2）在"模板"列表中选择"已安装的模板"选项，在中间窗口中将显示已安装的模板，在其中选择"平衡简历"选项。

（3）在右侧的"新建"区域中选择"文档"单选按钮，单击"创建"按钮，即可打开以平衡简历为模板的文档。

（4）根据文档中的提示信息输入简历内容，并在简历中添加一张照片，输入相关信息，如图 3-43 所示。

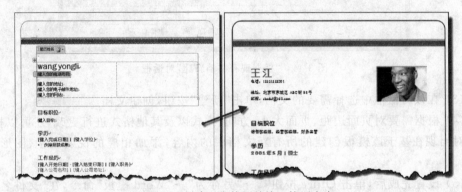

图 3-43　创建平衡简历并输入简历内容

（5）设置完成后，以"简历"为名保存文档。

3.4.2　创建空白模板

用户可以使用空白文档创建空白模板，其操作步骤如下。

（1）在 Word 2007 中单击 Office 按钮 → "新建"命令，打开"新建文档"对话框。

（2）在该对话框中选择"空白文档"选项，然后单击"创建"按钮。

（3）根据需要对空白文档的页面布局、纸张大小、纸张方向、样式以及其他格式进行更改，还可以根据需要创建文档的内容，添加相应的说明文字、图形等。

（4）设置完成后，单击 Office 按钮 → "另存为" → "Word 模板"命令，在"另存为"对话框"文件名"文本框中输入文件名"空白模板"，单击"保存"按钮，即可创建一个新的空白模板。

3.4.3　根据现有文档创建模板

当需要用到的文档设置包含在现有的文档中时，就可以以该文档为基础来创建模板，根据现有文档创建模板的操作步骤如下。

（1）单击 Office 按钮 → "新建"命令，弹出"新建文档"对话框。

（2）在该对话框的"模板"列表中选择"根据现有内容新建"选项，弹出"根据现有文档新建"对话框,如图 3-44 所示。

图 3-44　"根据现有文档新建"对话框

（3）在该对话框中选择需要的文档,单击"新建"按钮,创建文档。

（4）根据需要对页面边距、页面大小、方向、样式以及其他格式进行更改,还可以根据需要对出现在基于该模板创建的所有新文档中的内容,添加相应的说明文字、图形、形状等。

（5）设置完成后,单击 Office 按钮　→"另存为"→"Word 模板"命令,在"文件名"文本框中输入新模板的文件名,单击"保存"按钮即可创建新的文档模板。

任务 3-4　创建如图 3-45 所示的公文模板

任务分析:

此文件的制作方法已在本书第 1 章中做过介绍,本任务可直接使用此文档建立模板文件。

实施步骤:

（1）启动 Word 2007,单击 Office 按钮　→"打开"命令,打开文档。

（2）单击 Office 按钮　→"另存为"→"Word模板"命令,打开"另存为"对话框,如图 3-46 所示。

（3）在该对话框中选择保存位置为模板文件专用文件夹 Templates,输入模板文件名"通知(带文号)",单击"保存"按钮,并关闭文件。

（4）应用自定义模板。

启动 Word 2007,单击 Office 按钮　→"新建"命令,打开"新建文档"对话框。在该对话框中

图 3-45　公文模板

图 3-46 "另存为"对话框

单击"我的模板"命令,打开"新建"对话框,在该对话框中选择前面创建的模板文件"通知(带文号)"并单击"确定"按钮,如图 3-47 所示。

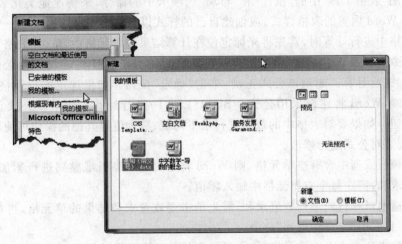

图 3-47 应用自定义模板

本章小结

本章主要通过一些实际的案例讲解了在 Word 中创建表格、修改表格及在表格中进行一些简单计算等功能。使用 Word 表格功能在制作以文本及非文本对象(如图片、自绘图形、艺术字等)为主要内容的表格时非常方便灵活。在 Word 表格中虽然也包括了一些计算功能,但和一些专门的电子表格软件比较起来就差得很多了,因此我们不赞成使用 Word 表格来处理含有较多数据计算的表格。

　　在 Word 中创建表格主要有 3 种方法：第一种方法是在"插入"选项卡"表格"组中单击"表格"命令插入表格，此种方法操作简单。第二种方法是使用"插入表格"对话框，使用此种方法能够快速生成一些较为复杂的表格，如使表格的列具有固定的宽度、根据内容调整表格、根据窗口调整表格，还可以在创建表格的同时为表格设置自动套用格式。第三种方法是使用"绘制表格"工具绘制表格，此方法在使用 Word 创建一些结构复杂的表格时非常方便。利用 Word 的"文本转换成表格"功能，能够将文本转换成表格，也是创建表格的一个十分有效的方法。

　　对于表格的编辑与修饰，本章主要介绍了表格对象的选定；调整行高和列宽；插入或删除行、列和单元格；单元格的合并与拆分、表格的拆分；表格边框和底纹的设置；编辑和排版单元格中的文字；等等。

　　表格及表格对象的选择是编辑及修饰表格的基础，在选择的操作中通常可以使用鼠标操作和功能区命令操作两类。例如选择整个表格可单击表格左上角的"移动控点"或使用"表格工具"中的"布局"选项卡"表"组中的"选择"命令。读者在使用中可以灵活运用。

　　使用鼠标调整行高和列宽是常用的操作方法，当鼠标指针接近要修改的表格线时，鼠标指针会变成双箭头形状，此时按鼠标左键拖动可改变表格的行高或列宽。如果拖动鼠标时按住 Alt 键，则 Word 会显示行高或列宽的数值。使用"表格属性"对话框可以精确设置表格的尺寸、行高和列宽，还可以设置对齐方式、环绕等。在对表格进行修饰的操作中可以使用"表格工具"中的"设计"和"布局"选项卡中的命令，来快速地美化表格。可使用或修改 Word 内置的表格样式，或创建自己的样式以备将来重复使用。

　　在表格中进行计算时，首先将光标定位在计算结果的单元格中，单击"表格"菜单中的"公式"命令。如果选定的单元格位于一列数值的底端，Word 将建议采用公式＝SUM(ABOVE)进行计算。如果该公式正确，单击"确定"按钮。如果选定的单元格位于一行数值的右端，Word 将建议采用公式＝SUM(LEFT)进行计算。如果该公式正确，单击"确定"按钮。如果要对表格中的数据进行求平均值、最大值等其他的操作可使用"粘贴函数"下拉列表对公式进行修改。

　　如果该行或列中含有空单元格，则 Word 将不对这一整行或整列进行累加。要对整行或整列求和，需在每个空单元格中输入零值。

　　要快速地对一行或一列数值求和，需先单击要放置求和结果的单元格，再单击"表格和边框"工具栏中的"自动求和"命令。

　　在函数或公式中引用单元格时，或对指定的单元格区域进行引用时，可在选定区域的首尾单元格之间用冒号分隔(如下例所示)。用逗号分隔单个单元格。

　　计算下列单元格的平均值。

```
=average(b:b) 或 =average(b1:b3)
=average(a1:c2) 或 =average(1:1,2:2)
```

　　1:1 表示表格的第 1 行，b:b 表示第 2 列。

　　大部分用户都有使用模板的经历，不管你是否意识到，模板是提高工作效率并使企业文档统一规范的一个极好的工具。对于那些需要常常处理具有规律和重复性的文档(例如会议通知、企业公文、客户信函、传真等)的朋友来说，模板确实是一个很好的帮手。

综合练习

1. 将考试成绩数据转换为表格，表中"总分"和"平均分"列中的数据利用公式计算。

序号	姓名	平时成绩	笔试成绩	上机考试成绩	总分	平均分
001	刘海	40	89	93	222	74
002	章文	75	78	84	237	79
003	孙柱	50	65	59	174	58
004	吴小行	85	90	80	255	85
005	邱大军	95	87	85	267	89

2. 使用 Word 制作如图 3-48 所示的转账凭证。

转 账 凭 证

年　　月　　日　　字　第　　号

摘要	总账科目	明细科目	借方金额								贷方金额							
			百	十	万	千	百	十	元	角	分	百	十	万	千	百	十	元	角	分
合计																		
财务主管		记账		出纳			审核			制单								

图 3-48　转账凭证

3. 创建一个如图 3-49 所示的个人简历文档。

4. 制作如图 3-50 所示的通知模板。在"模板"文件夹中创建一个"自定义模板"文件夹，将制作好的模板以"通知.dot"为文件名保存在该文件夹中。

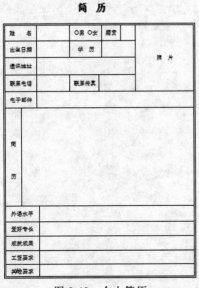

图 3-49　个人简历

图 3-50　通知模板

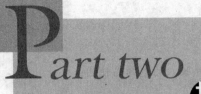

Part two 拓展篇

——数据处理与文稿演示

学 习 导 读

学习目的

本篇主要讲解 Office 集成办公软件的电子表格处理软件 Excel 和演示文稿制作软件 PowerPoint 的基本操作。

通过对本篇内容的学习,使学员掌握 Excel 强大而方便的计算功能并能进行数据统计,利用丰富的图表反映数据内容,应用数据统计功能完成数据处理的实用方法。使学员运用 PowerPoint 软件制作不同内容、风格、版式的演示文稿,通过多种媒体的交互使用,能够清晰、简明、生动地表达想法,展示内容。

知识结构与主要内容

本篇共分为 5 章,分别介绍"电子表格的基本操作"、"函数的应用"、"制作办公图表"、"演示文稿的基本技能"、"制作精彩的演示文稿"。

1. 电子表格的基本操作

认识 Excel 的作用,掌握输入数据及公式、数据的编辑、改变工作表的视图、修饰工作表、工作表和工作簿的保护、打印工作表。

2. 函数的应用

相对引用和绝对引用、三维引用、求和按钮的使用、常用函数、函数的嵌套、含有条件的函数、在公式和函数中使用名称。

3. 制作办公图表

认识图表、建立图表、编辑图表。

4. 演示文稿的基本技能

创建演示文稿、不同视图演示文稿的编辑、幻灯片版式的选择与使用。

5. 制作精彩的演示文稿

应用设计模板、幻灯片母版设置、更改背景和配色方案、添加艺术字、图片和自绘图形、插入声音和影片、设置幻灯片切换效果、设置动画效果、组织放映形式、演示文稿的打印。

Chapter 4

第4章　电子表格的基本操作

学习本章目的是让用户对 Excel 2007 有一个初步的了解，为顺利学习后面的各章内容打好基础。本章内容主要分为 3 节，第一节通过两个 Excel 应用的典型案例，使用户对 Excel 的应用有一个感性认识；第二节简单介绍 Excel 2007 版比 2003 以前的版本添加了哪些新功能，从而帮助比较熟悉 2003 以前版本的用户，快速掌握 Excel 2007 的应用。Excel 新手可以跳过第二节内容，直接学习后续章节。

引例

使用 Excel 进行企事业单位、学校乃至家庭的表格及数据处理方面的应用十分广泛，操作既简单又方便。下面给出的两个应用案例，是想让读者对 Excel 的应用有一个初步印象。

1. Excel 在工资管理上的应用

如图 4-1 所示为一个比较实用的工资管理表格，在该表格中不但可以方便地完成一

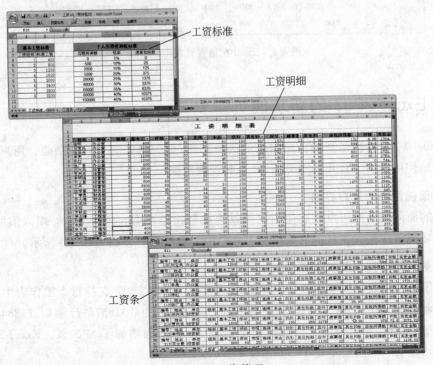

图 4-1　工资管理

般的加、减、乘、除计算,而且可以在不编程的情况下完成一些比较复杂的函数计算,也可以按要求对工资表的内容进行查询和筛选,还可以按需要打印出工资条。

2. Excel 在销售管理上的应用

如图 4-2 所示为使用 Excel 在销售管理上的应用,在此工作表中不但能够方便地完成表格中的各项计算,还可以使用数据透视表快速地完成对表格中数据的统计和分析。此表中应用数据透视表统计出每名业务员销售的不同产品的数量和销售收入,并根据数据透视表的统计结果绘制了统计图表。

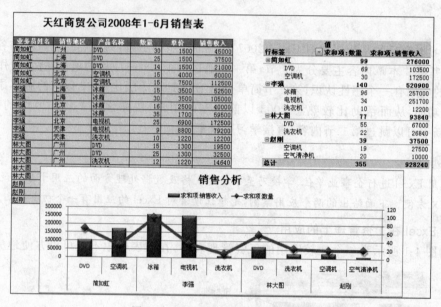

图 4-2　Excel 在销售管理上的应用

4.1　Excel 2007 的新功能

Excel 2007 提供了新的面向结果的用户界面,更为强大的工具和功能。用户可以更加方便地使用这些工具和功能分析、共享和管理数据。

1. 面向结果的用户界面

新的面向结果的用户界面使用户可以更加轻松地在 Excel 中工作。而以前的版本,命令和功能常常深藏在复杂的菜单和工具栏中。新的用户界面如图 4-3 所示。

2. 更多行和列以及其他新限制

为了使用户能够在工作表中浏览更多的数据,Excel 2007 支持每个工作表中最多有100 万余行和 16000 列。具体来说,Excel 2007 网格为 1048576 行乘以 16384 列,与Excel 2003 相比,它提供的可用行增加了 1500%,可用列增加了 6300%。Excel 2007 的最后一列是 XFD 列,而不是 IV,如图 4-4 所示。

为了改进 Excel 的性能,内存管理已从 Excel 2003 中的 1GB 内存增加到 Excel 2007

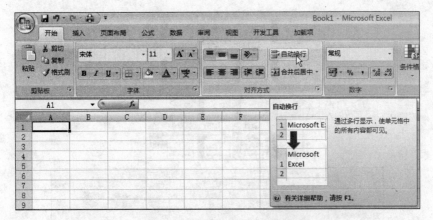

图 4-3　Excel 2007 新用户界面

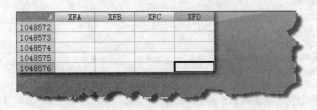

图 4-4　Excel 2007 的最后一个单元格

中的 2GB。由于 Excel 2007 支持多处理器和多线程芯片集,用户还可以在包含大量公式的大型工作表中体验到更快的运算速度。Excel 2007 还支持最多 1600 万种颜色。

3. 主题和 Excel 样式

在 Excel 2007 中,可以通过应用主题和使用特定样式在工作表中快速设置数据格式。主题可以与其他 2007 发布版程序(例如 Word 和 PowerPoint)共享,而样式只用于更改特定于 Excel 的项目(如 Excel 表格、图表、数据透视表、形状或图)的格式。

(1) 应用主题。主题是一组预定义的颜色、字体、线条和填充效果,可应用于整个工作簿或特定项目,例如图表或表格。它们可以帮助用户创建外观精美的文档。用户可以使用贵公司提供的公司主题,也可以从 Excel 提供的预定义主题中选择。创建用户自己的具有统一、专业外观的主题,并将其应用于用户的 Excel 工作簿和其他 2007 发布版文档。在创建主题时,可以分别更改颜色、字体和填充效果,以便用户对任一或所有这些选项进行更改。

(2) 使用样式。样式是基于主题的预定义格式,可应用它来更改 Excel 表格、图表、数据透视表、形状或图的外观。如果内置的预定义样式不符合用户的要求,可以自定义样式。对于图表来说,可以从多个预定义样式中进行选择,但不能创建自己的图表样式。如图 4-5 所示为 Excel 2007 内置的主题和样式。

单元格样式用来设置所选单元格的格式,大多数单元格样式都不基于应用到工作簿的主题,而且用户可以轻松创建自己的单元格样式。

4. 丰富的条件格式

在 Excel 2007 中,用户可以使用条件格式直观地注释数据以供分析和演示使用。可

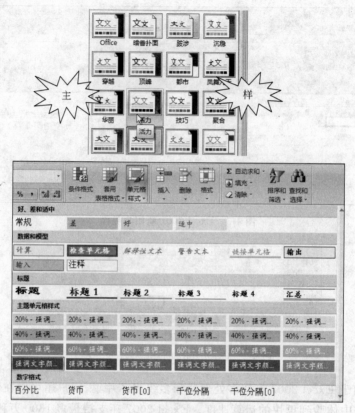

图 4-5　Excel 2007 内置的主题和样式

以实施和管理多个条件格式规则,这些规则以渐变色、数据柱线和图标集的形式将可视性极强的格式应用到符合这些规则的数据,如图 4-6 所示。

地区	调查户数(户)	平均每户家庭人口(人)	平均每户就业人口(人)	平均每人季度总收入(元)	平均每人季度可支配收入(元)
北　京	5000	2.75	1.36	7094.1	6490.24
天　津	1500	2.89	1.44	5154.76	4749.39
河　北	2520	2.91	1.44	3589.76	3461.66
山　西	1810	2.9	1.32	3612.48	3452.78
内蒙古	2350	2.83	1.43	3968.68	3819.54
辽　宁	4300	2.76	1.39	3926.18	3600.47
吉　林	1450	2.87	1.44	3341.85	3187.9
黑龙江	2250	2.73	1.28	3041.87	2895.03
上　海	1000	2.98	1.63	8412.89	7650.76

图 4-6　条件格式的应用

5. 轻松编写公式

(1)可调整的编辑栏。编辑栏会自动调整以容纳长而复杂的公式,从而防止公式覆盖工作表中的其他数据。与在 Excel 早期版本中相比,可以编写的公式更长、使用的嵌套级别更多,如图 4-7 所示。

(2)函数记忆式输入。使用函数记忆式输入,可以快速写入正确的公式语法。它不仅可以轻松检测到要使用的函数,还可以获得完成公式参数的帮助,获得正确的公式,如图 4-8 所示。

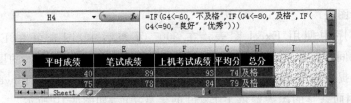

图 4-7　可调整的编辑栏

图 4-8　函数记忆式输入

6. 改进的排序和筛选功能

Excel 2007 增强了筛选和排序的功能。例如,现在可以按颜色和 3 个以上(最多为 64 个)的级别来对数据排序。用户还可以按颜色或日期筛选数据,在"自动筛选"下拉列表中显示 1 000 多个项,选择要筛选的多个项,以及在数据透视表中筛选数据。

7. 新的图表外观

新的图表工具可以轻松创建具有专业水准外观的图表。基于应用到工作簿的主题,新的、最具流行设计的图表外观包含很多特殊效果,例如三维、透明和柔和阴影,如图 4-9 所示。

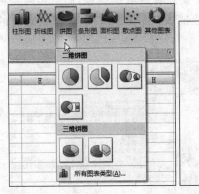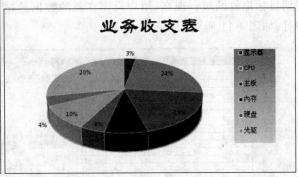

图 4-9　Excel 图表

使用新的用户界面,可以更加方便地浏览可用的图表类型,以便为自己的数据创建合适的图表。由于提供了大量的预定义图表样式和布局,可以快速应用一种外观精美的格式,然后在图表中进行所需的细节设置。

8. 共享的图表

在其他程序中使用 Excel 图表。在 2007 发布版中,图表可在 Excel、Word 和 PowerPoint 之间共享。现在,Word 和 PowerPoint 合并了 Excel 强大的图表功能,而不再使用 Graph 提供的图表功能。由于 Excel 工作表被用作 Word 和 PowerPoint 图表的图表数据表,因而共享的图表提供了 Excel 的丰富功能,如图 4-10 所示。

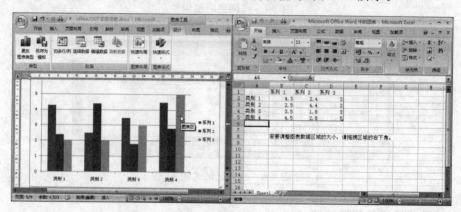

图 4-10　在 Word 中使用 Excel 共享图表

可以轻松地在文档之间复制和粘贴图表,或将图表从一个程序复制和粘贴到另一个程序。将图表从 Excel 复制到 Word 或 PowerPoint 时,图表会自动更改以匹配 Word 文档或 PowerPoint 演示文稿,也可以保留 Excel 图表格式。Excel 工作表数据可嵌入 Word 文档或 PowerPoint 演示文稿中,但是用户也可以将其保留在 Excel 源文件中。

9. 更加易于使用的数据透视表

在 Excel 2007 中,数据透视表比在 Excel 的早期版本中更易于使用。使用新的数据透视表用户界面时,只需单击几下鼠标即可显示关于要查看的数据信息,而不再需要将数据拖到目标拖放区域。现在,用户只需在新的数据透视表"字段"列表中选择要查看的字段即可,如图 4-11 所示。

图 4-11　在 Excel 2007 中创建数据透视表

创建数据透视表后,可以利用许多其他新功能或改进功能来汇总、分析和格式化数据透视表数据。在数据透视表中使用撤消功能可以撤消创建或重排数据透视表所执行的大多数操作。

在新的用户界面中创建如图 4-12 所示的数据透视图。创建数据透视图时,可以使用特定的数据透视图工具和上下文菜单,从而使用户可以在图表中分析数据,也可以更改图表或其元素的布局、样式和格式。在 Excel 2007 中,更改数据透视图时会保留所应用的图表格式,这是较之 Excel 早期版本工作方式的一个改进。

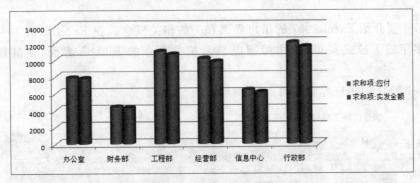

图 4-12 数据透视图

10. 新的文件格式

基于 XML 的文件格式在 2007 系统中,为 Word、Excel 和 PowerPoint 引入了新的、称为"Open XML 格式"的文件格式。这些新文件格式便于与外部数据源结合,还减小了文件大小并改进了数据恢复功能。在 Excel 2007 中,Excel 工作簿的默认格式是基于 Excel 2007 XML 的文件格式(.xlsx)。其他可用的基于 XML 的格式是基于 Excel 2007 XML 和启用了宏的文件格式(.xlsm)、用于 Excel 模板的 Excel 2007 文件格式(.xltx),以及用于 Excel 模板的 Excel 2007 启用了宏的文件格式(.xltm)。

11. 页面视图

除了普通视图和分页预览视图之外,Excel 2007 还提供了页面视图。用户可以使用该视图来创建工作表,同时关注打印格式的显示效果,如图 4-13 所示。在新的用户界面中,可以轻松地访问"页面布局"选项卡中的所有页面设置选项,以便快速指定选项,例如

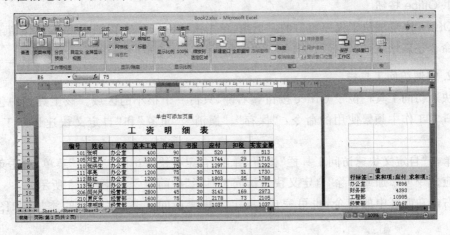

图 4-13 页面视图

页面方向。查看每页上要打印的内容,这有助于避免多次打印尝试和在打印输出中出现截断的数据。

4.2　熟悉 Excel 2007 用户界面

本节主要介绍 Excel 2007 的用户界面和一些相关概念。在 Excel 2007 中微软放弃了延续多年的下拉式菜单,改用可智能显示相关命令的 Ribbon 界面,使其操作更加方便。

Excel 2007 的用户界面如图 4-14 所示。

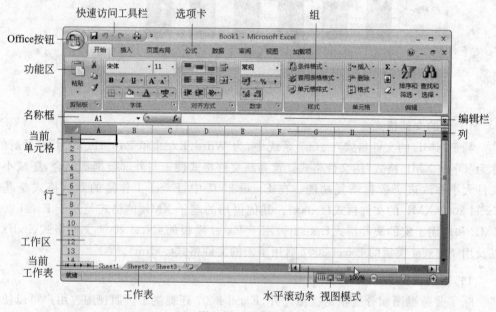

图 4-14　用户界面

1. Office 按钮

Office 按钮位于程序窗口的左上角,单击该按钮打开菜单,此菜单不仅保留了早期版本命令还新增了如"转换"、"准备"和"发布"等 Excel 2007 特有命令。

2. 快速访问工具栏

快速访问工具栏位于 Office 按钮右侧,只占一个很小的区域。该工具栏中包含了用户日常工作中频繁使用的命令:"保存"、"撤消"、"重复"和"自定义快速访问工具栏"按钮。

单击"自定义快速访问工具栏"按钮,弹出"自定义快速访问工具栏"菜单,单击菜单中的相应命令可添加或删除"自定义快速访问工具栏"中的命令,如图 4-15 所示。

右击功能区中的命令,也可完成"自定义快速访问工具栏"按钮的添加,如图 4-16 所示。

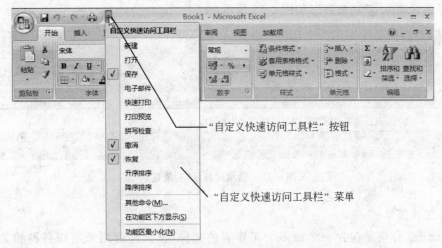

　　　　　　　　　　　图 4-15　"自定义快速访问工具栏"按钮的使用

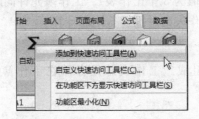

图 4-16　用鼠标右键将功能区中的命令添加到快速访问工具栏

3. 功能区

　　Excel 2007 的功能区是命令的主体部分,它集成了 Excel 2007 的大部分功能,横跨
Excel 程序窗口顶部,如图 4-17 所示。

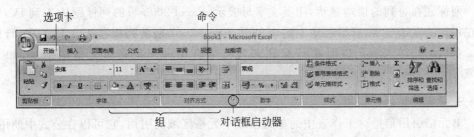

图 4-17　Excel 2007 的功能区

　　Excel 2007 的功能区"组"中展示了该组常用的功能按钮,但并不全面。如果用户希
望进行更多的相关设置,则需要调用相关的对话框进行设置。单击"组"中的"对话框启动
器"按钮可以打开相应的对话框。

4. 显示/隐藏功能区

　　功能区将 Excel 2007 中的所有选项巧妙地集中在一起,其优点是可方便用户查找,
缺点是所占空间较大。如果希望扩展工作区空间,可以隐藏功能区各命令。双击选项卡

标签可隐藏或显示"功能区",如图 4-18 所示。

双击选项卡标签可隐藏或显示"功能区"

图 4-18　隐藏或显示"功能区"

5. 工作簿

Excel 工作簿是包含一个或多个工作表的文件,该文件可用来组织各种相关信息。Excel 2003 每一个工作簿最多可以包含 255 个工作表,Excel 2007 工作簿中的工作表个数受可用内存的限制(默认值为 3 个工作表)。工作簿允许同时在多张工作表上输入并编辑数据,并且可以对多张工作表的数据进行汇总计算。

6. 工作表

工作表主要由单元格组成。工作表总是存储在工作簿中。每个工作表中最多有1 048 576 行、16 384 列。

7. 工作表标签

工作表标签用于显示工作表的名称,单击标签即可激活相应的工作表。还可以用不同的颜色来标记工作表标签,以使其更容易识别。活动工作表的标签将按所选颜色加下划线,非活动工作表的标签全部被填上颜色。

8. 列标题、行标题及单元格地址

列标题在每列的顶端显示,用英文字母表示,Excel 2003 版的列标题从 A 到 IV,行标题在每行的左端显示,行标题从 1 到 65536。Excel 2007 版的列标题从 A 到 XFD,行标题从 1 到 1048576。单元格所在行标题和列号组合在一起就是单元格的地址,如 A1,B3,D8。

9. 单元格地址的引用

单元格引用是指对工作表中的单元格或单元格区域的引用,它可以在公式中使用,以便 Excel 找到需要公式计算的值或数据。

表 4-1 为部分单元格及单元格区域引用的实例及相关的说明。

10. 名称框

显示或定义单元格或单元格区域的名称。

11. 编辑栏

用于显示或编辑活动单元格的内容。

表 4-1　单元格地址的引用

引 用	引 用 说 明
A10	A 列和第 10 行交叉处的单元格
A10：A20	A 列第 10 行到第 20 行之间的单元格区域
B15：E15	第 15 行中 B 列到 E 列之间的单元格区域
5：5	第 5 行中的全部单元格
5：10	第 5 行到第 10 行之间的全部单元格
H：H	H 列中的全部单元格
H：J	H 列到 J 列之间的全部单元格
A10：E20	A 列第 10 行到 E 列第 20 行之间的单元格区域

12. 状态栏

显示诸如字数统计、签名、权限、修订和宏等选项的开关状态。状态栏右侧包括视图模式、显示比例和缩放滑块按钮，如图 4-19 所示。单击"缩放比例"按钮或向左、向右拖动滑块可调整显示比例。单击"视图模式"按钮可切换到不同的视图。

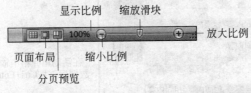

图 4-19　使用状态栏切换视图和调整缩放比例

4.3　Excel 2007 的基本操作

本节主要介绍 Excel 表格中数据及公式的基本输入和编辑方法，这是学好用好 Excel 的基本操作。

计算是 Excel 最强大的功能之一，只要输入正确的计算公式后，就会立即在该单元格中显示出计算结果。如果工作表内的数据有变动，系统会自动将变动后的结果算出，使用户能够随时观察到答案是否正确。

4.3.1　输入数据

基于数据类型的不同，输入的方法也有所差别，以下将分别介绍常用数据的输入方法。

1. 输入字符型数据

（1）用单击或移动光标的方法选中单元格。

（2）输入数据并按 Enter 键、Tab 键、移动光标或单击其他单元格。系统默认字符型数据在单元格中左对齐。

2. 输入数值型数据

数值包括正数、负数、整数、小数等,可以对它们进行算术运算。

(1) 负数的输入:可按常规方法在数值前加负号,也可对数值加括号,例如－124455或(124455)。

(2) 分数的输入:先输入整数或0和一个空格再输入分数部分。例如1 1/2,0 1/3。

(3) 百分数的输入:在数值后直接输入百分号,例如34％。

系统默认数值型数据在单元格中右对齐。

3. 输入日期型数据

输入日期型数据:用连字符"-"或"/"分隔日期的年、月、日部分,例如"2004-9-5"或"2004/5/6"。

4. 同时在多个单元格中输入相同数据

首先选定需要输入数据的单元格区域(单元格区域可以不相邻),输入相应数据,然后按 Ctrl＋Enter 键,如图 4-20 所示。

在活动单元格中输入
数据后,按Ctrl+Enter键

图 4-20　同时在多个单元格中输入相同数据

 提示

选择连续的单元格:将鼠标指针指向要选中区域的一个顶角单元格,鼠标指针为空十字□□,拖动鼠标到对角线上的另一个顶角单元格。

选择不连续的多个单元格区域:使用上述方法选择第一个区域后,按住 Ctrl 键可继续选择其他区域,如图 4-21 所示。

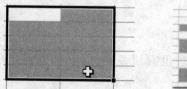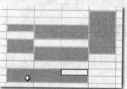

图 4-21　选择连续的单元格区域和非连续的多个单元格区域

Ctrl＋Enter 表示按住 Ctrl 键再按 Enter 键,不能理解成同时按 Ctrl 键和 Enter 键。这一类的组合键经常用到,例如 Ctrl＋Alt＋Delete,许多书中把它解释为同时按 Ctrl、Alt、Delete 3 个键是不准确的,应解释为同时按住 Ctrl 键和 Alt 键后再按 Delete 键,读者可在应用中加以体会。

5. 同时在多张工作表中输入或编辑相同的数据

如果选择一组工作表,然后更改其中一张工作表中的数据,那么相同的更改将应用于所有选择的工作表,如图 4-22 所示。

选择一组工作表的操作参见表 4-2,若要取消对工作簿中多张工作表的选取,可单击工作簿中除当前工作表外的任意一个工作表标签。或右击某个被选取的工作表的标签,再单击弹出的快捷菜单上的"取消成组工作表"命令。

图 4-22　同时选择多张工作表

表 4-2　选择工作表

选择工作表	操作方法
单张工作表	单击工作表标签
两张或多张相邻的工作表	先单击第一张工作表的标签,再按住 Shift 键单击最后一张工作表的标签
两张或多张不相邻的工作表	单击第一张工作表的标签,再按住 Ctrl 键单击其他工作表的标签
工作簿中所有工作表	右击工作表标签,再单击弹出的快捷菜单上的"选定全部工作表"命令

6. 填充序列

当用户要输入一行或一列有规律的数据序列时,可使用自动填充数据序列功能。

使用自动填充数据序列功能的操作方法如下。

在需要填充的单元格区域中选择第一个单元格,为此序列输入初始值。在下一个单元格中输入序列的第二个值。选中这两个单元格用鼠标左键拖动"填充柄"完成填充。此时在填充区域的右下方会出现一个"自动填充选项"按钮,单击此按钮可打开如图 4-23 所示的选项命令列表,可选择填充方式。例如,可选择"仅填充格式"或"不带格式填充"。

使用鼠标右键拖动"填充柄",结束拖动时会弹出如图 4-24 所示的快捷菜单。可进行更多的操作,用户可自己尝试一下。

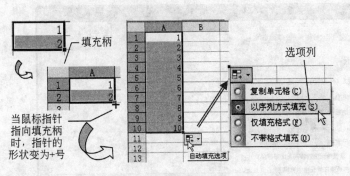

图 4-23　填充柄的使用

图 4-24　右键拖动"填充柄"时的快捷菜单

除了自动填充数字外,还可以自动填充其他连续的文字序列。如星期、月份、季度等。除上面介绍的方法外还可以只输入第一个值,而后使用鼠标拖动"填充柄"完成填充。

使用此种方法在填充数值型序列和非数值型序列时,会有所不同。在拖动"填充柄"时按 Ctrl 键和不按 Ctrl 键也不相同。读者可自己总结一下。

用户还可以根据需要自定义填充序列,单击 Office 按钮 →"Excel 选项"命令,打开"Excel 选项"对话框,选择"常用"选项,然后在"使用 Excel 时采用的首选项"下,单击"编辑自定义列表"按钮,弹出"自定义序列"对话框。在"自定义序列"对话框中,单击"新序列",然后在"输入序列"框中输入条目(首先输入第一个条目)。在输入每个条目后按 Enter 键。创建序列后,单击"添加"按钮,如图 4-25 所示。

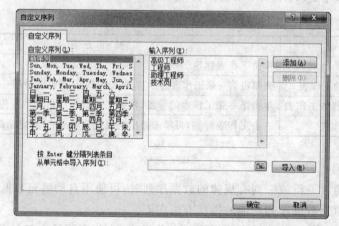

图 4-25　自定义序列

7. 改变按 Enter 键后活动单元格的移动方向

默认情况下,输入完一个单元格的数据后按 Enter 键活动单元格会向下移动,若要改变按 Enter 键后活动单元格的移动方向,单击 Offices 按钮 →"Excel 选项"命令,打开"Excel 选项"对话框。选择"高级"选项,按图 4-26 所示的方法设置按 Enter 键后的移动方向。

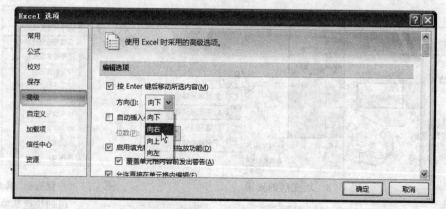

图 4-26　在"Excel 选项"对话框中设置按 Enter 键后活动单元格的移动方向

任务 4-1　制作一张简易工资表

制作一个如表 4-3 所示的简易工资表,表格标题采用字号为 18 的"幼圆"字体,并要求在表格数据的上方"跨列居中",表格中的日期采用日期型数据输入,为表格增加必要的表格线。

表 4-3　简易工资表(1)

日期:2007-4-27

序号	姓　名	部　门	基本工资	补贴	岗位补贴	应发工资	扣款	实发工资
101	李　力	销售部	2500	500	1000	4000	100	3900
102	王　成	开发部	2000	500	800	3300	80	3220
103	魏冬衣	销售部	3000	500	2000	5500	160	5340
104	张大勇	办公室	5000	500	1000	6500	200	6300
105	陈菲菲	开发部	4500	500	1000	6000	180	5820
106	林晓晓	办公室	5500	500	3000	9000	220	8780
107	丁　一	销售部	1500	500	4000	6000	50	5950
108	李　通	开发部	3000	500	3000	6500	250	6250

任务分析:

表格中的日期为日期型数据。序号为一个等差序列,可使用拖动"填充柄"的方法进行序列填充,其他单元格中的内容可直接在单元格中输入,表格标题的跨列居中可使用"单元格格式对话框"进行设置,表格边框线可使用"开始"选项卡"字体"组中的"边框"按钮进行设置。

实施步骤:

(1) 创建新的工作簿并输入表格标题及日期

通常启动 Excel 后系统自动建立一个名为"BOOK1"的新文件(工作簿)。在工作表 Sheet1 中输入数据。

标题文字可先在 A1 单元格输入,跨列居中的设置将在后面步骤中进行分析。

日期的年、月、日使用"-"或"/"分割(例 2004-14-1 或 2005/12/1)。

(2) 序号列的数据采用序列填充的方法输入

首先在 A4 和 A5 单元格中分别输入"101"、"102",选中这两个单元格,用鼠标拖动"填充柄"完成其他员工"序号"的填充。

(3) 对工作表进行简单的修饰

对 A1 单元格中的标题设置字体为 18 号"幼圆"(可直接使用"开始"选项卡的"字体"组中相应的按钮设置)。

(4) 标题的"跨列居中"设置

选中单元格区域 A1:I1,在"开始"选项卡的"对齐方式"组中单击"对话框启动器"按钮,打开"设置单元格格式"对话框。在"水平对齐"列表框中选择"跨列居中",如图 4-27 所示。

图 4-27　设置标题的跨列居中

(5) 调整各列的宽度

将鼠标指针指向列标题的右侧边框线处,此时的鼠标指针变为双箭头形状 ，拖动鼠标便可改变列的宽度(图示为改变 A 列宽度的操作)。使用同样的方法也可调整各行的高度。

(6) 为表格添加必要的表格线

选中所有包含记录数据的单元格区域,在"开始"选项卡的"字体"组中单击"边框"命令,如图 4-28 所示,为所选区域添加"所有框线"。

图 4-28　为单元格添加边框线

完成后的简易工资表如图 4-29 所示。

(7) 保存文件

单击 Office 按钮→"保存"命令,如果是第一次保存文件,系统会显示"另存为"对话框,需在对话框中指定文件的保存位置及保存的文件名称,如图 4-30 所示。

图 4-29　简易工资表

图 4-30　"另存为"对话框

注意

在 Excel 2003 及以前的版本中,保存文件的扩展名为.xls,但 Excel 2007 版默认的保存文件的扩展名为.xlsx。如果用户需要保存为以前版本格式的 Excel 文件,可在该对话框的"保存类型"列表框中选择要保存的文件类型。

提示

如果已经打开了一个工作簿,想再新建一个新的工作簿时可单击 Office 按钮 →"新建"命令,在"新建工作簿"对话框中单击"创建"按钮,如图 4-31 所示。

4.3.2　输入公式

公式可以用来执行各种运算,如加法、减法、乘法、除法及函数等,在输入一个公式时总是以等号"="作为开头。在一个公式中可以包含各种数学运算符、常量、变量、函数以及单元格引用等。

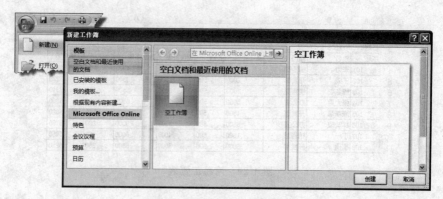

图 4-31　创建新的工作簿文件

1. 在单元格中输入公式

在单元格中输入公式是实现数据计算最基本的方法,我们必须熟练地掌握。

(1) 输入公式的一般步骤

① 选择要输入公式的单元格。

② 输入等号及表达式。

③ 按 Enter 键或单击编辑栏上的"输入"按钮完成公式的输入。

在输入公式中的单元格引用时,可以直接用键盘输入也可借助鼠标选择单元格及单元格区域来完成引用。

(2) 输入公式实例

要求:将 B1 和 C1 单元格的数值相加结果存放在 D1 单元格。

方法:选择 D1 单元格,输入"=",单击 B1 单元格,此时 B1 单元格的地址被自动添加到等号后。输入"+",单击 C1 单元格,C1 单元格的地址被自动添加到加号后。按 Enter 键或单击编辑栏上的"输入"按钮完成公式的输入,如图 4-32 所示。

图 4-32　在单元格中输入公式

(3) 最简单的公式

最简单的公式只是一个单元格的引用。如果希望一个单元格中的数值与另一个单元格中的数值相同,可以输入"="和后者的单元格引用,如"=D4"。包含公式的单元格是"从属单元格",因为它的数值取决于另一个单元格中的数值。一旦公式引用的单元格发生更改,包含该公式的单元格也会随之更改。

2. 运算符

运算符对公式中的元素进行特定类型的运算。Excel 包含 4 种类型的运算符,即算术运算符、比较运算符、文本连接运算符和引用运算符。

(1) 算术运算符

基本的数学运算如加法、减法、乘法、除法、百分比及乘幂运算等,可使用表 4-4 所示的算术运算符。

表 4-4　算数运算符

	A	B	C	D	E	F
1	数　据		公　式	结　果	算术运算符	含　义
2	21	31	＝A2＋B2	52	＋(加号)	加法运算
3	41	31	＝A4－B3	10	－(减号)	减法运算
4	21		＝－A4	－21		负数
5	21	31	＝A5＊B5	651	＊(星号)	乘法运算
6	21	14	＝A6/B6	1.5	/(斜线)	除法运算
7	21	31	＝B7％	0.31	％(百分号)	百分比
8	21	3	＝A8^B8	9261	^(插入符号)	乘幂运算

（2）比较运算符

使用表 4-5 所示的运算符比较两个值。当用运算符比较两个值时,结果是一个逻辑值,TRUE 或是 FALSE。

表 4-5　比较运算符

比较运算符	含义(示例)	比较运算符	含义(示例)
＝	等于(A1＝B1)	＞＝	大于或等于(A1＞＝B1)
＞	大于(A1＞B1)	＜＝	小于或等于(A1＜＝B1)
＜	小于(A1＜B1)	＜＞	不相等(A1＜＞B1)

（3）文本连接运算符

使用"和号"(&)连接两个或多个字符串以产生一串文本,见表 4-6。

表 4-6　文本连接运算符

	A	B	C	D	E	F
1	数　据		公　式	结　果	文本运算符	含　义
2	计算机	实用技术	＝A2&B2	计算机实用技术	&(和号)	将两个文本值连接起来产生一个连续的文本值

（4）引用运算符

使用表 4-7 所示的运算符可以在公式中对单元格或单元格区域进行引用。

表 4-7　引用运算符

引用运算符	含　义	示　例
:(冒号)	区域运算符	产生对包括在两个引用之间的所有单元格的引用(B5:B15)
,(逗号)	联合运算符	将多个引用合并为一个引用(SUM(B5:B15,D5:D15))

3. 公式中的运算次序

公式按特定次序进行运算。Excel 中的公式通常以等号"＝"开始,用于表明之后的字符为公式。紧随等号之后的是需要进行计算的元素(操作数),各操作数之间以运算符分隔。Excel 将根据公式中运算符的特定顺序从左到右进行计算。

（1）运算符优先级

如果公式中同时用到多个运算符，Excel 将按表 4-8 所示的顺序进行运算。如果公式中包含相同优先级的运算符，例如，公式中同时包含乘法和除法运算符，则 Excel 将从左到右进行计算。

表 4-8　运算符优先级

运　算　符	说　明
:(冒号)　,(逗号)	引用运算符
—	负号(例如—1)
%	百分比
^	乘幂
*　/	乘和除
+　—	加和减
&	连接两个文本字符串(连接)
=　＜　＞　＜=　＞=　＜＞	比较运算符

（2）使用括号

若要更改运算的顺序，需将公式中要先计算的部分用括号括起来。例如，公式"＝5＋2*3"的结果是 11，因为 Excel 先进行乘法运算后进行加法运算。将 2 与 3 相乘，然后再加上 5，即得到结果。

公式"＝(5＋2)*3"使用括号改变语法，Excel 先用 5 加上 2，再用结果乘以 3，得到结果 21。

公式"＝(B4＋25)/(D5＋E5＋F5)"第一部分中的括号表明 Excel 应首先计算 B4＋25，然后再除以单元格 D5、E5 和 F5 中数值的和。

4.3.3　公式中单元格的引用

通过前面的学习已经可以进行一些简单的数据计算了，本节主要通过对公式中单元格引用方法的讨论，了解单元格的相对引用、绝对引用及三维引用的概念，熟练掌握在计算中单元格的引用方法。

1. 相对引用和绝对引用

（1）相对单元格引用：公式中的相对单元格引用（如 A1）是基于包含公式和单元格引用的单元格的相对位置。如果公式所在单元格的位置改变，引用也随之改变。如果多行或多列地复制或填充公式，引用会自动调整。默认情况下，新公式使用相对引用。

（2）绝对单元格引用：公式中的绝对单元格引用（如 A1）总是在特定位置引用单元格。如果公式所在单元格的位置改变，绝对引用将保持不变。如果多行或多列地复制或填充公式，绝对引用将不做调整。默认情况下，新公式使用相对引用。

（3）混合引用：混合引用具有绝对列和相对行或绝对行和相对列。绝对引用列采用

＄A1、＄B1 等形式。绝对引用行采用 A＄1、B＄1 等形式。如果公式所在单元格的位置改变,则相对引用将改变,而绝对引用将不变。如果多行或多列地复制或填充公式,相对引用将自动调整,而绝对引用将不做调整。

不同引用的对比见表 4-9。

表 4-9　单元格的不同引用

分　类	引　用	说　明
相对引用	C3	相对列和相对行
绝对引用	＄A＄1	绝对列和绝对行
混合引用	C＄1	相对列和绝对行
	＄A3	绝对列和相对行

(4) 在相对引用、绝对引用和混合引用间切换:选中包含公式的单元格,在编辑栏中选择要更改的引用,按 F4 键进行切换。

任务 4-2　计算"销售金额"

计算如图 4-33 所示的某商品员工销售情况表中的销售金额。

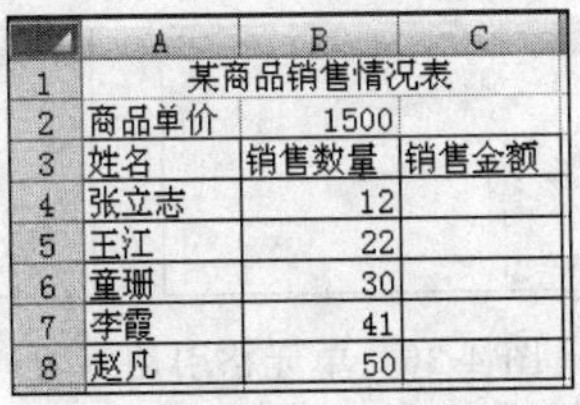

图 4-33　员工销售情况表

任务分析:

首先运用前面学过的知识求出第 1 位员工的"销售金额",在 C4 单元格中输入"＝B4 ＊ B2",B2 单元格的内容是商品单价。拖动 C4 单元格的"填充柄"完成其他员工的销售金额的计算,如图 4-34 所示。

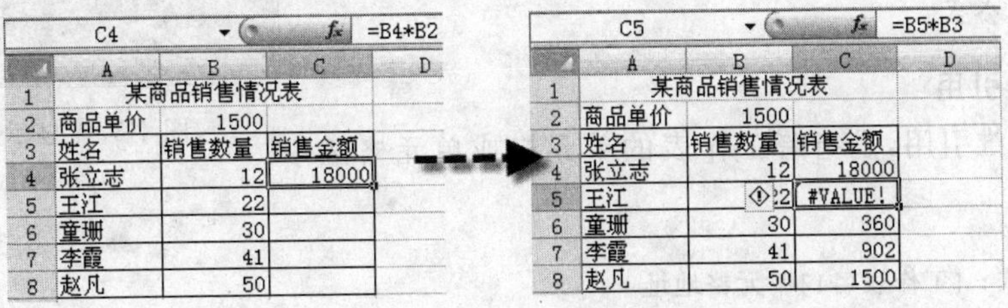

图 4-34　未使用绝对引用时的计算结果

观察计算结果,发现有误。单击 C5 单元格查看编辑栏中 C5 单元格的公式为"＝B5 ＊ B3",这里的 B3 单元格中的数据不是所需要的商品单价。原因是,在将 C4 的公式复制到 C5 单元格时公式中的单元格地址引用已经发生了变化。而公式中 B2 的变化是不希望出现的。

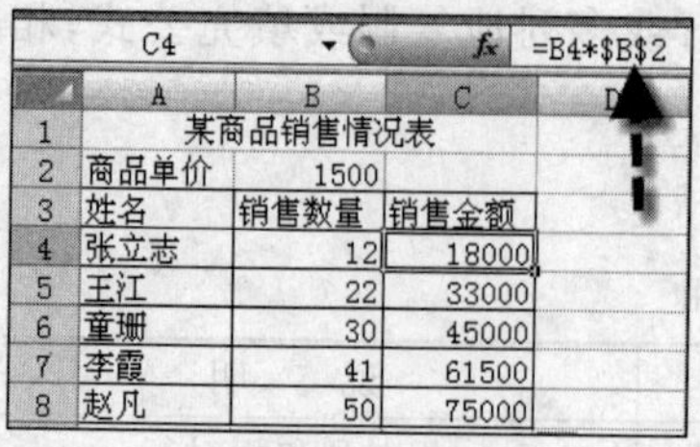

图 4-35 对商品单价采用绝对引用
后的计算结果

解决的方法是把公式中 B2 的引用改变为绝对引用(B2)。

实施步骤：

(1) 在 C4 单元格输入计算公式"=B4＊B$2"。

(2) 将光标定位在公式的 B2 位置，并按 F4 键使公式中的 B2 改变为绝对引用"B2"。

(3) 拖动"填充柄"将公式复制到其他单元格，如图 4-35 所示。

计算结果正确，观察一下 C5 到 C7 单元格中的公式发现，第一项相对引用地址发生了变化；第二项绝对引用地址没有发生变化。

边学边做   单元格引用练习

工作表中数据及公式如图 4-36 所示，如果将工作表中的公式单元格区域 A2：A5 复制到 B2 开始的单元格区域，想一想，单元格 B2：B5 中的公式应该是什么？单元格中的值应该是什么？

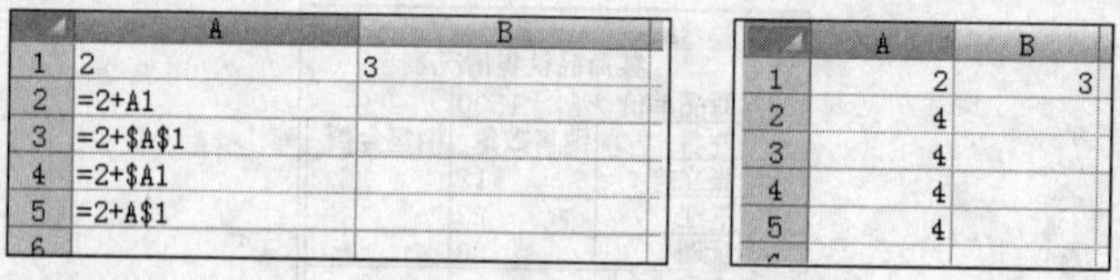

图 4-36 单元格引用练习

小技巧   显示或打印公式

使用公式审核模式可以将公式显示或打印出来，以便帮助查找错误。在"公式"选项卡"公式审核"组中单击"显示公式"命令可显示或隐藏公式，如图 4-37 所示；也可以通过按 Ctrl＋`(1 键旁边)键来显示或隐藏公式。

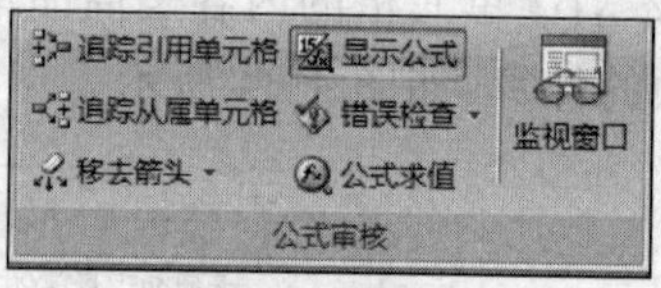

2. 三维引用

所谓三维引用，是指跨工作表的单元格或单元格区域的引用。

图 4-37 显示公式

地址形式：[工作表名!]单元格地址

当前工作表的地址中可以省略"工作表名!"。例如：

```
=A1+Sheet2!A1+Sheet3!B1
```

说明：此公式表示对当前工作表的 A1 单元格、Sheet2 工作表的 A1 单元格和 Sheet3 工作表的 B1 单元格中的数据求和。

任务 4-3　计算同一工作簿中不同工作表单元格中数据之和

新建一个工作簿文档,在 Sheet1 工作表的 A1 单元格中输入 11,在 Sheet2 工作表的 A1 单元格中输入 22,在 Sheet3 工作表中的 B1 单元格中输入 33。计算这 3 个数据的和并将结果存放在 Sheet1 工作表的 C1 单元格中。

任务分析:

由于 3 个数据分别存放在 3 个不同的工作表中,所以在计算时要使用到单元格的三维引用。

实施步骤:

(1) 新建一个工作簿文档,在 Sheet1 工作表的 A1 单元格中输入 11,在 Sheet2 工作表的 A1 单元格中输入 22,在 Sheet3 工作表中 B1 单元格中输入 33。

(2) 选中 Sheet1 工作表中的 C1 单元格并输入"＝";单击当前工作表的 A1 单元格后输入"＋";单击 Sheet2 工作表标签,在 Sheet2 工作表中单击 A1 单元格,注意观察此时的编辑工具栏中出现"＝A1＋Sheet2!A1";输入"＋",单击 Sheet3 工作表的 B1 单元格后按 Enter 键结束,如图 4-38 所示。

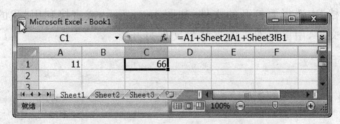

图 4-38　实现单元格的三维引用

完成此项计算也可在结果单元格中直接输入计算公式"＝A1＋Sheet2!A1＋Sheet3!B1"。

4.3.4　简易工资表的计算

通过完成下列任务使读者初步了解使用 Excel 建立工作表的一般步骤和方法。对工作簿、工作表、单元格等概念加深理解,掌握简单公式的使用方法。

任务 4-4　对工资表进行简单计算

计算图 4-39 所示工资表中的"应发工资"和"实发工资"列的数据。"应发工资"列的数据为左侧"基本工资"、"补贴"、"岗位补贴"3 列数据的和。"实发工资"列的数据为"应发工资"减去"扣款"。

任务分析:

本任务中的工资表在任务 4-1 中使用过的,不过在任务 4-1 中"应发工资"和"实发工资"的数据是直接在相关单元格中填入的,也就是说先通过手工计算后再将计算结果填入工作表单元格中。Excel 具有很强的计算能力,很显然在这里使用手工计算是很不合理

	A	B	C	D	E	F	G	H	I
1				简易工资表（1）					
2	日期：	2005-6-27							
3	序号	姓名	部门	基本工资	补贴	岗位补贴	应发工资	扣款	实发工资
4	101	李力	销售部	2500	500	1000		100	
5	102	王成	开发部	2000	500	800		80	
6	103	魏冬衣	销售部	3000	500	2000		160	
7	104	张大勇	办公室	5000	500	1000		200	
8	105	陈菲菲	开发部	4500	500	1000		180	
9	106	林晓晓	办公室	5500	500	3000		220	
10	107	丁一	销售部	1500	500	4000		50	
11	108	李通	开发部	3000	500	3000		250	

图 4-39　简易工资表

的。在本任务中要利用前面所学的在单元格中输入计算公式的方法来完成这两列数据的计算。

实施步骤：

（1）打开任务 4-1 中创建的工资表

打开一个文件可以有多种方法，可以先启动 Excel 软件，再单击 Office 按钮 →"打开"命令，在"打开"对话框中选择要打开文件的位置及文件；可以单击 Office 按钮，在"最近使用的文档"中选择要打开的文件，如图 4-40 所示；或直接利用"我的电脑"或"资源管理器"找到该文件，用鼠标双击的方法将文件打开。

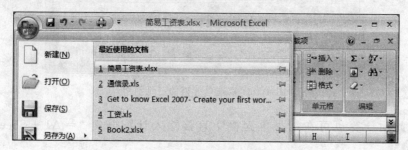

图 4-40　打开最近使用的文档

（2）计算第一名员工的"应发工资"

在工作表 G4 输入计算公式"＝D4＋E4＋F4"，并查看计算结果是否正确。此时完成第一名员工"应发工资"的计算。

（3）计算其他员工的"应发工资"

单击 G4 单元格，使该单元格处于选中状态。将鼠标指针移动到单元格的右下角处（此位置称为"填充柄"），此时鼠标指针的形状应为 4000，按住鼠标左键向下拖动至 G11 单元格，松开鼠标。此时会发现每名员工的"应发工资"已经计算完毕。

（4）计算员工的"实发工资"

在 I4 单元格输入计算公式"＝G4－H4"。选中 I4 单元格，将鼠标指向"填充柄"并向下拖动至表格数据的最后一行，完成其他员工的"实发工资"的计算，计算结果如图 4-41 所示。

图 4-41　简易工资表的计算结果

边学边做　　制作长度单位换算表

在工作和学习中经常遇到单位的换算问题，没有现成的工具是不是很麻烦？自己做一个怎么样？制作如图 4-42 所示的长度单位换算表。

图 4-42　长度单位换算表

要求：当使用者在 A3、A4 或 A5 单元格中输入不同的数值时，在 C3：H5 单元格中自动计算出不同单位的换算结果。换算关系在表 4-10 中给出。

表 4-10　长度单位换算关系

	厘米	米	千米	寸	尺	英里
1 厘米	1	10^{-2}	10^{-5}	0.3937	3.281×10^{-2}	6.214×10^{-6}
1 米	100	1	10^{-3}	39.37	3.281	6.214×10^{-4}
1 千米	10^{5}	1000	1	3.937×10^{4}	3281	0.6214

提示

完成此表格的要点是在 C3：H5 区域中的每个单元格中输入对应的计算公式，例如在 G3 单元格中输入"＝A3 * 3.28^-2"。

公式输入完成后，可在 A3、A4、A5 单元格中输入不同的数值，观察换算结果是否正确。

4.3.5　数据的编辑

在应用 Excel 进行数据处理的过程中，经常要对数据进行编辑操作，如对单元格数据的修改、删除、插入、移动、复制、查找和替换等。这些操作是使用 Excel 进行数据处理的基本技能,希望读者能够熟练掌握。

1. 表格对象的选中

在对表格进行编辑修改时,一般先要选中要修改的表格对象。

(1) 单元格中的文本

双击单元格,再选取其中的文本。

选中单元格,再选取编辑栏中的文本。

(2) 单个单元格

单击相应的单元格,或使用键盘中的光标移动键移动到相应的单元格。

(3) 某个单元格区域

单击区域的第一个单元格,再拖动鼠标到最后一个单元格,如图4-43①所示。

(4) 较大的单元格区域

单击区域中的第一个单元格,再按住Shift键单击区域中的最后一个单元格。

(5) 工作表中所有单元格

单击"全选"按钮,如图4-43②所示,或单击"开始"选项卡"编辑"组中的"选择"命令,在下拉列表中选择"全选"选项。

(6) 不相邻的单元格或单元格区域

先选中第一个单元格或单元格区域,再按住Ctrl键选择其他的单元格或单元格区域。

(7) 整个行或列

单击工作表中的"行标题"或"列标题",如图4-43③所示。

图 4-43　选择单元格

(8) 相邻的行或列

在"行标题"或"列标题"中拖动鼠标。或者先选中第一行或第一列,再按住Shift键选中最后一行或最后一列。

(9) 不相邻的行或列

先选中一行或一列,再按住Ctrl键选中其他的行或列。

(10) 取消单元格选中区域

单击相应工作表中的任意单元格。

2. 修改单元格数据

修改单元格中的数据方法很多,一般可采用下列方法。

(1) 用新的内容覆盖原单元格中的内容。

(2) 选中要修改的单元格,在编辑栏中修改。

（3）双击要修改的单元格，进入编辑状态。

（4）选中要修改的单元格，按 F2 键进入编辑状态。

3. 单元格的清除与删除

清除单元格内容的基本操作如下。

（1）选中单元格后按 Delete 键或 Backspace 键。

（2）选中单元格后右击，在弹出的快捷菜单中单击"清除内容"命令。

（3）在"开始"选项卡的"编辑"组中单击"清除"按钮，在下拉列表中单击"清除内容"命令，使用该命令还可以完成"全部清除"、"清除格式"、"清除批注"等操作，如图 4-44 所示。

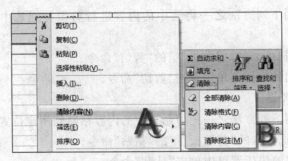

图 4-44　清除单元格内容

删除单元格的基本操作如下。

（1）选中单元格后右击，在弹出的快捷菜单中单击"删除"命令。

（2）选中单元格后在"开始"选项卡的"单元格"组中单击"删除"命令，在下拉列表中单击"删除单元格"命令。

无论执行上面的哪一种操作都会打开如图 4-45 所示的"删除"对话框，确定如何调整周围的单元格填补删除后的空缺。

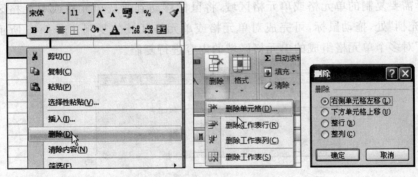

图 4-45　删除单元格及"删除"对话框

注意

"清除"命令只能清除单元格的内容、格式或批注，但是空白单元格仍然保留在工作表中；而"删除"命令将从工作表中移去这些单元格，并调整周围的单元格填补删除后的空缺。

需特别注意清除和删除的不同点,许多初学者很容易在这里搞错。

4.复制和移动

对表格对象的复制或移动的操作可以使用多种方法完成,下面对几种常用的方法进行介绍。

(1)使用剪贴板来完成单元格或单元格区域的复制和移动

复制:可使用下列方法之一将选中的内容复制到剪贴板中。

① 单击"开始"选项卡的"剪贴板"组中的"复制"命令。

② 右击,在弹出的快捷菜单中单击"复制"命令。

③ 使用 Ctrl+C 键。

剪切:可以使用下列方法之一将选中的内容进行剪切并把选中的内容传送到剪贴板中。

① 单击"开始"选项卡的"剪贴板"组的"剪切"命令。

② 右击,在弹出的快捷菜单中单击"剪切"命令。

③ 使用 Ctrl+X 键。

粘贴:可以使用下列方法之一把剪贴板中的内容粘贴到指定位置。

① 单击"开始"选项卡的"剪贴板"组的"粘贴"命令。

② 右击,在弹出的快捷菜单中单击"粘贴"命令。

③ 使用 Ctrl+V 键。

(2)使用鼠标完成单元格或单元格区域的复制和移动

选择要移动的单元格或单元格区域,移动鼠标到所选区域的边线处,此时鼠标的指针为十字箭头形状,拖动鼠标到目标位置,可完成单元格的移动。

拖动的同时按住 Ctrl 键,此时会看到鼠标指针上增加了一个加号,可完成单元格或单元格区域内容的复制。

(3)拖动"填充柄"完成单元格或单元格区域的复制

选择需要复制的单元格或单元格区域,将鼠标移动到所选单元格或单元格区域的右下方"填充柄"处,拖动鼠标,可完成对单元格或单元格区域的复制。图 4-46 所示为利用"填充柄"对多个单元格组成的单元格区域的内容进行复制。

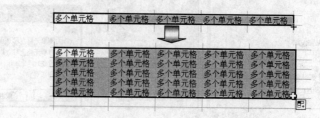

图 4-46　对多个单元格使用"填充柄"

(4)使用键盘复制相邻单元格的内容

按 Ctrl+D 键复制上方单元格的内容。

按 Ctrl+R 键复制左方单元格的内容。

（5）选择性粘贴

除了复制单元格的全部信息外，用户还可以有选择地复制单元格的特定内容。例如只复制单元格的数值、公式、批注或单元格格式，也可以只复制公式的结果而不复制公式等。

① 选中要复制的单元格区域，执行复制操作。

② 选中目标区域的左上角单元格。

③ 单击"粘贴"下面的 ▼ 按钮，然后选择列表中所需选项，或单击"选择性粘贴"命令，打开"选择性粘贴"对话框进行操作，如图 4-47 所示。

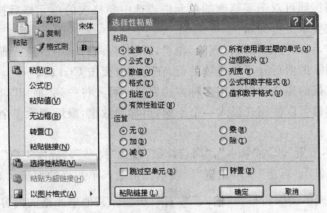

图 4-47　选择性粘贴

用户也可在选中区域中右击，在弹出的快捷菜单中单击"选择性粘贴"命令，打开"选择性粘贴"对话框。

（6）粘贴选项的使用

在进行一般性的粘贴时，在粘贴区域的右下方会出现一个"粘贴选项"按钮，用户可以单击该按钮，在列表中选择要粘贴的内容来实现选择性粘贴，如图 4-48 所示。

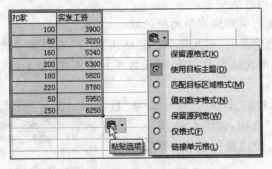

图 4-48　粘贴选项的使用

任务 4-5　工资表的修改

按下面要求对任务 4-4 所完成的工资表进行修改。

任务要求：

（1）将列标题"基本工资"改为"基本"，"岗位津贴"改为"岗贴"，"应发工资"改为"应发","实发工资"改为"实发"。

(2) 使用填充序列的方式将"学号"列数据修改为"0101～0107"。

(3) 删除"日期"和"丁一"所在的行。

(4) 将"补贴"一列移动到"岗贴"列之后。

(5) 在"应付工资"列右侧插入一列,列标题为"养老保险"。计算方法:"养老保险"=
"应发工资"×8%。

任务分析:

修改表格列标题可双击要修改的单元格或选中要修改的单元格后按 F2 键使单元格
进入编辑状态按要求进行编辑。

删除行操作,可以分别将两行删除,也可以同时将两行选中后执行删除操作。要注意
的是这里需要删除的两行并不是连续的行,在选择时要按 Ctrl 键。

对换两列数据的操作可以使用多种方法完成。可先将一列"剪切",再进行"插入剪切
列"的操作;当然也可以使用先插入一个空列,再移动数据,最后删除多余列的方法。

实施步骤:

(1) 将"基本工资"改为"基本","岗位津贴"改为"岗贴","应发工资"改为"应发","实
发工资"改为"实发"。双击"基本工资"所在单元格进入单元格的编辑状态,删除"工资"两
字后按 Enter 键或单击编辑栏的"输入" 按钮。其他单元格的内容可采用同样的
方法进行修改。

(2) "序号"列数据的修改可使用填充序列的方式进行。在 A4 单元格输入"0101",直
接在单元格中输入该序号时,用户会发现 Excel 会自动地将第 1 位的"0"去掉而使输入的
结果变为"101"。这是因为该序号的第 1 位是"0",Excel 将输入的数据判断为"数值",而
在数值中前面的零是没有意义的,故将其省略。要完成此项操作可先将 A4 单元格设置为
"文本"格式,再输入数据,或在数值前输入一个前导的半角单引号"'",再输入其他字符。

设置单元格格式的方法如下。

① 先选中要设置的单元格或单元格区域。

② 单击"开始"选项卡的"单元格"组的"格式"命令,在列表中单击"设置单元格格式"
命令,或右击,在弹出的快捷菜单中单击"设置单元格格式"命令,打开"设置单元格格式"
对话框。

③ 在"设置单元格格式"对话框中选择"数
字"选项卡中的"文本"选项,如图 4-49 所示。

选中 A4 单元格,使用鼠标拖动"填充柄"完
成填充。

(3) 单击"日期"所在行的行标题,按住 Ctrl
键再单击"丁一"所在行的"行标题",同时选中这
两行。在被选中区域中右击,在弹出的快捷菜单
中单击"删除"命令,同时将两个不连续的列删
除,如图 4-50 所示,或使用功能区命令完成删除
操作。

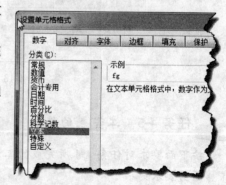

图 4-49 "设置单元格格式"对话框

图 4-50　同时删除多个不连续的行

（4）将"补贴"一列移动到"岗贴"列之后。右击"补贴"列的列标题，在弹出的快捷菜单中单击"剪切"命令，右击"应发"列的列标题，在弹出的快捷菜单中单击"插入已剪切的单元格"命令。

注意

新列总是插入在当前列的左侧。

（5）在"应付工资"列右侧插入一列，数据列标题为"养老保险"。计算方法：养老保险＝应发工资×8%。

右击"应付工资"右侧一列的"列标题"，在弹出的快捷菜单中单击"插入"命令，可在"应付工资"列右侧插入一列。在 H3 单元格中输入数据列标题"养老保险"，在 H4 单元格中输入计算公式"＝G4＊8%"。使用拖动"填充柄"的方法将公式向下复制到其他相关单元格。

（6）修改 J3 单元格中的实发数"＝G4－H4－I3"，拖动"填充柄"完成本列其他单元格的计算，计算结果如图 4-51 所示。

	A	B	C	D	E	F	G	H	I	J
1				简易工资表						
2	序号	姓名	部门	工资	岗位	补贴	应发	养老保险	扣款	实发
3	101	李力	销售部	2500	1000	500	4000	320	100	3580
4	102	王成	开发部	2000	800	500	3300	264	80	2956
5	103	魏冬衣	销售部	3000	2000	500	5500	440	160	4900
6	104	张大勇	办公室	5000	1000	500	6500	520	200	5780
7	105	陈菲菲	开发部	4500	1000	500	6000	480	180	5340
8	106	林晓晓	办公室	5500	3000	500	9000	720	220	8060
9	108	水三通	开发部	3000	3000	500	6500	520	250	5730

图 4-51　工资表完成结果

小技巧　　单元格移动到非空位置

在单元格的移动操作中，如果将单元格或单元格区域移动到空白单元格区域，只需用鼠标将单元格或单元格区域拖动到目标位置即可。将单元格或单元格区域拖动到非空白单元格区域时，Excel 会提示"是否替换单元格内容？"若不想替换目标单元格的内容而只是将被移动单元格插入到当前位置时用户就会感到麻烦。

在这种情况下用户可以使用上面介绍的先将被移动的内容剪切,在目标位置右击,在弹出的快捷菜单中单击"插入已剪切的单元格"命令,也可使用鼠标拖动被移动单元格的方法完成。

使用鼠标拖动的方法如下。

选中被移动单元格或单元格区域,将鼠标指针指向选区边缘,注意此时的鼠标指针出现十字箭头形状,如图 4-52 所示。

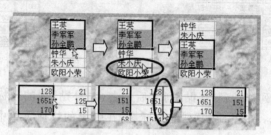

图 4-52   移动单元格到非空位置

按住 Shift 键拖动鼠标到目标位置。

注意

被移动单元格插入光标的形状如图 4-52 所示。

5. 查找和替换

在"开始"选项卡的"编辑"组中单击"查找和选择"命令,在下拉列表中单击"替换"命令,打开"查找和替换"对话框,如图 4-53 所示。使用该对话框可查找字符串并使用其他字符串随意替换字符串。

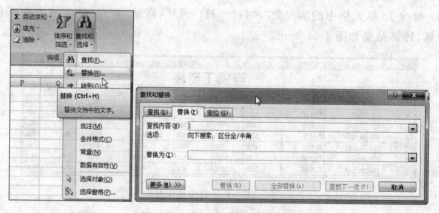

图 4-53   "查找和替换"对话框

4.4   管理工作表

本节主要学习有关工作表的一些基本的操作,这是应用 Excel 完成预定任务的基本技能。内容包括插入或删除工作表,工作表标签,移动、删除或复制工作表,冻结或锁定工

作表中的行和列,拆分窗口,隐藏或显示网格线,隐藏或显示行标题和列标题,隐藏或显示
工作表或工作簿及更改默认主题等操作。

　　默认情况下,Excel 在一个工作簿中提供 3 个工作表,但是用户可以根据需要插入更
多的工作表(和其他类型的工作表,如图表工作表、宏工作表或对话框工作表)或删除工作
表,也可以更改默认情况下在新工作簿中出现的工作表数。

　　工作表的名称出现在屏幕底部的工作表标签上。默认情况下,名称是 Sheet1、
Sheet2、Sheet3,用户可以根据需要为工作表重命名。

1. 插入新工作表

(1) 插入一张新工作表

要插入新工作表,执行下列操作之一。

　　① 若要在现有工作表的末尾快速插入新工作表,可单击屏幕底部工作表标签中的
"插入工作表"按钮,如图 4-54①所示。

　　② 若要在现有工作表之前插入新工作表,可选择该工作表,在"开始"选项卡的"单元
格"组中单击"插入"→"插入工作表"命令,如图 4-54②所示。

　　③ 右击现有工作表的标签,在弹出的快捷菜单中单击"插入"命令。在"插入"对话框
的"常用"选项卡中单击"工作表",然后单击"确定"按钮,如图 4-54③所示。

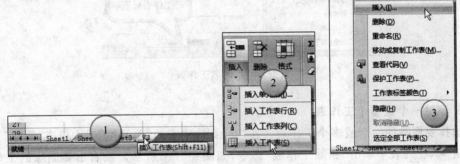

图 4-54　插入新的工作表

(2) 一次性插入多个工作表

　　按住 Shift 键,然后在打开的工作簿中选择与要插入的工作表数目相同的现有工作
表标签。例如,如果要添加 3 个新工作表,则选择 3 个现有工作表的工作表标签。在"开
始"选项卡的"单元格"组中单击"插入"命令,在列表中单击"插入工作表"命令。也可以右
击所选的工作表标签,在弹出的快捷菜单中单击"插入"命令。在"插入"对话框的"常用"
选项卡中单击"工作表",然后单击"确定"按钮。

(3) 更改新工作簿中的工作表数

　　单击 Office 按钮 →"Excel 选项"命令,在"常用"类别的"新建工作簿时"下的"包含
的工作表数"框中,输入新建工作簿时默认情况下包含的工作表数,如图 4-55 所示。

2. 重命名工作表

采用下列方法之一,可以对工作表进行重命名。

图 4-55　更改新工作簿中的工作表数

（1）在"工作表标签"栏上，右击要重命名的工作表标签，在弹出的快捷菜单中单击"重命名"命令，并输入新的工作表名称，如图 4-56①所示。

（2）双击需要重命名的工作表标签，工作表名称被选中，直接输入新的工作表名称，如图 4-56②所示。

图 4-56　重命名工作表

3. 删除一个或多个工作表

选择要删除的一个或多个工作表。在"开始"选项卡的"单元格"组中单击"删除"下方的按钮▼，在列表中单击"删除工作表"命令，如图 4-57①所示。或右击要删除的工作表标签，如果要删除一个工作表，则右击该工作表的工作表标签；如果要删除多个工作表，则右击选定的多个工作表中任意工作表的工作表标签，然后单击"删除"命令，如图 4-57②所示。

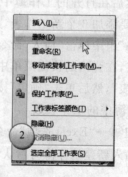

图 4-57　删除工作表

【相关信息】　同时选择多个工作表的方法。

选择两张或多张相邻的工作表,首先单击第一张工作表的标签,然后在按住 Shift 键的同时单击要选择的最后一张工作表的标签。

选择两张或多张不相邻的工作表,首先单击第一张工作表的标签,然后在按住 Ctrl 键的同时单击要选择的其他工作表的标签。

选择工作簿中的所有工作表则右击某一工作表的标签,然后单击弹出的快捷菜单中的"选定全部工作表"命令。

在选定多张工作表时,将在工作表顶部的标题栏中显示"[工作组]"字样。要取消选择工作簿中的多张工作表,可单击任意未选定的工作表。如果看不到未选定的工作表,可右击选定工作表的标签,然后在弹出的快捷菜单中单击"取消组合工作表"命令。

4. 移动或复制工作表

用户可以在工作簿中移动或复制工作表。要将工作表移动或复制到另一个工作簿中,需确保在 Excel 中打开该工作簿。

(1) 使用命令移动或复制工作表

在要移动或复制的工作表所在的工作簿中选择所需的工作表。在"开始"选项卡的"单元格"组中单击"格式"命令,然后在下拉列表中的"组织工作表"下单击"移动或复制工作表"命令。在"移动或复制工作表"对话框中选择要移动或复制的工作表目标位置,要复制工作表而不移动它们,可选择"建立副本"复选框,如图 4-58 所示。

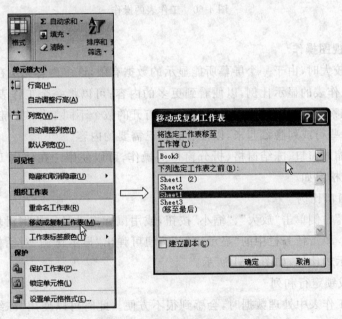

图 4-58　移动或复制工作表

用户也可以右击选定的工作表标签,然后在弹出的快捷菜单中单击"移动或复制工作表"命令,来完成工作表的移动或复制的操作。

（2）使用鼠标完成工作表的移动或复制

要在当前工作簿中移动工作表，可以用鼠标沿工作表的标签行拖动选定的工作表。要复制工作表，需按住 Ctrl 键，然后拖动所需的工作表，如图 4-59 所示。

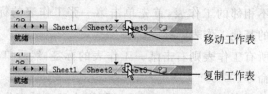

图 4-59　使用鼠标完成工作表的移动或复制

边学边做　工作表的操作

打开任务 4-5 所完成的"简易工资表"并完成下列操作。

① 将该工作簿中"Sheet2"和"Sheet3"两个工作表删除。

② 将该工作簿中"Sheet1"工作表重命名为"1 月"。

③ 将工作表"1 月"复制 5 份，并分别重命名为"2 月"、"3 月"、"4 月"、"5 月"、"6 月"。

④ 新建一个工作表并重命名为"汇总表"，操作结果如图 4-60 所示。

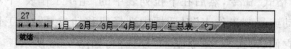

图 4-60　工作表的操作

5. 工作表视图操作

当工作表较大时，由于一个屏幕所能显示的数据有限，许多内容无法在屏幕上显示出来，可以缩小工作表的显示比例，以便看到更多的内容；可以将一个工作表拆分成数个窗格，以便同时观察不同部位的数据；可以将已经打开的数个不同工作表一起显示在同一屏幕上；可以将一些行或列隐藏起来，以便看到自己需要的内容。

熟练掌握缩放窗口、冻结窗格、折分窗口等操作，可以使用户在使用 Excel 工作中更加得心应手，轻松自如。

（1）缩放窗口比例

在"状态栏"右侧单击"放大"、"缩小"按钮，或用鼠标拖动显示比例滑块，可以改变窗口的显示比例。单击任务栏中的"显示比例"按钮可弹出"显示比例"对话框，在此对话框中选择需要显示的比例，如图 4-61 所示。

（2）冻结或锁定行和列

当在较大工作表中处理数据时，会感到很不方便。此时可以使用"冻结"工作表顶部的一些行或左边的一些列，当在工作表中的其他部分滚动时，被"冻结"的行或列将始终保持可见而不会滚动。

如图 4-62 所示为将"简易工资表"的表格标题及表格中的每个人的"序号"及"姓名"列和表中各列标题（前两行及左侧两列）冻结，使之总是可见。

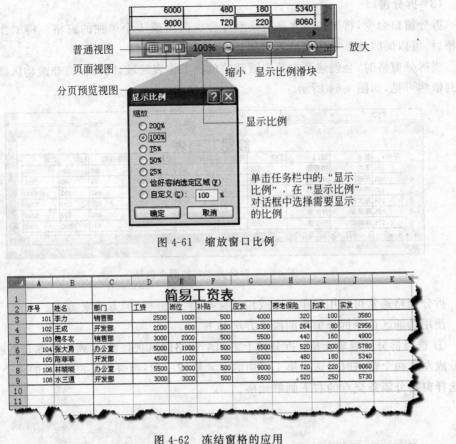

图 4-61　缩放窗口比例

图 4-62　冻结窗格的应用

冻结窗格以锁定特定行或列的步骤如下。

① 在工作表中,执行下列操作之一:要锁定行,需选择其下方第 A 列中的单元格或行;要锁定列,需选择其右侧第 1 行中的单元格或列;要同时锁定行和列,需单击其下方和右侧要出现拆分的单元格。

② 在"视图"选项卡的"窗口"组中单击"冻结窗格"命令,在列表中单击所需的选项。当窗格被冻结时,"冻结窗格"选项更改为"取消冻结窗格",以便用户取消对行或列的锁定,如图 4-63 所示。

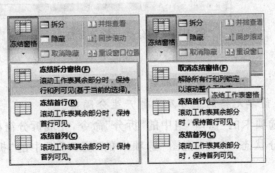

图 4-63　冻结或取消窗格

（3）拆分窗口

拆分窗口命令，将工作表水平或垂直拆分成两个或 4 个单独的窗格。将工作表拆分窗格后，可以同时查看工作表的不同部分。

当拆分窗格时，会创建可在其中滚动的单独工作表区域，同时保持非滚动区域中的行或列依然可见，如图 4-64 所示。

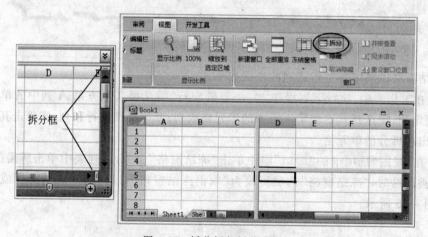

图 4-64　拆分为左右的两个窗格

拆分窗格通常可使用菜单命令或用鼠标拖动"拆分框"的方法来实现。

使用功能区命令拆分窗格的操作方法如下。

① 选择拆分位置单元格：拆分成上下两个窗格时可选择第 A 列中的单元格或一行；拆分成左右两个窗格时可选择第 1 行中的单元格或一列；拆分图 4-65 所示的 4 个窗格时可选择窗格分隔条交点的右下侧单元格。

图 4-65　拆分框与拆分窗格

注意

此操作总是在当前单元格的上方及左侧产生分隔条。

② 单击"视图"选项卡的"窗口"组中的"拆分"命令，完成拆分窗格操作。

③ 在窗格被拆分状态，单击"视图"选项卡的"窗口"组中的"拆分"命令，取消拆分窗格。

使用鼠标拖动拆分框实现拆分窗格的操作方法如下。

① 要拆分为左右两个窗格,将鼠标指向水平滚动条右端的拆分框。当指针变为拆分指针╉╂→时,将拆分框向左拖至所需的位置。

② 要拆分为上下两个窗格,将鼠标指向垂直滚动条顶端的拆分框。当指针变为拆分指针╧时,将拆分框向下拖至所需的位置。

③ 要取消拆分,需双击分割窗格的分隔条的任何部分。

边学边做　　拆分窗口

随意打开一个工作簿文件进行下列操作。

① 使用鼠标和菜单两种方法,将工作表窗口拆分成上下两部分,上部窗格为 3 行。

② 使用鼠标和菜单两种操作,将工作表窗口拆分成左右两部分,左侧窗格为 3 列。

③ 使用鼠标和菜单两种方法,将工作表窗口拆分成 4 部分,左上方窗格为 3 行 3 列。

（4）隐藏或显示网格线、行标题和列标题

默认情况下,视图中会显示网格线、行标题和列标题,但不会自动打印它们。

在"视图"选项卡的"显示/隐藏"组中,可参照图 4-66,执行以下一项或多项操作。

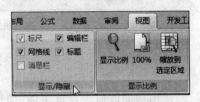

图 4-66　隐藏或显示网格线、
　　　　　行标题和列标题

① 要隐藏或显示网格线,可清除或选择"网格线"复选框。

② 要隐藏或显示行标题和列标题,可清除或选择"标题"复选框。

③ 要隐藏或显示编辑栏,可清除或选择"编辑栏"复选框。

（5）调整文档的显示比例

通过调整文档的显示比例可以放大文档以更仔细地查看,也可以缩小文档来查看页面上的更多内容。

快速调整文档的显示比例可执行下列操作之一。

① 单击状态栏中的"放大"或"缩小"按钮,放大或缩小显示比例。

② 用鼠标拖动"显示比例"滑块调整显示比例的大小。

选择特定的显示比例可执行下列操作之一。

① 在"视图"选项卡的"显示比例"组中单击"缩放比例 100%"命令。

② 选择要显示的单元格区域,在"视图"选项卡的"显示比例"组中单击"缩放到选定区域"命令。

③ 在"视图"选项卡的"显示比例"组中单击"显示比例"命令,然后输入一个百分比或选择所需的任何其他设置。

4.5　修饰工作表

为了使工作表更加美观、易于理解,通常需要对工作表进行必要的排版及修饰。本节将学习 Excel 用来改变一个工作表外观的基本设置与操作,其中包括数字格式、字体、对齐方式、边框和底纹、列宽和行高等。

4.5.1 使用功能区命令设置单元格格式

使用如图 4-67 所示的"开始"选项卡中的"字体"和"对齐方式"组中的命令可以方便、快捷地设置单元格格式。只要选择单元格或单元格区域,然后单击功能区中相应的命令即可轻松完成相应的格式设置。

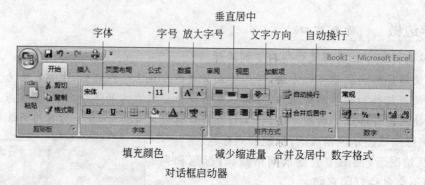

图 4-67　使用功能区命令设置单元格格式

使用功能区命令设置字体、加粗、倾斜、下划线、左对齐、居中对齐、右对齐的可对选定的单元格设置相关的文字属性,其方法和 Windows 的写字板及以前各版本的 Office 软件中对文字属性的设置大体相同。

1. 更改工作表中的字体或字号

(1) 选择要设置格式的单元格、单元格区域、文本或字符。

(2) 在"开始"选项卡的"字体"组中执行下列操作。

① 若要更改字体,需在"字体"下拉列表中单击所需的字体。

② 若要更改字号,需在"字号"下拉列表中单击所需的字号,或者单击"增大字号"或"减小字号",直到所需的"字号"下拉列表中显示所需字号。

在这里读者会发现在 Excel 中给出的字号列表和 Word 中使用的字号列表有些不同。在 Excel 的字号列表中并没有 Word 中常见的一号字、二号字……在这里字号的单位是"磅"(1 磅＝1/72 英寸),可以输入介于 1 到 409 之间的任何数字,默认字号为 11。

2. 合并居中

(1) 合并相邻单元格。

① 选择两个或更多要合并的相邻单元格。

确保要在合并单元格中显示的数据位于所选区域的左上角单元格中。只有将左上角单元格中的数据保留在合并的单元格中。所选区域中所有其他单元格中的数据都将被删除。

② 在"开始"选项卡的"对齐方式"组中单击"合并及居中"命令,如图 4-68①所示。

被选单元格将合并为一个单元格,并且单元格内容将在合并单元格中居中显示。要合并单元格而不居中显示内容,可单击"合并后居中"旁的箭头,然后单击"跨越合并"或"合并单元格"命令,如图 4-68②所示。

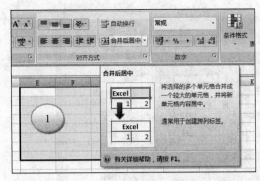 

图 4-68 单元格的合并

(2) 拆分合并的单元格。要拆分合并的单元格,需先选中合并的单元格,再单击"合并及居中"命令 ▣。合并单元格的内容将出现在拆分单元格区域左上角的单元格中。

3. 设置单元格或单元格区域的文本颜色及背景色

选择要设置颜色的单元格或单元格区域,在"开始"选项卡的"字体"组中单击"填充颜色"或"字体颜色"命令,可设置单元格中文本的字体颜色,或单元格及单元格区域的填充颜色。

(1) 文本颜色。在"开始"选项卡的"字体"组中单击"字体颜色"命令旁边的按钮 ▼,然后在调色板上单击要使用的颜色。要应用最近选择的文本颜色,可单击"字体颜色"命令。

(2) 背景颜色。在"开始"选项卡的"字体"组中单击"填充颜色"命令旁边的按钮 ▼,然后在调色板上单击所需的颜色。若要应用最近选择的颜色,可单击"填充颜色"命令。

4. 在单元格中自动换行

如果希望文本在单元格内以多行显示,则可以设置单元格格式为自动换行,也可以输入手动换行符。

(1) 文本自动换行。

① 在工作表中,选择要设置格式的单元格。

② 在"开始"选项卡的"对齐"组中单击"自动换行"命令 ▤。

(2) 输入换行符。

要在单元格中的特定位置开始新的文本行,可双击该单元格,单击该单元格中要断行的位置,然后按 Alt+Enter 键。

5. 数字格式设置

在"开始"选项卡的"数字"组中单击"数字格式"列表框右侧的按钮 ▼,选择相应的命令,可设置数字的常用格式,如图 4-69 所示。

在"开始"选项卡的"数字"组中单击其他命令,可将单元格中的数字快速设置为"会计数字样式"、"百分比样式"、"千位分隔样式"、"增加小数位"、"减少小数位"。

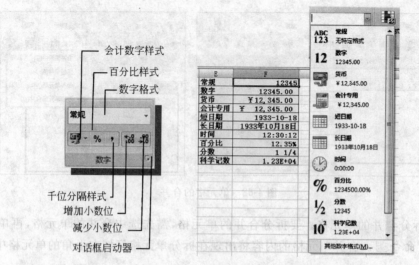

图 4-69　设置数字格式

4.5.2　使用"单元格格式"对话框设置单元格格式

在"开始"选项卡的"数字"组中单击"对话框启动器"按钮或右击,在弹出的快捷菜单中单击"设置单元格式"命令,可打开图 4-70 所示的"设置单元格格式"对话框。

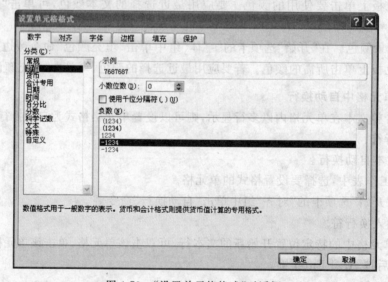

图 4-70　"设置单元格格式"对话框

1. 数字

在"设置单元格格式"对话框中选择"数字"选项卡,在"分类"框中单击某一选项,然后选择要指定数字格式的选项。"示例"框显示所选单元格应用所选格式后的外观。

2. 对齐

在"设置单元格格式"对话框中选择"对齐"选项卡,可设置文本的水平对齐方式和垂

直对齐方式,设置文本的缩进量,设置单元格中文本的自动换行控制及合并单元格等,如
图 4-71 所示。

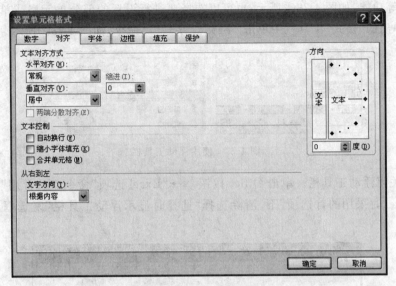

图 4-71 设置单元格的对齐方式及文本控制

默认的水平对齐方式为文本靠左对齐、数字靠右对齐、逻辑值和错误值居中对齐。更
改数据的对齐方式不会更改数据的类型。

3. 字体

选择设置"单元格格式"对话框的"字体"选项卡,在该选项卡中选择字体、字形、字号
以及其他格式选项。在 Excel 中字号的单位为"磅",默认字号为 11 磅,可选范围为 1～
409,如图 4-72 所示。

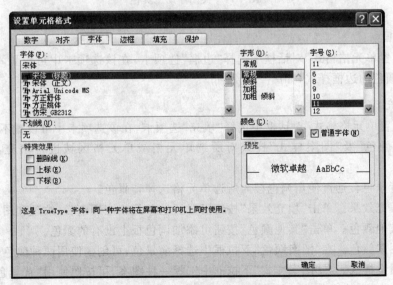

图 4-72 设置字体格式

（1）使用浮动工具栏向文档添加格式。选择文本时，可以显示或隐藏一个方便、微型、半透明的工具栏，它称为浮动工具栏。浮动工具栏可帮助用户使用字体、字形、字号、文本颜色等功能，如图 4-73①所示；也可以选择要进行设置的部分单元格或单元格区域，右击，在弹出的"格式"工具栏中单击"字体"、"字号"等命令，如图 4-73②所示。

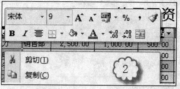

图 4-73　使用浮动工具栏

（2）关闭浮动工具栏。单击 Office 按钮 →"Excel 选项"命令，在"常用"类别中，在"使用 Excel 时采用的首选项"下，清除选择"选择时显示浮动工具栏"复选框，如图 4-74 所示。

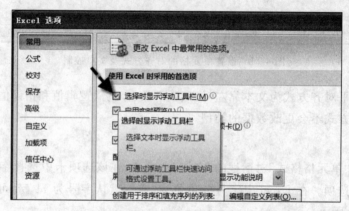

图 4-74　关闭浮动工具栏

4. 边框

在"设置单元格格式"对话框中选择"边框"选项卡，在该选项卡中可设置不同线条样式及不同颜色的边框样式，如图 4-75 所示。

5. 填充

在"设置单元格格式"对话框中选择"填充"选项卡，在该选项卡中可设置不同的"背景色"、"图案颜色"及"图案样式"样式对所选单元格或单元格区域进行填充，如图 4-76 所示。

（1）背景色。通过使用调色板为所选单元格选择背景色。

（2）填充效果。单击"填充效果"按钮可对所选单元格应用渐变、纹理和图片填充。

（3）其他颜色。单击"其他颜色"按钮可添加调色板上没有的颜色。

（4）图案颜色。在"图案颜色"下拉框中选择前景色，可创建使用两种颜色的图案。

（5）图案样式。在"图案样式"下拉框中选择一种图案，可按照使用"背景色"和"图案颜色"框中所选颜色的图案来设置所选单元格的格式。

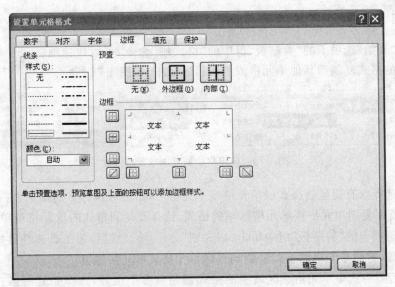

图 4-75 设置单元格边框

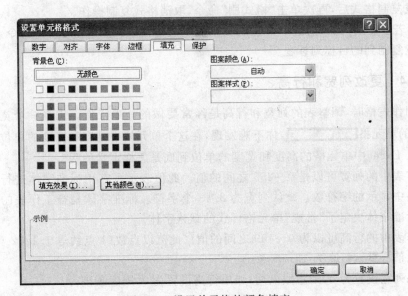

图 4-76 设置单元格的颜色填充

单元格填充效果如图 4-77 所示。

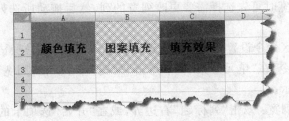

图 4-77 单元格的填充效果

4.5.3 格式刷

使用"开始"选项卡的"剪贴板"组中的"格式刷"命令,可以快速地将一个单元格或单元格区域的格式复制到其他单元格或单元格区域中,如图 4-78 所示。

图 4-78 使用格式刷复制单元格格式

首先选择含有要复制格式的单元格或单元格区域,然后执行下列操作之一。

(1) 若要复制单元格或单元格区域的格式,选择要复制格式的单元格或单元格区域,在"开始"选项卡的"剪贴板"组中单击"格式刷"命令。然后,单击或选择目标单元格或单元格区域,将原单元格的格式复制到目标单元格或单元格区域。

(2) 若要将选中单元格或区域中的格式复制到多个位置,选择要复制格式的单元格或单元格区域,双击"格式刷"命令,可将原单元格或单元格区域的格式复制到多个目标区域。完成复制格式后,再次单击"格式刷"命令,取消格式复制操作。

(3) 若要复制列宽,需选中要复制其列宽的列标题,再单击"格式刷"命令,然后单击要将列宽复制到的目标列标题。

4.5.4 更改列宽和行高

在制作表格时,调整表的列宽和行高是经常要做的一项工作。先看一个宽度和高度均为 10 的单元格 ,你不难发现,在这个单元格中高度和宽度的单位是不一致的。那么 Excel 中单元格的高度和宽度的单位到底是怎样定义的呢?

工作表中的列宽可以是 0～255 之间的值。此值表示可在用标准字体进行格式设置的单元格中显示的字符数。默认列宽为 8.43 个字符。标准字体是指工作表的默认文本字体。标准字体决定了"常规"单元格样式的默认字体。

工作表中的行高可以为 0～409 之间的值。此值以点数(1 点约等于 1/72 英寸)表示高度测量值。默认行高为 12.75 点。

如果列宽设置为 0,则隐藏该列;如果行高设置为 0,则隐藏该行。

1. 更改列宽

(1) 使用鼠标设置列宽:拖动"列标题"右边界 D ↔ E 来设置所需的列宽。同时设置多列的列宽时可先选择需要更改列宽的列,然后拖动所选列中某一"列标题"的右边界。

(2) 使用功能区命令设置列宽:首先选择要更改的列,在"开始"选项卡的"单元格"组中单击"格式"命令,在"单元格大小"下单击"列宽"命令,在"列宽"文本框中输入所需的值,如图 4-79 所示。

(3) 自动调整列宽:双击"列标题"右边界,或在"开始"选项卡的"单元格"组中单击"格式"命令,在"单元格大小"下单击"自动调整列宽"命令。

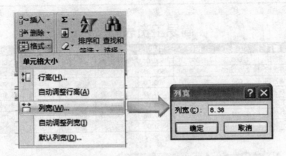

图 4-79　设置工作表列宽

2. 更改行高

（1）使用鼠标设置行高：拖动"行标题"的下边界$\frac{5}{6}$来设置所需的行高。设置多行的行高时可先选择需要更改行高的行，然后拖动所选行中某一"行标题"的下边界。

（2）使用功能区命令设置行高：首先选择要更改的行，在"开始"选项卡的"单元格"组中单击"格式"命令，在"单元格大小"下单击"行高"命令，在"行高"文本框中输入所需的值。

（3）自动调整行高：双击"行标题"下边界或在"开始"选项卡的"单元格"组中单击"格式"命令，在"单元格大小"下单击"自动调整行高"命令。

边学边做　　单元格格式设置

完成如图 4-80 所示的表格。

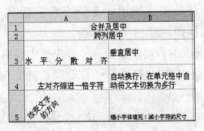

图 4-80　单元格格式的对齐设置

提示

第 1、2 行的行高为"最适合的行高"，第 4、5 行的行高为 48，列宽 22。

任务 4-6　修饰工资表

修饰工资表，结果如图 4-81 所示。表格中各列的宽度均设置为"自动调整列宽"；表格标题为 18 号"幼圆"且在表格数据上方"合并居中"；表格数据列标题为黑色底纹，白色字符且在单元格中水平居中显示；"应发"、"养老保险"和"实发"3 列数据单元格填充"浅灰 15％"颜色底纹；所有数值显示两位小数并使用千位分隔符；按样张为表格设置边框线；取消工作表中的网格线显示；将文件保存为"Excel 97-2003 工作簿"。

	序号	姓名	部门	工资	岗位	补贴	应发	养老保险	扣款	实发
					简易工资表					
	101	李力	销售部	2,500.00	1,000.00	500.00	4,000.00	320.00	100.00	3,580.00
	102	王成	开发部	2,000.00	800.00	500.00	3,300.00	264.00	80.00	2,956.00
	103	魏冬衣	销售部	3,000.00	2,000.00	500.00	5,500.00	440.00	160.00	4,900.00
	104	张大勇	办公室	5,000.00	1,000.00	500.00	6,500.00	520.00	200.00	5,780.00
	105	陈菲菲	开发部	4,500.00	1,000.00	500.00	6,000.00	480.00	180.00	5,340.00
	106	林晓晓	办公室	5,500.00	3,000.00	500.00	9,000.00	720.00	220.00	8,060.00
	108	水三通	开发部	3,000.00	3,000.00	500.00	6,500.00	520.00	250.00	5,730.00

图 4-81　修饰工资表

任务分析：

对工资表中各字体、字号、颜色、底纹及单元格的边框线的设置都可以直接使用"开始"选项卡中的"字体"、"对齐方式"和"数字"3 个组中的相应命令进行设置，也可以使用"设置单元格格式"对话框进行设置。取消单元格网格线的设置可通过在"视图"选项卡的"显示/隐藏"组中清除"网格线"复选框实现；也可以通过单击 Office 按钮📎→"Excel 选项"命令，利用"Excel 选项"对话框进行设置。

考虑到目前使用 Excel 2003 等早期版本的用户还很多，且 Excel 2007 与 Excel 2003 等早期版本的兼容性上存在着一定的问题，所以时常需要将当前文件保存为"Excel 97-2003 工作簿"。

实施步骤：

（1）打开工资表。在本任务中所使用的工资表在前面章节中已经使用过，可直接打开使用，或按图 4-81 所给的样张新建一个工资表。

（2）设置表格中各列的宽度为自动调整列宽。首先选中表格中所有包含数据的列（A:J），在"开始"选项卡的"单元格"组中单击"格式"→"自动调整列宽"命令，如图 4-82 所示。

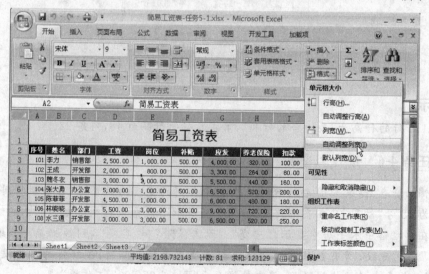

图 4-82　设置"自动调整列宽"

　　(3) 设置表格标题。选择表格标题所在位置的单元格区域(A1:J1)，单击"格式"工具栏中的"合并后居中"命令 合并后居中 合并单元格；在"开始"选项卡的"字体"组中的"字体"、"字号"下拉列表中选择所需的字体和字号。

　　(4) 设置工资表列标题格式。选中要设置格式的单元格区域(A2:J2)，在"开始"选项卡的"字体"组中单击"对话框启动器"按钮或在被选单元格区域中右击，在弹出的快捷菜单中单击"设置单元格格式"命令，打开"设置单元格格式"对话框。在"字体"选项卡中设置字体的颜色；在"填充"选项卡中设置单元格的底纹；在"对齐"选项卡中设字符的水平居中。

　　(5) 设置"应发"和"实发"两列的底纹。"应发"和"实发"两列数据单元格的底纹设置方法与步骤(4)相同，如图 4-83 所示。

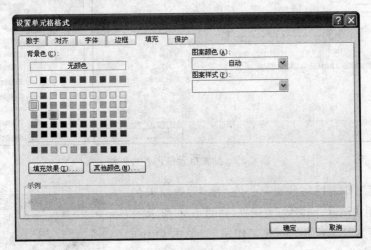

图 4-83　设置单元格底纹

　　(6) 设置数字的显示格式。选中所有的含有数字的单元格，在"设置单元格格式"对话框的"数字"选项卡中选择"分类"列表框中的"数值"，小数位数为 2 并选择"使用千位分隔符"复选框，如图 4-84 所示。

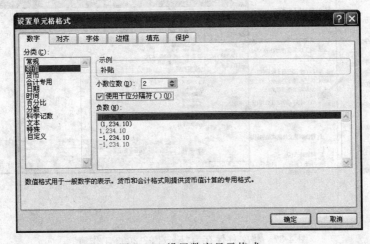

图 4-84　设置数字显示格式

(7) 为单元格添加黑色细实线的边框线。选中所有的含有数据的单元格,选择"设置单元格格式"对话框中的"边框"选项卡,分别单击"预置"选项区域中的"外边框"和"内部"按钮,或单击"边框"选项区域中各线位置设置边框线,也可在"开始"选项卡中单击"字体"组中"边框"命令右侧的按钮 ▼,在列表中单击"所有框线"命令,如图 4-85 所示。

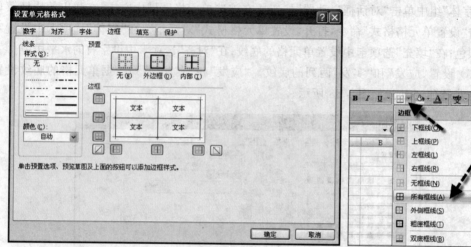

图 4-85 设置单元格内外边框线

(8) 取消工作表网格线显示。在"视图"选项卡的"显示/隐藏"组中清除"网格线"复选框,如图 4-86 所示。

(9) 保存为"Excel 97-2003 工作簿"。单击 Office 按钮 → "另存为" → "Excel 97-2003 工作簿"命令,打开"另存为"对话框,在该对话框中选择工作簿文件的保存位置和文件名,单击"保存"命令,如图 4-87 所示。

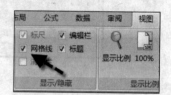

图 4-86 取消工作表网格线的显示

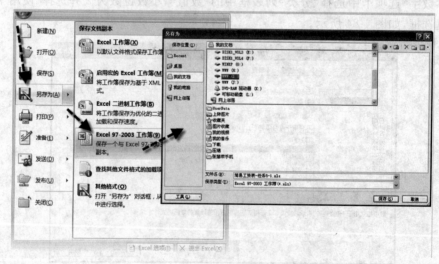

图 4-87 将文件保存为"Excel 97-2003 工作簿"

4.5.5　中文特色主题

文档主题是一套统一的设计元素和配色方案,是为文档提供的一套完整的格式集合,其中包括主题颜色(配色方案的集合)、主题文字(标题文字和正文文字的格式集合)和相关主题效果(如线条或填充效果的格式集合)。利用文档主题,可以非常容易地创建具有专业水准、设计精美、美观时尚的文档。

在 Word 2007、Excel 2007、PowerPoint 2007 等应用程序中,均提供了预定义的文档主题。当然,用户也可以据需要修改现有的文档主题,并将修改结果保存为一个自定义的文档主题。文档主题可以在应用程序之间共享,这样用户的所有文档都可以保持相同的、一致的外观。

1. 关于中文特色主题

在 Office 2007 简体中文版中,额外提供了 4 套具有中国特色的文档主题,可以使用户的文档更加别致,更具文化底蕴。

暗香扑面:以乌黑色和中国独特的扇面书画为背景,整个主题给人以古朴、清新之感。

凤舞九天:以水色和中国民间被誉为百鸟之王的凤凰为背景,整个主题给人以粗犷、奔放、生机勃勃之感。

龙腾四海:以淡蓝色和中华民族的图腾——“龙”为背景,整个主题给人以无限的遐想空间。

行云流水:以紫色和中国书法为背景,整个主题给人以曲波微澜之美。

在 Excel 2007 中应用特色主题的方法如下。

在“页面布局”选项卡的“主题”组中选择相应的电子表格主题,将选定的主题应用到电子表格工作表或图表中,如图 4-88 所示。

根据需要,还可以在“主题”组中选择并调整主题颜色、主题文字和主题效果。

2. 单元格样式

使用单元格样式设置多个单元格或单元格区域的格式不但方便快捷,并能使各单元格或单元格区域的格式一致。单元格样式是一组已定义的格式特征,如字体和字号、数字格式、单元格边框和单元格底纹。

Excel 2007 提供了多种内置单元格样式,用户可以对已有的单元格样式进行修改或复制以创建自己的自定义单元格样式。

单元格样式基于应用于整个工作簿的文档主题。当切换到另一文档主题时,单元格样式会更新以便与新文档主题相匹配。

(1) 应用单元格样式。

① 选择要设置格式的单元格。

② 在“开始”选项卡的“样式”组中单击“单元格样式”命令,如图 4-89 所示。

③ 单击要应用的单元格样式。

图 4-88　设置文档主题

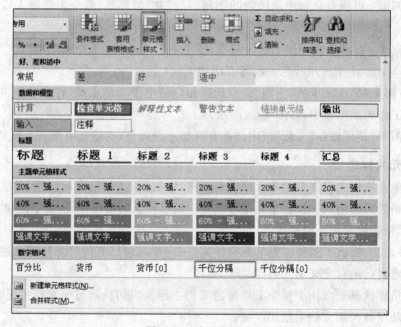

图 4-89　单元格样式

（2）创建自定义单元格样式。

① 在"开始"选项卡的"样式"组中单击"单元格样式"→"新建单元格样式"命令，打开"样式"对话框。

② 在"样式名"文本框中,为新单元格样式输入适当的名称。单击"格式"按钮,
打开"设置单元格格式"对话框,如图 4-90
所示。

③ 在"设置单元格格式"对话框中的各
个选项卡中,选择所需的格式,然后单击"确
定"按钮。

④ 在"样式"对话框的"包括样式(例
子)"下,清除选择不希望包含在单元格样式
中的任何格式对应的复选框。

(3) 通过修改现有的单元格样式创建单
元格样式。

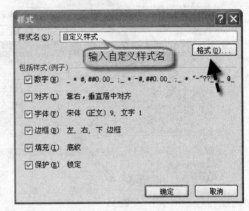

图 4-90　"样式"对话框

在"开始"选项卡中的"样式"组中单击
"单元格样式"命令,并执行下列操作之一。

① 要修改现有的单元格样式,右击该单元格样式,然后单击"修改"命令。

② 要创建现有的单元格样式的副本,右击该单元格样式,然后单击"复制"命令。在
"样式名"文本框中,为新单元格样式输入适当的名称。

③ 要修改单元格样式,单击"格式"按钮。在"设置单元格格式"对话框中的各个选项
卡上,选择所需的格式,然后单击"确定"按钮。在"样式"对话框中的"包括样式(例子)"
下,选择与要包括在单元格样式中的格式相对应的复选框,或者清除选择不想包括在单元
格样式中的格式相对应的复选框。

(4) 删除单元格或单元格区域的单元格样式。

删除选定单元格或单元格区域的数据单元格格式而不删除单元格样式本身。

① 选择应用了要删除的单元格样式的单元格。

② 在"开始"选项卡的"样式"组中单击"单元格样式"命令。

③ 在下拉列表中单击"常规"命令。

边学边做　对简易工资表应用单元格样式

打开任务 4-1 所建的"简易工资表",参照样张对单元格区域应用单元格样式。表格
中工资表的列标题为一个自定义样式,该样式由主题单元格样式中的"强调文本颜色 1"
复制并修改而成,样式名为"列标题",字体:黑体,字号:12,其他属性不变,如图 4-91
所示。

4.5.6　在工作表中插入图形图像

在 Excel 2007 的工作表中,用户可以方便地插入来自文件的图片、剪贴画、形状、
SmartArt 图形等,还可以设置工作表的背景图像,以达到修饰工作表的效果。

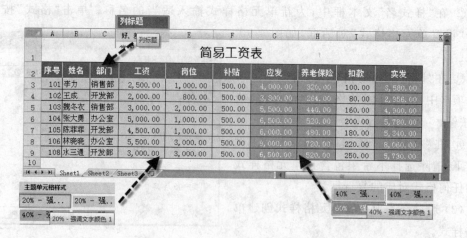

图 4-91   使用单元格样式修饰工资表

任务4-7   在工作表中插入图形图像

新建一个工作簿文件,在 Sheet1 工作表中插入多个图形图像,如图 4-92 所示。

图 4-92   在工作表中插入图形图像

任务分析:

图 4-92 中共插入了 4 个图形对象,左上方是一个来自文件的图像,并对图片添加了剪裁对角线的边框;左下方是一个剪贴画;右上方是一个"竖卷形"的形状,并对形状添加了图片填充,在图形中添加了文字;右下方插入了一个艺术字,并对艺术字应用了"形状样式"。

对工作表应用了背景图片设置,并取消了工作表的网格线显示。

实施步骤:

(1) 选择插入图片的工作表。新建一个工作簿文件,选择当前工作表为 Sheet1。

(2) 在工作表中插入图片。在"插入"选项卡的"插图"组中单击"图片"命令。在"插入图片"对话框中选择需插入的图片,单击"插入"按钮,如图 4-93 所示。

图 4-93　在工作表中插入来自文件的图片

（3）对图片进行修饰。拖动图片的尺寸控制点调整图片的大小。在"图片工具"的"格式"选项卡中选择"剪裁对角线，白色"样式，如图 4-94 所示。

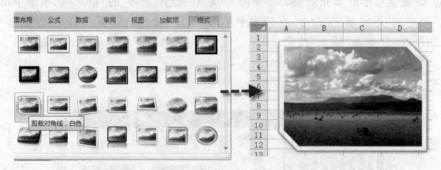

图 4-94　对图片应用图片样式

（4）在工作表中插入剪贴画。在"插入"选项卡的"插图"组中单击"剪贴画"命令。在"剪贴画"对话框中输入搜索关键字"科学"，在搜索结果中单击需插入的图片，并调整插入的剪贴画的位置和大小，如图 4-95 所示。

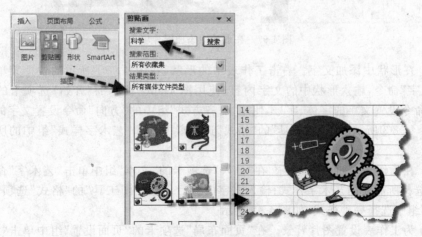

图 4-95　在工作表中插入剪贴画

（5）在工作表中插入形状。在"插入"选项卡的"插图"组中单击"形状"命令。在列表的"星与旗帜"下单击"竖卷形"图标,在工作表中拖动鼠标绘制如图 4-96 所示的竖卷形。

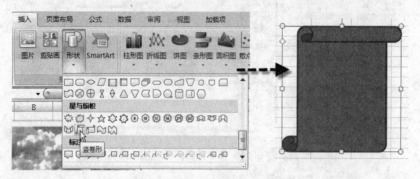

图 4-96　在工作表中绘制形状

（6）设置竖卷形的填充效果。参照图 4-97,在"绘图工具"的"格式"选项卡中单击"形状样式"组中的"形状填充"命令,在列表中单击"图片"命令,在"插入图片"对话框中选择要插入的图片,并单击"插入"按钮。

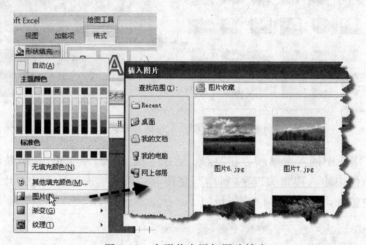

图 4-97　在形状中添加图片填充

（7）在形状中添加文字。右击工作表中的形状,在图 4-98①所示的快捷菜单中单击"编辑文字"命令,输入形状中的文字内容;使用图 4-98②所示的"开始"选项卡的"字体"组中的命令设置文字的字体、字号,使用"对齐方式"组中的"方向"命令设置文字的排列方向;在图 4-98③所示的"绘图工具"的"格式"选项卡中选择"艺术字样式"组中的所需艺术字样式。

（8）在工作表中插入艺术字。在"插入"选项卡的"文本"组中单击"艺术字"命令。在列表中选择所需要的艺术字样式;输入文字内容后,在"绘图工具"的"格式"选项卡的"形状样式"组中选择一种样式,如图 4-99 所示。

（9）为工作表设置图片背景。在"页面布局"选项卡的"页面设置"组中单击"背景"命令,在"插入图片"对话框中选择所需的图片,如图 4-100 所示。使用"视图"选项卡的"显示/隐藏"组中的命令,取消工作表网格线的显示。

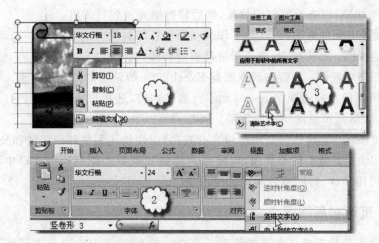

图 4-98　在形状中插入艺术字

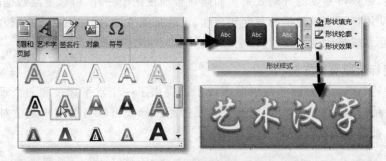

图 4-99　在工作表中插入艺术字

图 4-100　设置工作表背景

4.6　打印工作表

　　实际工作中,很多情况下需要将完成的工作表打印出来。Excel 可以控制打印工作表的全部内容或部分内容;可以控制页面的外观,是否打印显示在屏幕上的网格线、列标题和行标题,或者是否在每一页上都重复某些列和行。在设置工作表的打印效果时,可以在不同视图间切换,以查看其打印效果,然后将数据发送到打印机。

Excel 提供下面的方法,来查看工作表和调整打印效果。

(1) 普通视图:默认视图,最适于屏幕查看和操作。

(2) 页面布局视图:页面布局视图是 Excel 2007 版新增加的视图标准。在页面布局视图中不但可以像在普通视图下一样地编辑表格内容,还可以直接查看到打印后的表格效果,使工作表达到所见即所得的效果。

(3) 分页预览:显示每一页中所包含的数据,以便快速调整打印区域和分页符。

(4) 打印预览:显示打印页面,以便用户调整列和页边距。预览窗口中页面的显示方式取决于可用字体、打印机分辨率和可用颜色。

4.6.1　页面布局视图

打印包含大量数据或多个图表的 Excel 工作表之前,可以在页面布局视图中快速对其进行调整,以获得专业的外观效果。如同在普通视图中一样,可以更改数据的布局和格式,还可以使用标尺测量数据的宽度和高度,更改页面方向,添加或更改页眉和页脚,设置打印边距,隐藏或显示网格线、行标题和列标题以及指定缩放选项。

1. 使用标尺及页面方向

在图 4-101 所示的页面布局视图中,Excel 提供了一个水平标尺和一个垂直标尺,因此用户可以精确测量单元格、区域、对象和页边距。标尺可以帮助用户定位对象,并直接在工作表上查看或编辑页边距。

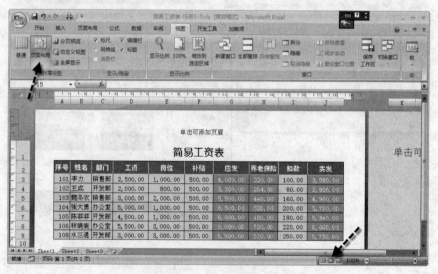

图 4-101　页面布局视图

默认情况下,标尺显示"控制面板"的区域设置中指定的默认单位,但是可以将单位更改为英寸、厘米或毫米。默认情况下显示标尺,不过,用户可以轻松地隐藏标尺。

(1) 工作表中普通视图与页面布局视图的切换

① 切换到页面布局视图:在"视图"选项卡的"工作簿视图"组中单击"页面布局"命

令,还可以单击状态栏中的"页面布局"按钮▦,将工作表切换至页面布局视图。

② 切换到普通视图:在"视图"选项卡的"工作簿视图"组中单击"普通"命令。还可以单击状态栏中的"普通"按钮▦,将工作表切换至普通视图。

(2) 更改度量单位

① 将工作表切换至页面布局视图。

② 单击 Office 按钮▦→"Excel 选项"命令,在"高级"类别中的"显示"下,选择要在"标尺单位"列表中使用的单位,如图 4-102 所示。

图 4-102　更改度量单位

(3) 隐藏或显示标尺

① 工作表视图切换到页面布局视图。

② 在"视图"选项卡的"显示/隐藏"组中清除选择"标尺"复选框以隐藏标尺,或者选择该复选框以显示标尺,如图 4-103①所示。

(4) 在页面布局视图中更改页面方向

① 在"页面布局"视图中,选择要更改的工作表。

② 在"页面布局"选项卡的"页面设置"组中单击"纸张方向"命令,在列表中选择"纵向"或"横向",如图 4-103②所示。

图 4-103　显示或隐藏标尺及更改页面方向

2. 设置页边距

(1) 在页面布局视图中,选择要更改的工作表。

(2) 在"页面布局"选项卡的"页面设置"组中单击"页边距"命令,在列表中选择"普通"、"窄"或"宽",如图 4-104①所示,或单击"自定义边距",然后在"页面设置"对话框中的"页边距"选项卡上选择所需的边距大小,如图 4-104②所示。

(3)要使用鼠标来更改页边距,需执行下列操作之一。

① 要更改上边距或下边距,将鼠标移动至标尺中边距区域的上边框或下边框。当出现一个垂直双向箭头时,将边距拖至所需大小。

② 要更改右边距或左边距,将鼠标移动至标尺中边距区域的右边框或左边框。当出现一个水平双向箭头时,将边距拖至所需大小,如图 4-104③所示。

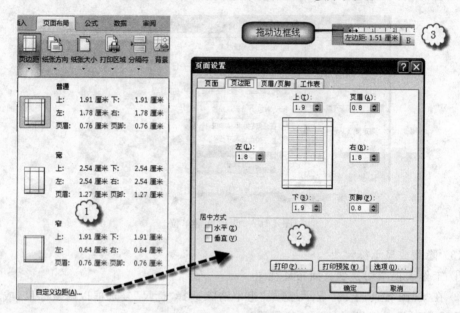

图 4-104　设置工作表页边距

更改页边距时,页眉边距和页脚边距会自动调整,还可以使用鼠标更改页眉边距和页脚边距。将鼠标移至页面顶部的页眉区域或底部的页脚区域内,直到出现双向箭头,将边距拖至所需大小。

4.6.2　打印工作表

在普通视图下制作的工作表打印前一般可在页面布局视图或"页面设置"对话框中进行调整,直到满意为止。在 Excel 中不但可以对工作表、工作簿进行打印,还可以对选中的区域进行打印。

1. 增大或缩小打印页

在页面布局视图中选择缩放选项的方法如下。

(1)在页面布局视图中,选择要更改的工作表。

(2)参照图 4-105①,在"页面布局"选项卡的"调整为合适大小"组中执行下列操作。

① 要缩小打印的工作表的宽度以容纳最多的页面,可在"宽度"列表框中选择所需的页数。

② 要缩小打印的工作表的高度以容纳最多的页面,可在"高度"列表框中选择所需的页数。

③ 要按实际大小的百分比扩大或缩小打印的工作表,可在"缩放比例"微调框中选择所需的百分比。

④ 要将打印的工作表缩放为其实际大小的一个百分比,最大宽度和高度必须设置为"自动"。

单击该组中的"对话框启动器"按钮,可打开"页面设置"对话框。选择该对话框中的"页面"选项卡,选择"缩放比例"单选按钮,在该文本框中输入缩放比例或单击文本框的微调按钮,设置页面的大小;还可以选择"调整为"单选按钮,在该文本框中输入工作表中需要的页面数目,调整设置页面的大小,如图 4-105②所示。

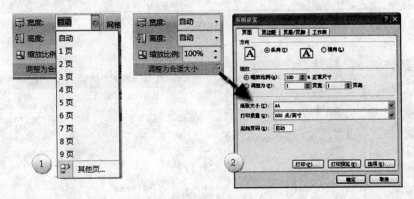

图 4-105　增大或缩小打印页

如果想要打印出适合页面宽度而不限制页面数量的表格,需在"页宽"列表框中输入 1,并使"页高"列表框为空白。

例:某表格在打印前使用页面布局视图查看的结果如图 4-106 所示,很明显这样的打印结果是不能让人满意的。

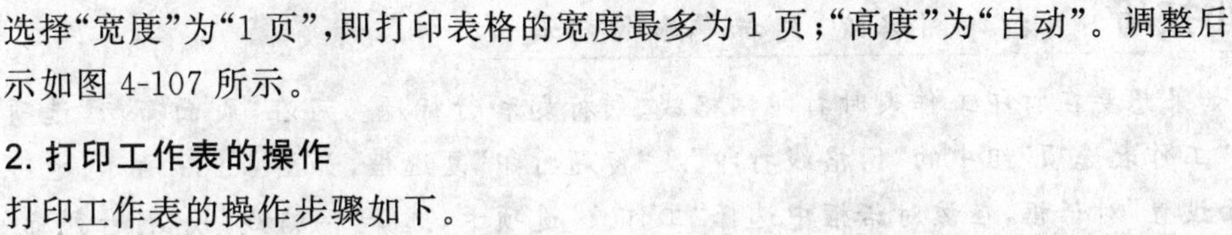

图 4-106　调整前的预览结果

选择"宽度"为"1 页",即打印表格的宽度最多为 1 页;"高度"为"自动"。调整后的页面显示如图 4-107 所示。

2. 打印工作表的操作

打印工作表的操作步骤如下。

(1)单击 Office 按钮 →"打印"→"打印"命令,打开如图 4-108 所示的"打印内容"对话框。

(2)在"打印范围"选项区域中选择打印全部或是只打印指定的页面。

图 4-107 调整后的显示结果

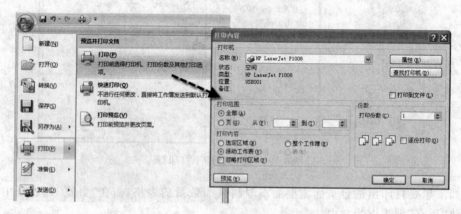

图 4-108 "打印内容"对话框

（3）在"打印内容"选项区域中选择是打印选定区域,选定工作表,还是打印整个工作簿。

（4）完成上述设置后,单击"确定"按钮开始打印。

3. 快速打印工作表

单击"快速访问工具栏"中的"打印"按钮 ，或单击 Office 按钮 →"打印"→"快速打印"命令,使用当前的打印设置打印当前工作表。

小技巧　打印网格线、列标题和行标题

如果想要在打印工作表时打印网格线、列标题和行标题。可在"页面布局"选项卡中选择"工作表选项"组中的"网格线打印"及"标题打印"复选框,如图 4-109 所示;也可打开"页面设置"对话框,在该对话框中选择"工作表"选项卡,选择"网格线"或"行号列标"复选框,然后单击"确定"按钮即可。

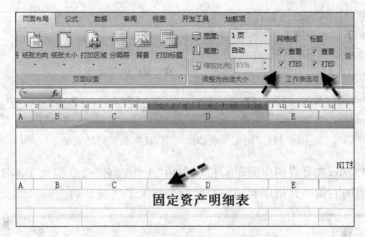

图 4-109　打印网格线、行标题和列标题

4. 添加和打印页眉或页脚

对于 Excel 2007 工作表,可以在页面布局视图中设置页眉和页脚。对于其他工作表类型(如图表工作表或嵌入图表),可以在"页面设置"对话框中设置页眉和页脚。

当在页面布局视图中单击页眉或页脚单元格时,选项面板会自动打开"页眉和页脚工具"的"设计"选项卡。在此选项卡中共包含了"页眉和页脚"、"页眉和页脚元素"、"导航"、"选项"4 个组,如图 4-110 所示。

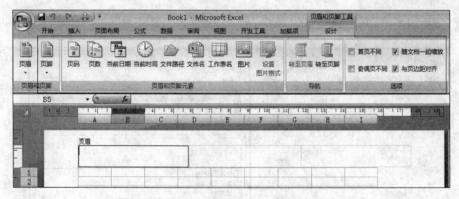

图 4-110　"页眉和页脚工具"的"设计"选项卡

(1) 页眉和页脚。此组的功能主要是在页眉和页脚处,快速地添加预定义页眉和页脚信息。图 4-111 所示是利用"页眉"命令快速地向工作表添加文字、日期和页码的效果。

页眉:在页眉中添加预定义页眉信息,如页码、工作表名称或日期。

页脚:在页脚中添加预定义页脚信息,如页码、工作表名称或日期。

(2) 页眉和页脚元素。Excel 文档的页眉和页脚分别由左、中、右 3 个单元格组成,利用"页眉和页脚元素"组命令,可以在这些单元格中插入不同的页眉和页脚元素。图 4-112 所示是利用"图片"命令在页眉的左侧单元格插入了一个图片,并利用"设置图片格式"命

图 4-111　向工作表添加文字、日期和页码的效果

令调整了图片大小；在页眉的中间单元格中利用"工作表名"命令插入了本工作表的名称"明细"；在页眉的右侧单元格中利用"日期"命令插入了当前日期。

图 4-112　在页眉和页脚处插入页眉和页脚元素

（3）使用"页面设置"对话框设置页眉和页脚。在"页面布局"选项卡中单击"对话框启动器"按钮，打开"页面设置"对话框，在该对话框中选择"页眉/页脚"选项卡，如图 4-113 所示。

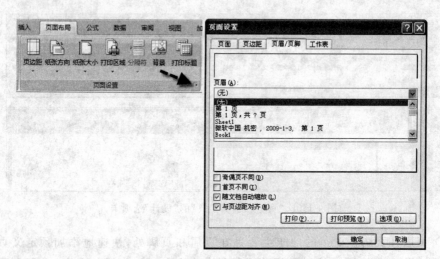

图 4-113　利用"页面设置"对话框设置页眉和页脚

如要自定义页眉和页脚，可单击该选项卡中的"自定义页眉"或"自定义页脚"按钮。如要设置"首页不同"或"奇偶页不同"，可先选择"首页不同"及"奇偶页不同"复选框，再单击该选项卡中的"自定义页眉"或"自定义页脚"按钮，如图 4-114 所示。

在"左"、"中"或"右"区域中输入文本或者插入页码、日期、时间、文件等元素后单击"确定"按钮。

图 4-114　自定义页眉和页脚

5. 打印标题

当工作表较大需要在多页中打印时,可以通过对打印标题的设置使打印的表格更便于阅读。

图 4-115 所示为没有设置打印标题时的打印效果,图 4-116 所示为设置了打印标题的打印效果。

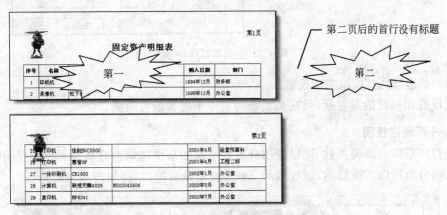

图 4-115　未设置打印标题的打印效果

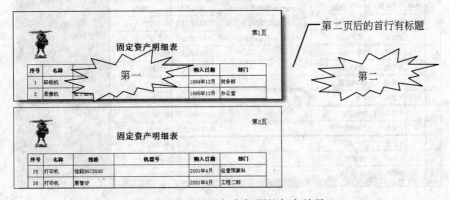

图 4-116　设置了打印标题的打印效果

设置打印标题的操作步骤如下。

（1）在"页面布局"选项卡中单击"页面设置"组中的"打印标题"命令，打开"页面设置"对话框。

（2）选择"工作表"选项卡。

（3）在图 4-117 所示的文本框中输入要包含标题的列标题和行标题，或者单击相应的"折叠对话框"按钮，选择标题列或行，然后单击"展开对话框"按钮。

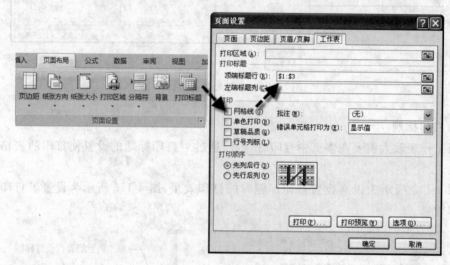

图 4-117　设置打印标题

（4）单击"确定"按钮完成设置。

完成打印标题的设置后，可在页面布局视图中查看设置效果。

6. 分页预览视图

要打印所需的准确页数，可以使用分页预览视图来快速调整分页符。在此视图中，手动插入的分页符以实线显示，虚线指示 Excel 自动分页的位置，如图 4-118 所示。

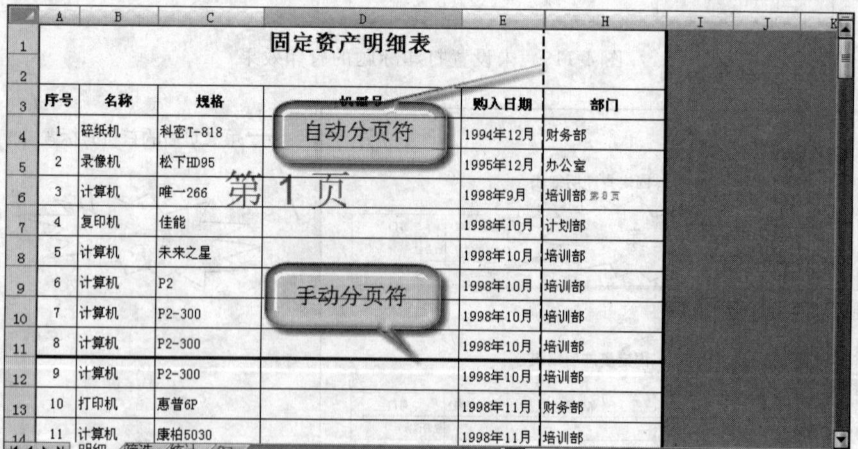

图 4-118　分页预览视图

（1）切换到分页预览视图。

在"视图"选项卡的"工作簿视图"组中单击"分页预览"命令，或单击状态栏中的"分页预览"按钮。若要返回"普通"视图，需在"视图"选项卡的"工作簿视图"组中单击"普通"命令，或单击状态栏中的"普通"按钮，如图 4-119 所示。

图 4-119　切换到分页预览视图

（2）添加、删除或移动分页符。

① 要移动分页符，需将其拖至新的位置，移动自动分页符会将其变为手动分页符。

② 要插入垂直或水平分页符，需在要插入分页符的位置的下面或右边选中一行或一列，右击，然后在弹出的快捷菜单上单击"插入分页符"命令。

③ 要删除手动分页符，需将其拖至分页预览区域之外。

④ 要删除所有手动分页符，需右击工作表上的任一单元格，然后单击弹出的快捷菜单上的"重设所有分页符"命令。

7. 打印预览

为了得到较好的打印效果，在打印工作表之前通常进行打印预览。

（1）单击工作表或选择要预览的工作表。

（2）单击 Office 按钮 → "打印" → "打印预览"命令，或按 Ctrl＋F2 键，切换至如图 4-120 所示的打印预览视图。

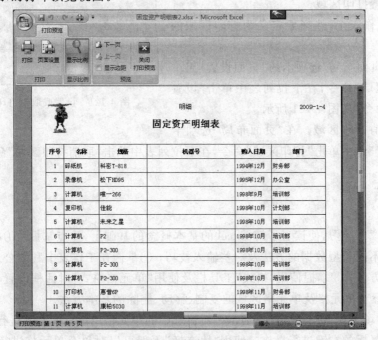

图 4-120　打印预览视图

(3)要预览下一页和上一页,可在"打印预览"选项卡的"预览"组中单击"下一页"和"上一页"命令。

(4)要查看页边距,可在"打印预览"选项卡的"预览"组中选择"显示边距"复选框。

这将在打印预览视图中显示边距。要更改边距,可将边距拖至所需的高度和宽度,还可以通过拖动打印预览页顶部的控点来更改列宽。

打印预览视图的工具栏中的各命令的使用方法见表4-11。

表 4-11　打印预览命令

按　　钮	操　　作
下一页	显示要打印的下一页
上一页	显示要打印的上一页
显示比例	在全页视图和放大视图之间切换。"缩放"功能并不影响实际打印时的大小。也可以单击预览屏幕中工作表上的任何区域,使工作表在全页视图和放大视图之间切换
打印	设置打印选项,然后打印所选工作表
页面设置	设置用于控制打印工作表外观的选项
显示边距	显示或隐藏可通过拖动来调整页边距、页眉和页脚边距以及列宽的操作柄
关闭打印预览	关闭打印预览窗口,并返回活动工作表以前的显示状态

8. 在工作表上定义或取消打印区域

在打印工作表时不但可以打印工作表的全部内容,也可以根据需要打印工作表上的选定内容,可以定义一个只包括该选定内容的打印区域。定义了打印区域之后打印工作表时,将只打印该打印区域。

(1)设置打印区域。

① 在工作表上,选择要定义为打印区域的单元格。

② 在"页面布局"选项卡的"页面设置"组中单击"打印区域"命令,在下拉列表中单击"设置打印区域"命令,如图4-121所示。

图 4-121　设置或取消打印区域

(2)取消打印区域。在"页面布局"选项卡的"页面设置"组中单击"打印区域"命令,在下拉列表中单击"取消打印区域"命令。

本章小结

通过本章的学习,使读者了解 Excel 的基本概念的基础上,重点掌握:①在单元格中输入及编辑不同类型数据的方法及一些输入技巧;②掌握在工作表中利用公式进行数据计算的简单方法;③掌握使用"格式"工具栏及使用"单元格格式"对话框设置单元格格式方法;④掌握对单元格及单元格区域的复制、移动、删除的基本方法。

在使用"填充柄"进行复制时,通常是对被选中的单元格用鼠标的左键进行操作,当然也可以使用鼠标的右键进行操作。使用"填充柄"不但可以对单个单元格进行操作,也可以对一行或一列的多个单元格进行操作。能不能对多行多列的单元格区域进行操作呢？答案是可以的，希望读者能够自己动手试一下，找一找规律。

电子表格软件的最大特点是它的计算功能强大，在单元格中输入公式自然也是本章必须熟练掌握的内容。

在进行行高和列宽的定量设置时，读者可能发现单元格的宽度和高度的单位是不同的，下面设置一个宽和高都是 15 的单元格 ▭。可见该单元格不是正方形的，其原因是宽和高的单位不同。

在 Excel 中宽度的单位是工作表的默认文本字体的数字 0～9 的平均值。

高度的单位是“磅”，“磅”是衡量印刷字体大小的单位，约等于 1/72 英寸。而 1 英寸＝25.4 毫米，则 1 磅＝25.4/72≈0.353 毫米。

格式刷是复制单元格格式的一个方便又快捷的工具，单击格式刷可以将格式复制到一个位置，双击格式刷可以将格式复制到多个位置。

在处理工作表的标题时，通常可以使用单元格的“合并及居中”的操作也可以使用“跨列居中”的操作。Excel 不但可以对工作表的字体、字号、颜色、边框、底纹、行高、列宽等进行操作，同时还可以在工作表中插入各种剪贴画、自选图形及艺术字等。这些操作在 Word 中已经作了比较详细的介绍，在 Excel 的操作与在 Word 中的操作基本相同。

综合练习

1. 参照图 4-122，新建一个“工资表”文件，按如下要求完成各工作表及表中单元格的编辑与操作。

	A	B	C	D	E	F	G
1				工资表			
2						(单位：元)	
3	姓名	等级工资	校内津贴	国家津贴	交通	洗理	应发额
4	袁路	444	503	190	80	26	
5	马小勤	379	511	179	15	20	
6	孙天一	299	406	120	15	20	
7	邹涛	259	402	111	30	26	
8	邱大同	225	385	90	15	20	
9	吕萧	252	389	108	30	26	

图 4-122　工资表

(1) 参照样张，在 Sheet1 工作表中创建“工资表”，在表格中输入数据。

(2) 计算每位员工的“应发额”。

(3) 对“工资表”进行简单修饰。表格标题设置为黑体、字号为 18，并在表格数据上方合并居中。表格中的数据单元格增加细实线边框。

(4) 在工资表的左侧插入一列，填入每位员工的编号，0101～0106。

(5) 使用查找替换功能，将“编号”列中的前两位“01”替换为“A”。

(6) 将工作表“工资表”复制两份，并分别重命名为“工资 2”和“工资 3”。

(7) 将工作表“工资 2”中的“孙天一”和“袁路”所在行删除。

(8) 将工作表“工资 3”中的“交通”和“洗理”两列位置互换。

(9) 将文件保存在某一自定文件夹中，文件名为“工资表.xls”。

2. 根据学习和工作的实际应用创建一个多页的数据表格,并按要求完成下列设置。

(1) 依据表格情况设置打印纸的大小和方向。

(2) 设置合适的页边距大小。

(3) 设置页眉和页脚内容,在页眉中应包含一张图片,页脚中包含页码。

(4) 每个打印页都要包含表格标题和列标题,页的宽度最大不超过1个页宽。

3. 根据单位的具体情况创建一个简易工资表,表格字段数量不少于5项;职工记录条数不少于20条,并按要求完成下列操作。

(1) 将工作表Sheet1重命名为"1月",复制5个"1月"工作表并分别重命名为"2月"、…、"6月",并删除工作表Sheet2、Sheet3。

(2) 在工作表"1月"中设置取消网格线、行标题、列标题的显示。

(3) 在工作表"1月"中设置窗口冻结,将工作表的列标题以上的行及员工姓名左侧的列冻结。

4. 按下列要求,完成图4-123所示的"损益表",并按要求完成下列操作。

损　益　表

编制单位：　　　　　　　　　　单位：万元

项　目	行次	本月数	本年累计数
一、主营业务收入	1		
减：主营业务成本	2		
主营业务费用	3		
税金及附加	4		
二、主营业务利润	5		
加：其他业务利润	6		
减：财务管理费用	7	10	
三、营业利润	10		

图4-123　损益表

(1) 设置第一行的行高为28;标题文字设为黑体、字号为20;在表格数据上方合并居中。

(2) 设置A至E列的列宽分别为6,24,8,8,16。

(3) 设置表格数据列标题单元格B3:E3为黑底白字,白色内边框线。

(4) 4,8,11行的数据单元格"灰色－25%"底纹填充。

(5) 除表格的列标题外,其他单元格的边框线为黑色细实线。

(6) 取消工作表网格线和行号列标显示。

(7) 为工作表设置背景图片,具体图片可由用户自行选择或制作。

(8) 保存文件。

5. 按如下要求,完成图4-124所示"奥运场馆介绍"表格的编辑与修饰工作。

(1) 参照图4-124创建表格并设置表格内所有的数据及单元格格式。

(2) 表格标题"奥运场馆介绍"为艺术字。

(3) 参照样张在表格中插入各场馆图片及背景图片,图片可从网上下载。

图 4-124　奥运场馆介绍

C hapter 5

第5章　函数的应用

Excel 提供了一些预定好的公式,称为函数,利用函数可以简化操作,还能实现许多普通运算所难以完成的运算。

函数的语法:＝函数名(参数)。例:"＝SUM(A1:C5)"。

函数有多个参数时,参数之间以逗号分隔。例:"＝IF(B2＞60,"合格","不合格")"。

有些函数可能无参数,但括号不能省略。例:"＝NOW()"。

引例

图 5-1 是每一个读者都十分熟悉的九九表,从图中不难看出单元格中的内容存在着明显的规律,九九表中的每一个表达式都是由被乘数、乘号、乘数、等号和积 5 个部分构成的。

以往人们使用 Excel 进行计算时通常都是在 1 个单元格中输入 1 个数值或字符串,那么如何在 1 个单元格中输入由被乘数、乘号、乘数、等号和积 5 个部分组成的乘法表达式呢?

在这里可以使用文本链接运算符"&"将这些内容连接起来构成 1 个新的字符串来表示九九表中的 1 个乘法表达式。表格含数字的单元格采用了两种颜色的过渡填充效果,表格背景采用了图片填充效果。

图 5-1　九九表

5.1　快速插入常用函数

在 Office XP 以后的版本中增加了求平均值、计数、最大值和最小值等自动计算功能,使计算操作更加方便快捷。下面先通过一个比较熟悉的案例来进一步认识一下函数的结构。

任务 5-1 计算工资表中的应发工资和实发工资

计算图 5-2 所示工资表中每名员工的应发工资和实发工资。

序号	姓名	部门	工资	岗位	补贴	应发	养老保险	扣款	实发
				简易工资表					
101	李力	销售部	2,500.00	1,000.00	500.00			100.00	
102	王成	开发部	2,000.00	800.00	500.00			80.00	
103	魏冬衣	销售部	3,000.00	2,000.00	500.00			160.00	
104	张大勇	办公室	5,000.00	1,000.00	500.00			200.00	
105	陈菲菲	开发部	4,500.00	1,000.00	500.00			180.00	
106	林晓晓	办公室	5,500.00	3,000.00	500.00			220.00	
108	李通	开发部	3,000.00	3,000.00	500.00			250.00	

图 5-2 工资表数据

任务分析：

本任务所给出的工资表在前面章节中已经遇到过，不过那时是使用加法公式来完成计算的。现在通过使用功能区上的"自动求和"命令来完成此应发工资的计算，方法更简单。请读者在操作的过程中注意函数的结构。

实施步骤：

（1）计算第 1 位员工的应发工资。选中 G3 单元格（公式所在单元格），在"公式"选项卡的"函数库"组中单击"自动求和"命令。此时在图 5-3 所示的"编辑工具"栏和当前单元格中都会自动给出求和函数及默认的参数，在工作表中会用滚动的虚线标识出默认的单元格区域。当这个默认的单元格区域能够满足需要时，只需按 Enter 键或单击"编辑"工具栏上的"输入"按钮即可。

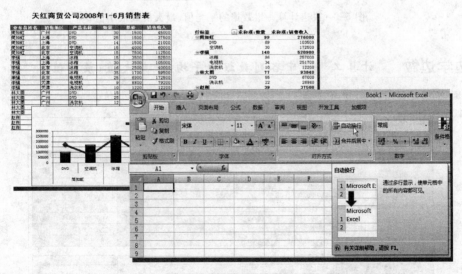

图 5-3 求和函数的应用

此时读者要特别注意,系统在 G3 单元格中自动生成了一个求和函数"＝SUM(D3：F3)"。

SUM 是求和函数的函数名,括号中的内容为参数,D3：F3 为存放参与求和数据的单元格区域的引用。求和函数的参数可以是一个,也可以是多个。

(2)计算其他员工的应发工资。选中 G3 单元格,利用鼠标拖动"填充柄"的方法完成其他员工的"应发"的计算。

(3)计算员工的"养老保险"和"实发"。假设"养老保险"取"应发"的 8％,可直接在 H3 单元格中输入公式"＝G3＊8％",在 J4 单元格中输入计算公式"＝G3－H3－I3",利用拖动"填充柄"的方法完成其他员工的"养老保险"和"实发"项的计算。

小技巧　　快速计算一组数据的平均值、最大值或最小值

在"公式"选项卡中单击"函数库"组中"自动求和"旁的按钮▼,打开图 5-4①所示的下拉列表。使用列表中的选项,可快速在单元格中输入"平均值"、"计数"、"最大值"、"最小值"等函数。

在"开始"选项卡中单击"编辑"组中 Σ 右侧的按钮▼,如图 5-4②所示,可达到同样效果。

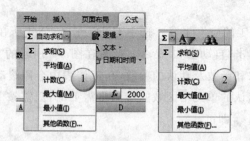

图 5-4　快速计算一组数据的平均值、最大值或最小值

边学边做　　计算工资表中各列数据的平均值、最大值、最小值

计算图 5-5 所示工资表中各列数据的平均值、最大值及最小值。

序号	姓名	部门	工资	岗位	补贴	应发	养老保险	扣款	实发
					简易工资表				
101	李力	销售部	2,500.00	1,000.00	500.00	4,000.00	320.00	100.00	3,580.00
102	王成	开发部	2,000.00	800.00	500.00	3,300.00	264.00	80.00	2,956.00
103	魏冬衣	销售部	3,000.00	2,000.00	500.00	5,500.00	440.00	160.00	4,900.00
104	张大勇	办公室	5,000.00	1,000.00	500.00	6,500.00	520.00	200.00	5,780.00
105	陈菲菲	开发部	4,500.00	1,000.00	500.00	6,000.00	480.00	180.00	5,340.00
106	林晓晓	办公室	5,500.00	3,000.00	500.00	9,000.00	720.00	220.00	8,060.00
108	李通	开发部	3,000.00	3,000.00	500.00	6,500.00	520.00	250.00	5,730.00
	平均值								
	最大值								
	最小值								

图 5-5　计算工资的平均值、最大值、最小值

任务 5-2　不连续区域中的数据计算

计算图 5-6 所示的工作表中第一行、第三行、C5 及数值 50 的和、平均值和最大值,并将计算结果分别保存在 B7:B9 单元格中。

任务分析:

对不连续的单元格数据求和其实方法并不复杂,只要在定义求和区域时,使用前面介绍过的同时选中多个不连续的单元格或单元格区域的方法就可以解决了。

实施步骤:

(1) 选中存放结果的单元格 B7。

◢	A	B	C	D
1	3	43	432	
2	34	3242	32	
3	34	55	32	
4				
5		34	542	
6				
7	求和			
8	平均值			
9	最大值			
10				

图 5-6　计算不连续区域中的数据和

(2) 在"公式"选项卡中单击"函数库"组中的"自动求和"命令。

(3) 选择第一行数据,按 Ctrl 键选择第三行数据和 C5 单元格。

(4) 输入",""和"50",如图 5-7 所示。从图中可以看出当函数中出现多个参数时,这些参数需要用英文的半角","逗号分隔。

(5) 按 Enter 键确认。

(6) 使用同样的方法,计算出平均值和最大值。

(7) 计算结果如图 5-8 所示。

IF	▼	(X ✓ fx	=SUM(A1:C1,A3:C3,C5,50)			
◢	A	B	C	D	E	F	G
1	3	43	432				
2	34	3242	32				
3	34	55	32				
4							
5		34	542				
6							
7	求和	=SUM(A1:C1,A3:C3,C5,50)					
8	平均值	SUM(number1, [number2], [number3], **[number4]**, [number5], ...)					
9	最大值						
10							

图 5-7　对不连续的单元格数据求和

◢	A	B	C	D
1	3	43	432	
2	34	3242	32	
3	34	55	32	
4				
5		34	542	
6				
7	求和	1191		
8	平均值	148.875		
9	最大值	542		

图 5-8　计算结果

5.2　插入函数

前面介绍了使用"自动求和"命令及鼠标单击求和按钮右侧的下三角箭头,完成求和、求平均值、最大值等操作。下面介绍使用"公式"选项卡中"函数库"组的命令输入函数和利用"插入函数"对话框在单元格中输入函数的方法。这是在单元格中输入函数的一般方法,使用这些方法可以方便地输入 Excel 的各种函数。

5.2.1　利用"公式"选项卡中的"函数库"组命令插入函数

Excel 2007 功能区中,"公式"选项卡中的"函数库"组为用户提供了方便、快捷的在单元格中插入各类函数的方法。单击"函数库"组中的任一函数类别命令,系统将弹出该类函数列表,当鼠标停留在某一函数上时,系统将显示该函数的简要说明,如图 5-9 所示。

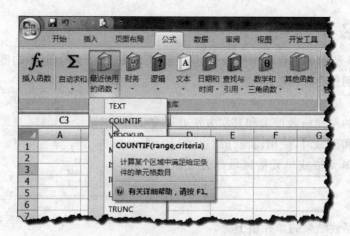

图 5-9 利用"公式"选项卡上的"函数库"组命令插入函数

5.2.2 "插入函数"对话框的使用

1. "插入函数"对话框

使用"插入函数"对话框可根据需要在工作表中插入函数和参数,使用下列方法之一可以打开"插入函数"对话框,如图 5-10 所示。

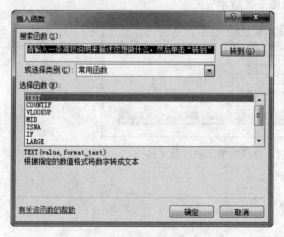

图 5-10 "插入函数"对话框

(1) 单击"编辑"工具栏中的"插入函数"按钮 f_x 。

(2) 单击"自动求和"按钮右侧的箭头,在列表中单击"其他函数"命令。

(3) 在"公式"选项卡中单击"函数库"组中的"插入函数"命令。

2. 搜索函数

在"搜索函数"文本框中输入关键字(如"日期"),单击"转到"按钮。搜索结果将显示在"选择函数"列表框中,如图 5-11 所示。

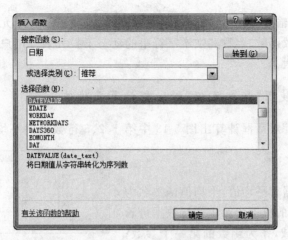

图 5-11　在"插入函数"对话框中搜索函数

3. 选择类别

从"或选择类别"列表中选择所需要的函数类别。其中的"常用函数"为最近使用的
函数，按字母顺序排列，如图 5-12 所示。

图 5-12　选择函数类别

4. 选择函数

单击函数名称，可立即在"选择函数"列表框下面看到函数语法和简短说明。双击函
数名称可在"函数参数"向导中显示函数及其参数，该向导可帮助添加正确的参数。

5. 帮助信息

在"插入函数"对话框中选择所需函数，单击"有关该函数的帮助"超链接，可以打开
"帮助"窗口并显示有关该函数的帮助信息。

5.2.3　使用"公式记忆式键入"

使用"公式记忆式键入"公式和函数可以轻松地创建和编辑公式并将输入错误和语

法错误减到最少,在输入=(等号)和前几个字母之后,Excel 会在单元格下方显示一个与这些字母匹配的有效函数、名称和文本字符串的动态下拉列表。用户就可以根据提示完成公式或函数的输入。

任务 5-3　使用"插入函数"对话框计算平均值

使用"插入函数"对话框计算出图 5-13 中第 1、2、5 行数据的平均值,其结果存放在 B7 单元格中。

任务分析:

本任务是对数据求平均值,平均值函数名为 AVERAGE,被计算的数据中第 1、2 行数据可看做是一个连续的区域,作为函数的第一个参数;第 5 行数据与 1、2 行数据不连续,可作为函数的第二个参数。下面可利用 3 种不同的方法完成此任务。

	A	B	C	D	E
1	343	43	432	454	4
2	34	3242	32	45	45
3	34	55	32	54	45
4	4543	45	45	55	54
5	343	34	542	45	43
6					
7	平均值				

图 5-13　计算各列的平均值

实施步骤:

方法 1:利用"公式"选项卡中的"函数库"组命令插入函数。

(1) 选择 B7 单元格。

(2) 在"公式"选项卡中单击"函数库"组中单击"自动求和"命令旁的按钮▼,在列表中单击"平均值"命令。

(3) 选择第一组参数"A1:E2",按 Ctrl 键,选择第二组参数"A5:E5",如图 5-14 所示。

图 5-14　利用"公式"选项卡上的"函数库"组命令插入函数

(4) 单击"确定"按钮完成输入。

(5) 计算结果如图 5-15 所示。

	A	B	C	D	E	F
1	45	88	65	54	65	
2	45	65	54	55	66	
3	84	55	56	45	85	
4	46	4	64	645	8	
5	4	5	6	5	5	
6	5	5	5	56	54	
7						
8	1,2,5行平均值:	41.8				

图 5-15　计算结果

方法 2：使用"插入函数"对话框插入函数。

（1）选择 B7 单元格。

（2）在"公式"选项卡中单击"函数库"组中的"插入函数"命令，打开"插入函数"对话框。

（3）选择函数类别"常用函数"或"统计"。

（4）选择图 5-16 所示的函数 AVERAGE，单击"确定"按钮（或双击函数名）打开"函数参数"对话框。

图 5-16　选择平均值函数

（5）选择第一组参数"A1：E2"，选择结果在 Number1 文本框中显示。

（6）单击 Number2 文本框，选择第二组参数"A5：E5"。

（7）单击"确定"按钮完成输入。

方法 3：使用"公式记忆式键入"函数。

（1）选择 B7 单元格。

（2）在单元格中输入"＝AV"，此时系统出现图 5-17 所示的函数提示列表，用户可根据列表提示信息完成函数的输入。

图 5-17　使用"公式记忆式键入"函数

🖈 **小技巧**　　**"压缩对话框"按钮**

在使用"函数参数"对话框时，有时对话框会遮挡住要操作的单元格，给操作带来不便，此时可使用鼠标拖动对话框的标题栏来移动对话框或单击如图 5-18 所示的"压缩对话框"按钮，将对话框折叠起来。完成参数选择后再单击"展开对话框"按钮，将对话框展开。

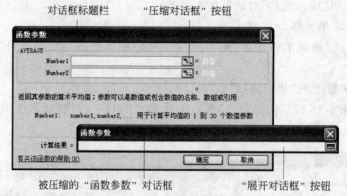

图 5-18　"压缩对话框"按钮

5.3　常用函数

Excel 中提供了多种函数,这里选择其中比较常用的 9 种分别介绍如下。

1. 求和函数 SUM (统计类)

返回某一单元格区域中所有数字之和。

语法:

`SUM(number1,number2,…)`

number1, number2,…为 1~255 个需要求和的参数。

2. 平均值 AVERAGE (统计类)

返回参数的平均值(算术平均值)。

语法:

`AVERAGE(number1,number2,…)`

number1, number2, …为需要计算平均值的 1~255 个参数。

3. 最大值函数 MAX(统计类)

返回一组值中的最大值。

语法:

`MAX(number1,number2,…)`

number1, number2, …是要从中找出最大值的 1~255 个数字参数。

4. 最小值函数 MIN(统计类)

返回一组值中的最小值。

语法:

`MIN(number1,number2,…)`

number1，number2，…是要从中找出最小值的 1～255 个数字参数。

5. 计数函数 COUNT(统计类)

返回包含数字以及包含参数列表中的数字的单元格的个数。利用函数 COUNT 可以计算单元格区域或数字数组中数字字段的输入项个数。

语法：

```
COUNT(value1,value2,…)
```

value1，value2，…为包含或引用各种类型数据的参数(1～255 个)，但只有数字类型的数据才被计算。

6. 取整函数 INT(数学与三角函数类)

将数字向下舍入到最接近的整数。

语法：

```
INT(number)
```

	A	B
1	原始数据	取整后的结果
2	12.111	12
3	1.945	1
4	-1.22	-2

图 5-19 取整函数示例

number 需要进行向下舍入取整的实数。此函数只有一个参数。需注意负数取整后的结果，如图 5-19 所示。

7. 当前日期函数 TODAY(日期与时间类)

返回当前日期。

语法：

```
TODAY()
```

Excel 可将日期存储为可用于计算的序列号。默认情况下，1900 年 1 月 1 日的序列号是 1 而 2008 年 1 月 1 日的序列号是 39448，这是因为它距 1900 年 1 月 1 日有 39448 天。

此函数没有参数，但函数中的括号不能省略。

8. 年份函数 YEAR(日期与时间类)

返回某日期对应的年份。返回值为 1900～9999 的整数。

语法：

```
YEAR(serial_number)
```

serial_number 为一个日期值，其中包含要查找年份的日期。示例如图 5-20 所示。

B2	▼	f_x	=YEAR(A2)
	A	B	C
1	日期数据	年份	
2	1956-5-22	1956	
3	2003-4-18	2003	

图 5-20 年份函数

B2	▼	f_x	=ROUND(A2,2)
	A	B	
1	原始数据	四舍五入后的结果	
2	254.2132	254.21	
3	21.8224	21.82	
4	-3.658	-3.66	

图 5-21 四舍五入函数

9. 四舍五入 ROUND(数学与三角函数类)

返回某个数字按指定位数进行四舍五入后的数字，示例如图 5-21 所示。

语法：

```
ROUND(number,num_digits)
```

number 需要进行四舍五入的数字。

num_digits 为指定的位数，按此位数进行四舍五入。如参数为负值取小数点左侧的位数。

边学边做　　比较数据

图 5-22 所示表格的 A 列是原始数据，B 列是将原始数据数字格式设置成保留两位小数的结果，C 列是对 A 列数据进行四舍五入后的结果。想一想为什么 B 列和 C 列 2～5 行显示的数值完全相同，可第 6 行的合计结果不同。

	A	B	C
1	原始数据	显示保留2位小数	四舍五入保留2位小数
2	21.32155	21.32	21.32
3	25.5501	25.55	25.55
4	54.64	54.64	54.64
5	2.994	2.99	2.99
6	合计	104.51	104.50

图 5-22　显示两位小数与四舍五入后的结果对比

5.4　函数的嵌套

在引用函数时，函数的参数又引用了函数，称为"函数的嵌套"。被嵌套的函数必须返回与当前参数使用的数值类型相同的数值。如果嵌套函数返回的数值类型不正确，则 Excel 将显示"＃VALUE!"错误值。

任务5-4　对平均值四舍五入

在图 5-23 所示工作表的 D 列计算出各行左侧 3 个数据的平均值，保留两位小数，对小数点后的第三位进行四舍五入。

任务分析：

计算时需要同时用到两个函数，平均值（AVERAGE）函数和四舍五入（ROUND）函数。计算时应先对数据进行求平均值，而后对平均值的结果进行四舍五入。此时的表达式为 ＝ROUND(AVERAGE(A1：C1),2)。

	A	B	C	D
1	12.245	44.15	224.11	
2	214.21	11.12	32	
3	25.11	24.11	21.3	

图 5-23　平均值函数与四舍五入函数的嵌套

从表达式中不难看出平均值函数（AVERAGE）在公式中充当了四舍五入函数（ROUND）的第一个参数。这就是前面所谈到的函数的嵌套。

公式的输入方法如下。

（1）在编辑工具栏直接由键盘输入。

（2）由"公式"选项卡中的"函数库"组中的命令输入。

（3）使用"输入函数"对话框输入。

下面主要讨论第二种方法。

实施步骤：

(1) 选中需要输入公式的单元格 D1。

(2) 在"公式"选项卡中单击"函数库"组中的"数学和三角函数"→ROUND 命令，如图 5-24 所示。

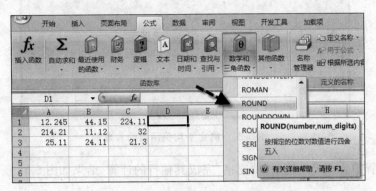

图 5-24　插入四舍五入函数

(3) 在 ROUND 参数对话框中首先选中第二个参数确定小数位"2"，指定按 2 位小数位对数据进行四舍五入。然后再将光标定位在第一个参数的文本框中，如图 5-25 所示。

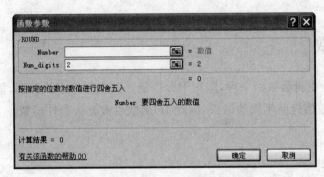

图 5-25　设置 ROUND 函数的参数

(4) 单击编辑栏中左侧的下三角按钮，在函数列表中选择平均值函数 AVERAGE，如图 5-26 所示。

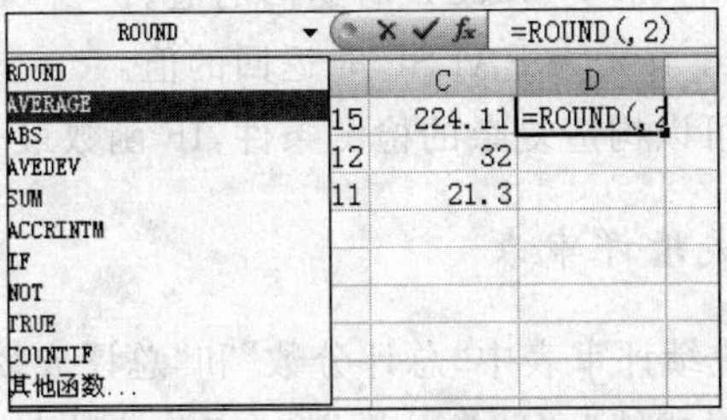

图 5-26　选择平均值函数

(5) 确定平均值函数的参数,如图 5-27 所示。

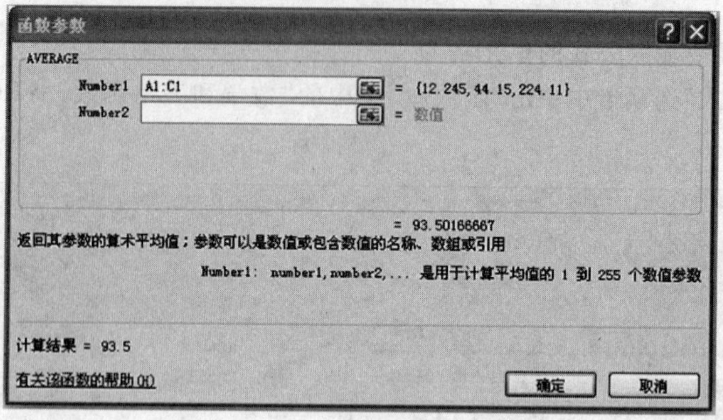

图 5-27　确定平均值函数的参数

(6) 选择单元格 D1,拖动"填充柄"完成其他行的计算,结果如图 5-28 所示。

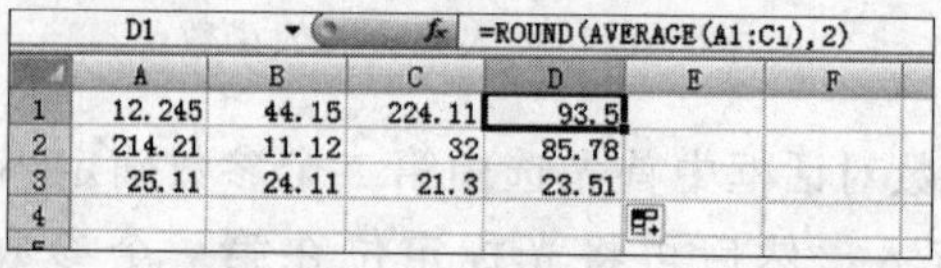

图 5-28　计算结果

5.5　IF 函数

IF 函数属于逻辑函数的一种,应用十分广泛。其主要用于执行真、假值判断后,根据逻辑测试的真、假值返回不同的结果,因此 IF 函数也被称为条件函数。

语法:

IF(logical_test,value_if_true,value_if_false)

logical_test 表示计算结果为 TRUE 或 FALSE 的逻辑表达式。例如,A10=100 就是一个逻辑表达式,如果单元格 A10 中的值等于 100,则表达式的值即为 TRUE,否则为 FALSE。本参数可使用任何比较运算符。

value_if_true:logical_test 为 TRUE 时返回的值。

value_if_false:logical_test 为 FALSE 时返回的值。

使用 IF 函数的嵌套可以构造复杂的检测条件,IF 函数最多可以嵌套 64 层。

任务 5-5　计算成绩评审表

完成图 5-29 所示的成绩评审表中"总评分数"和"总评成绩"列的计算。

"总评分数"依据"平时成绩"、"试卷分数"和"实验分数"3 项成绩计算而成。计算方法:"平时成绩"占 20%,"试卷分数"占 50%,"实验分数"占 30%。

A	B	C	D	E	F	G
1			《计算机网络》成绩评审表			
2　学号	姓名	平时成绩	试卷分数	实验分数	总评分数	总评成绩
3　00101	王丹	54	98	88		
4　00102	黄平	65	87	97		
5　00103	张中	88	79	67		
6　00104	冀中洪	94	64	86		
7　00105	李大江	45	50	34		
8　00106	钱玉华	61	81	91		
9　00107	郝楠	71	64	82		

图 5-29　利用 IF 函数计算总评成绩

　　"总评成绩"依据每个学员的"总评分数"给出,"总评分数"在 60 分以下的为"不合格",否则为"合格"。

　　任务分析:

　　本任务中"总评分数"列的计算方法:总评分数＝平时成绩×20％＋试卷分数×50％＋实验分数×30％。

　　"总评成绩"列的计算可使用 IF 函数完成,"总评分数"＜60 时为"不及格",否则为"及格"。

　　实施步骤:

　　(1) 选中 F3 单元格,在单元格中输入公式"＝C3 * 20％＋D3 * 50％＋E3 * 30％"。计算出第一名学员的"总评分数"。

　　(2) 选中 G3 单元格,按图 5-30 所示方法单击"编辑"工具栏中的"插入函数"命令,打开"插入函数"对话框,选择逻辑类的 IF 函数。

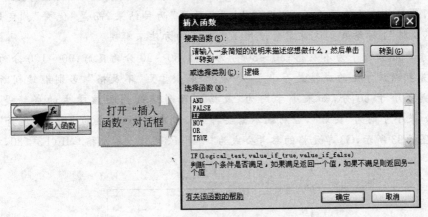

图 5-30　插入 IF 函数

　　(3) 按照题目要求设置参数后确定,如图 5-31 所示。完成 IF 函数"＝IF(F3＜60,"不及格","及格")"的输入。

　　语法解释:如果单元格 F3 的值小于 60,则执行第二个参数即在单元格 G3 中显示"不及格",否则执行第三个参数即在单元格 G3 中显示"及格"。

　　(4) 选择 F3:G3 单元格,使用"填充柄"将公式复制到其他单元格,如图 5-32 所示。

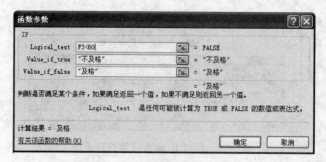

图 5-31　设置 IF 函数的参数

	A	B	C	D	E	F	G
1			《计算机网络》成绩评审表				
2	学号	姓名	平时成绩	试卷分数	实验分数	总评分数	总评成绩
3	00101	王丹	54	98	88	81.2	及格
4	00102	黄平	65	87	97	90.6	及格
5	00103	张中	88	79	67	71.2	及格
6	00104	翼中洪	94	64	86	87.6	及格
7	00105	李大江	45	50	34	36.2	不及格
8	00106	钱玉华	61	81	91	85.0	及格
9	00107	郝楠	71	64	82	79.8	及格

G3 单元格　=IF(F3<60,"不及格","及格")

图 5-32　使用"填充柄"完成其他单元格的计算

边学边做　　IF 函数的嵌套

在实际工作中,经常遇到需返回两种以上值的情况,例如把上面的任务做一个小小的修改,总评成绩的结果不再是"及格"与"不及格"两种结果,而是"优秀"、"良好"、"及格"、"不及格"4 种结果。这就需要使用函数嵌套的方法来解决。

要求:60 分以下为不及格;60～80 分为及格;80～90 分为良好;90～100 分为优秀。

可先判断该学生的成绩是否小于 60 分,如果小于则"不及格",否则继续判断该学生的成绩是否小于 80 分,如果小于则为"及格",否则继续判断该学生的成绩是否小于 90 分,如果小于则为"良好",否则就不需要再继续判断了,该学生的成绩为"优秀"。判断流程如图 5-33 所示,G3 单元格的参考公式为"=IF(F3<60,'不及格',IF(F3<80,'及格',

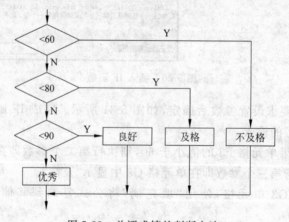

图 5-33　总评成绩的判断方法

IF(F3<90,'良好','优秀')))"。读者可自己完成此项计算。计算结果如图 5-34 所示。

	A	B	C	D	E	F	G	H	I
	G3	▼	*fx*	=IF(F3<60,"不及格",IF(F3<80,"及格",IF(F3<90,"良好","优秀")))					
1			《计算机网络》成绩评审表						
2	学号	姓名	平时成绩	试卷分数	实验分数	总评分数	总评成绩		
3	00101	王丹	54	98	88	81.2	良好		
4	00102	黄平	65	87	97	90.6	优秀		
5	00103	张中	88	79	67	71.2	及格		
6	00104	冀中洪	94	64	86	87.6	良好		
7	00105	李大江	45	50	34	36.2	不及格		
8	00106	钱玉华	61	81	91	85.0	良好		
9	00107	郝楠	71	64	82	79.8	及格		

图 5-34 条件函数嵌套的应用

5.6 COUNTIF 与 SUMIF 函数的使用

Excel 还提供了其他一些可依据条件来分析数据的函数,例如,使用 COUNTIF 工作表函数计算单元格区域中某个文本字符串或数字出现的次数;使用 SUMIF 函数可以对区域中符合指定条件的值求和。

1. COUNTIF 函数

计算区域中满足给定条件的单元格的个数。

语法:

`COUNTIF (range, criteria)`

range 为需要计算的单元格区域。

criteria 为确定哪些单元格将被计算在内的条件,其形式可以为数字、表达式、文本或单元格引用。任何文本条件或任何含有逻辑或数学符号的条件都必须使用双引号(")括起来。如果条件为数字,则无须使用双引号。例如,条件可以表示为 32、"32"、">32"或 "苹果"。

示例(见图 5-35):①计算第一列中苹果所在单元格的个数;②计算第二列中值大于 55 的单元格个数。

	A	B	C	D	E
1	数据	数据	说明	公式	结果
2	苹果	32	第一列中苹果所在单元格的个数	=COUNTIF(A2:A5,"苹果")	2
3	柑桔	54	第二列中值大于 55 的单元格个数	=COUNTIF(B2:B5,">55")	2
4	桃	75			
5	苹果	86			

图 5-35 COUNTIF 函数的应用

2. SUMIF 函数

根据指定条件对若干单元格求和。

语法:

`SUMIF (range, criteria, sum _ range)`

range 为用于条件判断的单元格区域。

criteria 为确定哪些单元格将被求和的条件,其形式可以为数字、表达式、文本或单元格引用。

sum_ range 为需要求和的实际单元格区域。

示例:分别计算图 5-36 所示工作表中张三和李四的销售额的总计。

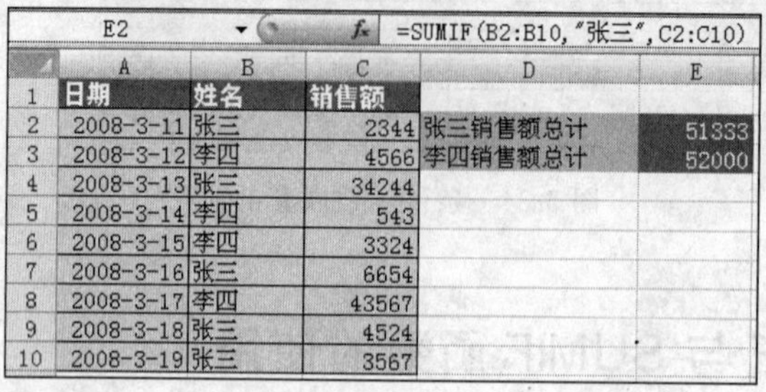

E2 =SUMIF(B2:B10,"张三",C2:C10)

	A	B	C	D	E
1	日期	姓名	销售额		
2	2008-3-11	张三	2344	张三销售额总计	51333
3	2008-3-12	李四	4566	李四销售额总计	52000
4	2008-3-13	张三	34244		
5	2008-3-14	李四	543		
6	2008-3-15	李四	3324		
7	2008-3-16	张三	6654		
8	2008-3-17	李四	43567		
9	2008-3-18	张三	4524		
10	2008-3-19	张三	3567		

图 5-36 对满足条件的单元格数据进行求和

5.7 在公式和函数中使用定义名称

除了可以使用行标题、列标题表示单元格或单元格区域外,Excel 允许给单元格或单元格区域命名。使用名称引用单元格区域时,既可简化输入,又无须记住区域的起始和终止位置。

5.7.1 定义名称

定义一个有含义的名称,可以直接反映单元格区域中数据的性质。给单元格或单元格区域定义名称的规则如下。

(1) 第一个字符不能是数字。名称中的第一个字符必须是字母、下划线(_)或反斜杠(\)。名称中的其余字符可以是字母、数字、句点和下划线。

(2) 不能与单元格引用相同,即不能命名与 A1、$ A1 类似的名称。

(3) 最多为 255 个字符,字符中不能包含空格。

用以下两种方法可以定义名称。

1. 利用"编辑栏"的"名称框"定义名称

首先选定要命名的单元格区域,然后单击"编辑栏"左端的"名称框",输入名称,按 Enter 键。

例如,将图示工作表中的姓名所在的单元格区域命名为"姓名",销售额所在的单元格区域命名为"销售额"。

选定 B2:B9,单击"名称框",输入名称"姓名",按 Enter 键。再选定 C2:C9,单击"名称框",输入名称"销售额",按 Enter 键即可,如图 5-37 所示 。

2. 利用"公式"选项卡中的命令定义名称

选定要命名的单元格区域,在"公式"选项卡中单击"定义的名称"组中的"定义名称"命令。在"新建名称"对话框中输入单元格区域的名称并单击"确定"按钮,如图 5-38 所示。

图 5-37　使用"名称框"对单元格区域命名　　　　图 5-38　利用"公式"选项卡中的命令定义名称

5.7.2　使用名称

名称定义后,从"名称框"的下拉列表中可以查看到已定义的名称。从中选定某一名称,它所表示的区域也同时被选中。由于名称与它所表示的区域之间具有确定的关系,因此,可以在公式和函数中使用名称。

当在新建的公式或函数中引用了已被命名的单元格区域,系统会自动用定义的名称替代该单元格区域的引用。

以前面学习过的求李四的销售额为例,李四销售额的计算公式便可以写成"=SUMIF(姓名,"李四",销售额)"。这样使得公式更直观,更易于理解,如图 5-39 所示。

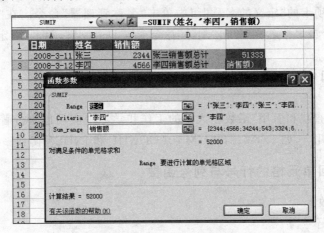

图 5-39　在函数中使用名称

5.7.3　编辑名称

使用"名称管理器"对话框可以处理工作簿中的所有已定义名称和表名称。例如,查找有错误的名称,确认名称的值和引用,查看或编辑说明性批注,或者确定适用范围;还可以排序和筛选名称列表,在一个位置轻松地添加、更改或删除名称。

如果更改已定义名称,则工作簿中该名称的所有使用实例也会更改。在"公式"选项卡的"定义的名称"组中单击"名称管理器"命令。在"名称管理器"对话框中,单击要更改的名称,然后单击"编辑"按钮,或双击该名称,打开"编辑名称"对话框。完成对名称的编辑后单击"确定"按钮,如图 5-40 所示。

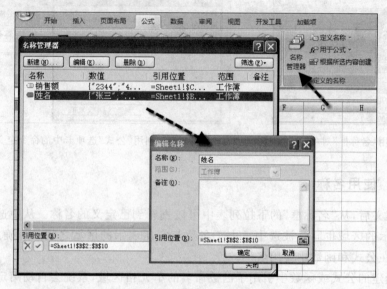

图 5-40　编辑名称

5.7.4　删除一个或多个名称

在"公式"选项卡的"定义的名称"组中单击"名称管理器"命令。在"名称管理器"对话框中,选择一个或多个名称,单击"删除"命令或按 Delete 键,单击"确定"按钮删除。

5.8　查找和引用函数

Excel 中的"查找和引用"函数在人们的工作和学习中应用也十分普遍,在本节中只研究其中常用的几个,如 ROW、COLUMN、LOOKUP 和 INDEX 函数。

5.8.1　返回单元格的行号与列号函数

1. ROW 函数
返回引用的行号。
语法:

`ROW(reference)`

reference 为需要得到其行号的单元格或单元格区域。如果省略 reference,则返回函数 ROW 所在单元格的行号。函数的应用如图 5-41 所示。

2. COLUMN 函数
返回指定单元格引用的列号。

图 5-41　返回行号或列号函数

语法：

COLUMN(reference)

reference 为需要得到其列号的单元格或单元格区域。如果省略 reference，则返回函数 COLUMN 所在单元格的列号。

5.8.2　制作一个九九表

本节将通过一个大家都十分熟悉的九九表的制作，来分析 ROW 和 COLUMN 函数的实际应用，复习文本链接符"&"在表格中的具体应用方法。

任务 5-6　制作九九表

九九表是每一个用户都十分熟悉的，使用 Excel 制作一个如图 5-42 所示的九九表。

	A	B	C	D	E	F	G	H	I
1	1×1=1								
2	1×2=2	2×2=4							
3	1×3=3	2×3=6	3×3=9						
4	1×4=4	2×4=8	3×4=12	4×4=16					
5	1×5=5	2×5=10	3×5=15	4×5=20	5×5=25				
6	1×6=6	2×6=12	3×6=18	4×6=24	5×6=30	6×6=36			
7	1×7=7	2×7=14	3×7=21	4×7=28	5×7=35	6×7=42	7×7=49		
8	1×8=8	2×8=16	3×8=24	4×8=32	5×8=40	6×8=48	7×8=56	8×8=64	
9	1×9=9	2×9=18	3×9=27	4×9=36	5×9=45	6×9=54	7×9=63	8×9=72	9×9=81

图 5-42　九九表

任务分析：

制作这样一张看似简单的九九表，其实并不简单。当然，可以依照图 5-42 中的数据直接在工作表中以字符方式输入，这自然不是我们想要使用的方法。下面对这个九九表进行进一步的细化分析。

从图 5-42 中不难看出单元格中的内容存在着明显的规律，九九表中的每一个表达式都是由被乘数、乘号、乘数、等号和积 5 个部分构成的，而式子中的被乘数与单元格所在的列号相同，乘数与单元格所在的行号相同。于是可以设想，使用前面学过的 ROW、COLUMN 两个函数的值来表示单元格中乘法表达式的被乘数和乘数，表达式中的积可以使用这两个函数值相乘得到。

以往使用 Excel 进行计算时通常都是在 1 个单元格中输入 1 个数值或字符串，那么如何在 1 个单元格中输入由被乘数、乘号、乘数、等号和积 5 个部分组成的乘法表达式呢？

在这里可以使用文本链接运算符"&"将这些内容连接起来构成 1 个新的字符串来表示九九表中的 1 个乘法表达式。

实施步骤：

（1）选中 Excel 工作表中的 A1 单元格。

（2）在单元格中输入公式"＝ COLUMN()&"×"&ROW()&"＝"&ROW()＊COLUMN()"，如图 5-43 所示。

A1	▼	fx	=COLUMN()&"×"&ROW()&"="&ROW()*COLUMN()				
	A	B	C	D	E	F	G
1	1×1=1						

图 5-43　在 A1 单元格输入公式

（3）拖动 A1 单元格右下角的"填充柄"到 A9 单元格，即将 A1 单元格中的公式复制到 A2:A9 单元格区域。此时 A1:A9 单元格区域处于选中状态，拖动区域右下角的"填充柄"，将公式复制到 B1:I9，结果如图 5-44 所示。

	A	B	C	D	E	F	G	H	I
1	1×1=1	2×1=2	3×1=3	4×1=4	5×1=5	6×1=6	7×1=7	8×1=8	9×1=9
2	1×2=2	2×2=4	3×2=6	4×2=8	5×2=10	6×2=12	7×2=14	8×2=16	9×2=18
3	1×3=3	2×3=6	3×3=9	4×3=12	5×3=15	6×3=18	7×3=21	8×3=24	9×3=27
4	1×4=4	2×4=8	3×4=12	4×4=16	5×4=20	6×4=24	7×4=28	8×4=32	9×4=36
5	1×5=5	2×5=10	3×5=15	4×5=20	5×5=25	6×5=30	7×5=35	8×5=40	9×5=45
6	1×6=6	2×6=12	3×6=18	4×6=24	5×6=30	6×6=36	7×6=42	8×6=48	9×6=54
7	1×7=7	2×7=14	3×7=21	4×7=28	5×7=35	6×7=42	7×7=49	8×7=56	9×7=63
8	1×8=8	2×8=16	3×8=24	4×8=32	5×8=40	6×8=48	7×8=56	8×8=64	9×8=72
9	1×9=9	2×9=18	3×9=27	4×9=36	5×9=45	6×9=54	7×9=63	8×9=72	9×9=81

图 5-44　公式复制结果

从图中可以看出，这样的结果并不尽如人意。图中右上方的表达式应该隐去，才符合本任务的要求。也就是说，乘数大于或等于被乘数时才显示乘法表达式，而在乘数小于被乘数时单元格中不显示内容。

（4）修改 A1 单元格的公式，在原公式中添加 IF 函数：

"=IF(ROW()<COLUMN(),"",COLUMN()&"×"&ROW()&"="&ROW()＊COLUMN())"

完成公式输入后，再将公式复制到其他单元格，结果如图 5-45 所示。

A1	▼	fx	=IF(ROW()<COLUMN(),"",COLUMN()&"×"&ROW()&"="&ROW()*COLUMN())						
	A	B	C	D	E	F	G	H	I	J
1	1×1=1									
2	1×2=2	2×2=4								
3	1×3=3	2×3=6	3×3=9							
4	1×4=4	2×4=8	3×4=12	4×4=16						
5	1×5=5	2×5=10	3×5=15	4×5=20	5×5=25					
6	1×6=6	2×6=12	3×6=18	4×6=24	5×6=30	6×6=36				
7	1×7=7	2×7=14	3×7=21	4×7=28	5×7=35	6×7=42	7×7=49			
8	1×8=8	2×8=16	3×8=24	4×8=32	5×8=40	6×8=48	7×8=56	8×8=64		
9	1×9=9	2×9=18	3×9=27	4×9=36	5×9=45	6×9=54	7×9=63	8×9=72	9×9=81	

图 5-45　添加 IF 函数后的九九表

边学边做　　**制作如图 5-46 所示的九九表**

图 5-46 所示的九九表与上一任务所完成的九九表大同小异，所不同的是，此表的乘法表达式不再是从 A1 单元格开始排列，而是在九九表的上方多了 1 行 1～9 的数字，左

侧多了 1 列 1~9 的数字。并对表格进行了一些修饰,含数字的单元格采用了两种颜色的过渡填充效果。

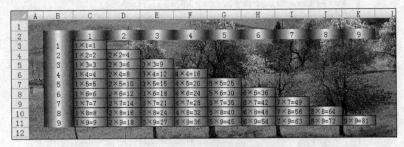

图 5-46　修饰后的九九表

5.8.3　LOOKUP 与 VLOOKUP 函数的使用

功能:返回向量(单行区域或单列区域)或数组中的数值。

1. LOOKUP 的向量形式

函数 LOOKUP 有两种语法形式:向量形式和数组形式。

函数 LOOKUP 的向量形式是在单行区域或单列区域中查找数值,然后返回第二个单行区域或单列区域中相同位置的数值。

语法:

```
LOOKUP(lookup_value, lookup_vector, result_vector)
```

lookup_value 为函数 LOOKUP 在第一个向量中所要查找的数值。

lookup_vector 为只包含一行或一列的区域。

注意

lookup_vector 的数值必须按升序排序。

result_vector 只包含一行或一列的区域,其大小必须与 lookup_vector 相同。

如果函数 LOOKUP 找不到 lookup_value,则查找 lookup_vector 中小于或等于 lookup_value 的最大数值。

如果 lookup_value 小于 lookup_vector 中的最小值,函数 LOOKUP 返回错误值#N/A。

函数的应用如图 5-47 所示。

2. LOOKUP 的数组形式

LOOKUP 的数组形式在数组的第一行或第一列中查找指定的值,并返回数组最后一行或最后一列内同一位置的值。当要匹配的值位于数组的第一行或第一列中时,需使用 LOOKUP 的这种形式。当要指定列或行的位置时,需使用 LOOKUP 的另一种形式。

语法:

```
LOOKUP(lookup_value, array)
```

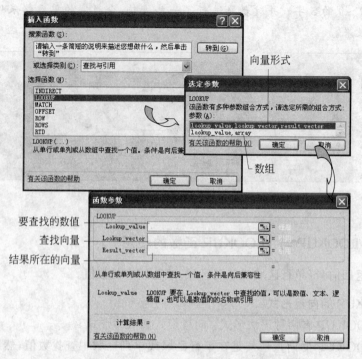

图 5-47　LOOKUP 函数的向量形式

lookup_value 为 LOOKUP 在数组中搜索的值。lookup_value 参数可以是数字、文本、逻辑值、名称或对值的引用。

如果 LOOKUP 找不到 lookup_value 的值,则它会使用数组中小于或等于 lookup_value 的最大值。

如果 lookup_value 的值小于第一行或第一列中的最小值(取决于数组维度),LOOKUP 会返回 #N/A 错误值。

array 为包含要与 lookup_value 进行比较的单元格区域,该区域的第一行或第一列应按升序排序。

LOOKUP 的数组形式与 HLOOKUP 和 VLOOKUP 函数非常相似。区别在于:HLOOKUP 在第一行中搜索 lookup_value 的值,VLOOKUP 在第一列中搜索,而 LOOKUP 根据数组维度进行搜索。

3. VLOOKUP

VLOOKUP 函数在表格数组的首列查找指定的值,并由此返回表格数组当前行中其他列的值。

VLOOKUP 中的 V 参数表示垂直方向。当比较值位于需要查找的数据左边的一列时,可以使用 VLOOKUP。

语法:

```
VLOOKUP(lookup_value,table_array,col_index_num,range_lookup)
```

　　lookup_value 为需要在表格数组第一列中查找的数值。lookup_value 可以为数值或引用。若 lookup_value 小于 table_array 第一列中的最小值,VLOOKUP 返回错误值♯N/A。

　　table_array 为两列或多列数据。使用对区域或区域名称的引用。这些值可以是文本、数字或逻辑值。文本不区分大小写。

　　col_index_num 为 table_array 中待返回的匹配值的列序号。col_index_num 为 1 时,返回 table_array 第一列中的数值;col_index_num 为 2 时,返回 table_array 第二列中的数值,以此类推。如果 col_index_num 小于 1,VLOOKUP 返回错误值♯VALUE!;如果大于 table_array 的列数,VLOOKUP 返回错误值♯REF!。

　　range_lookup 为逻辑值,指定希望 VLOOKUP 查找精确的匹配值还是近似匹配值。

　　(1) 如果为 TRUE 或省略,则返回精确匹配值或近似匹配值。也就是说,如果找不到精确匹配值,则返回小于 lookup_value 的最大数值。

　　table_array 第一列中的值必须以升序排序;否则 VLOOKUP 可能无法返回正确的值。

　　(2) 如果为 FALSE,VLOOKUP 将只寻找精确匹配值。在此情况下,table_array 第一列的值不需要排序。如果 table_array 第一列中有两个或多个值与 lookup_value 匹配,则使用第一个找到的值。如果找不到精确匹配值,则返回错误值♯N/A。

　　在 table_array 第一列中搜索文本值时,需确保 table_array 第一列中的数据没有前导空格、尾部空格、直引号(' 或 ")与弯引号(' 或 ")不一致或非打印字符。否则,VLOOKUP 可能返回不正确或意外的值。

任务 5-7　完成工资表的计算

　　前面已经研究过几个工资表,但是那几种工资表都过于简单,初学者学习用尚可,或经改造后用于人数较少的单位或部门还勉强可以,但对于人员较多的单位使用起来就不够方便了。本任务要求用户完成的工资表仍是一个简易的工资表,虽然离一个实用的工资表还有一些差距,但其功能上已经有了不少的进步。

　　假设此工资表使用单位的基本工资设立了 8 个级别,分别是 1～8 级;奖金设有 4 个级别,分别是 1～4 级,岗位设有“总经理”、“副总经理”等 6 个岗位。

　　要求:按照该单位的工资标准计算工资表中每名员工的“基本工资”、“奖金”和“岗位工资”,当某一员工的“工资级别”、“奖金级别”或“职务”发生变化时,该员工相应的工资或奖金自动变化;当单位调整工资标准时,各员工的各项工资或奖金内容自动进行调整。

　　计算工资表中的“应发工资”和“实发工资”。

　　任务分析:

　　要实践按照工资标准计算工资表中每名员工的“基本工资”、“奖金”和“岗位工资”,当某一员工的“工资级别”、“奖金级别”或“职务”发生变化时,该员工相应的工资或奖金自动变化;当单位调整工资标准时,各员工的各项工资或奖金内容自动进行调整功能。可在同一工作簿中创建“工资表”和“工资标准”两个工作表,在“工资表”中依据每名员工的“工资级别”、“奖金级别”或“职务”应用 LOOKUP 函数在“工资标准”工作表中查出相应的工资或奖金值。

“应发工资”和“实发工资”两项的计算就十分简单了，在这里不再进行分析。

实施步骤：

(1) 制作“工资表”工作表。新建一个工作簿文件，在 Sheet1 工作表中参照图 5-48 创建“简易工资表”并输入图中给出的数据，对工作表的格式进行设置，并将工作表重命名为“工资表”。

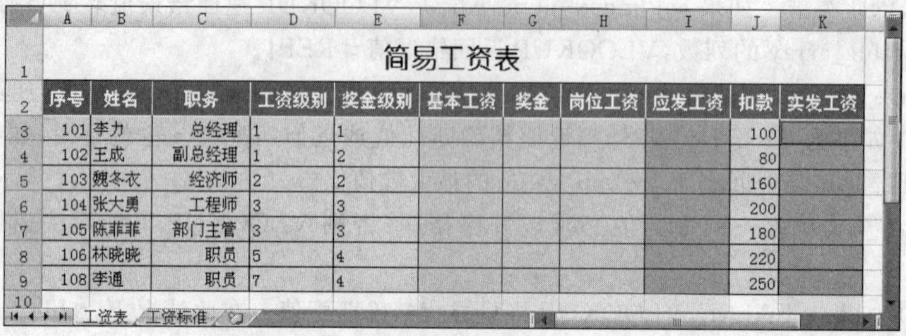

简易工资表

序号	姓名	职务	工资级别	奖金级别	基本工资	奖金	岗位工资	应发工资	扣款	实发工资
101	李力	总经理	1	1					100	
102	王成	副总经理	1	2					80	
103	魏冬衣	经济师	2	2					160	
104	张大勇	工程师	3	3					200	
105	陈菲菲	部门主管	3	3					180	
106	林晓晓	职员	5	4					220	
108	李通	职员	7	4					250	

图 5-48 简易工资表

(2) 制作“工资标准”工作表。在 Sheet2 工作表中参照图 5-49 创建“工资标准”并输入图中给出的数据。对工作表的格式进行设置，并将工作表重命名为“工资标准”。

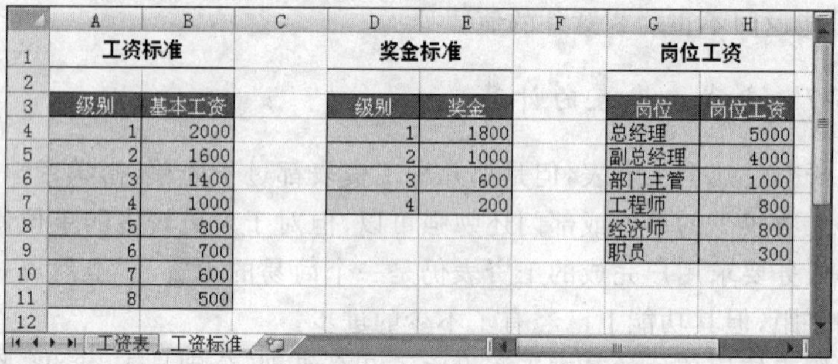

工资标准

级别	基本工资
1	2000
2	1600
3	1400
4	1000
5	800
6	700
7	600
8	500

奖金标准

级别	奖金
1	1800
2	1000
3	600
4	200

岗位工资

岗位	岗位工资
总经理	5000
副总经理	4000
部门主管	1000
工程师	800
经济师	800
职员	300

图 5-49 工资标准

(3) 对“工资标准”、“奖金标准”、“岗位工资”数据区域命名。选择单元格区域“A4:B11”，在“公式”选项卡的“定义的名称”组中单击“定义名称”命令，打开“新建名称”对话框，如图 5-50 所示。将该单元格区域命名为“工资标准”。

采用同样方法将“D4:E7”、“G4:H9”单元格区域命名为“奖金标准”和“岗位工资”。

(4) 对“工资标准”、“奖金标准”、“岗位工资”进行升序排序。分别对“工资标准”工作表中的“工资标准”和“奖金标准”两个表按第 1 列为主关键字进行升序排序。由于“工资标准”、“奖金标准”两表本身第 1 个字段已经是按升序排序的，所以此项操作可省略。

对“岗位工资”表以“岗位”字段为关键字进行升序排序：单击岗位列中的任意单元格，在“数据”选项卡的“排序和筛选”组中单击“升序”命令。

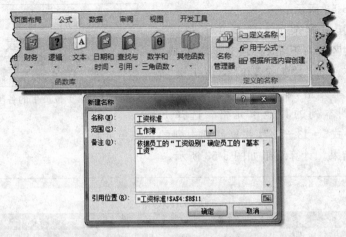

图 5-50　对"工资标准"单元格区域命名

（5）计算第 1 位员工的基本工资。选择"工资表"工作表的 F3 单元格，单击"编辑栏"中的"插入函数"按钮，在"插入函数"对话框中选择"查找与引用"类别中的 LOOKUP。

参照图 5-51，在"选定参数"对话框中选择第 2 项，数组形式，并单击"确定"按钮，打开"函数参数"对话框。在 Lookup_value 文本框中输入要查找数值的单元格引用"D3"，在 Array 文本框中输入数组（单元格区域）"工资标准"或"A4:B11"，单击"确定"按钮。此时在 F3 单元格中输入公公式"＝LOOKUP(D3,工资标准)"，当然也可以直接在单元格中输入此函数。

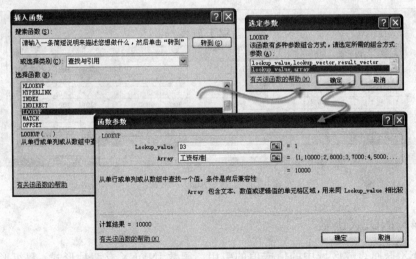

图 5-51　应用数组形式计算基本工资

（6）计算第 1 位员工的"奖金"和"岗位工资"。

在"工资表"工作表中选择 G3 单元格，输入函数"＝LOOKUP(E3,奖金标准)"。

在"工资表"工作表中选择 H3 单元格，输入函数"＝LOOKUP(C3,岗位工资)"。

结果如图 5-52 所示。

(7) 计算其他剩余项。选择单元格区域
F3：H3，拖动该区域右下角的"填充柄"，完成所
有员工的"基本工资"、"奖金"和"岗位工资"的
计算。选择 I3 单元格，输入公式"＝SUM(F3：
H3)"，并复制到本列的其他单元格。选择 K3
单元格，输入公式"＝I3－J3"，并复制到本列的其他单元格。

图 5-52　第 1 位员工的各项工资和奖金

(8) 计算结果。计算结果如图 5-53 所示。

序号	姓名	职务	工资级别	奖金级别	基本工资	奖金	岗位工资	应发工资	扣款	实发工资
101	李力	总经理	1	1	2000	1800	5000	8800	100	8700
102	王成	副总经理	1	2	2000	1000	4000	7000	80	6920
103	魏冬衣	经济师	2	2	1600	1000	800	3400	160	3240
104	张大勇	工程师	3	3	1400	600	800	2800	200	2600
105	陈菲菲	部门主管	3	3	1400	600	1000	3000	180	2820
106	林晓晓	职员	5	4	800	200	300	1300	220	1080
108	李通	职员	7	4	600	200	300	1100	250	850

图 5-53　工资表的计算结果

(9) 测试工资表。假设现单位需调整奖金标准，各级别的奖金数额分别调整为
2000、1800、1500 和 1000。工资表中最后两名员工的工资级别都调整为 4 级。观察工资
表中相应单元格的数据变化，如图 5-54 所示。

序号	姓名	职务	工资级别	奖金级别	基本工资	奖金	岗位工资	应发工资	扣款	实发工资
101	李力	总经理	1	1	2000	2000	5000	9000	100	8900
102	王成	副总经理	1	2	2000	1800	4000	7800	80	7720
103	魏冬衣	经济师	2	2	1600	1800	800	4200	160	4040
104	张大勇	工程师	3	3	1400	1500	800	3700	200	3500
105	陈菲菲	部门主管	3	3	1400	1500	1000	3900	180	3720
106	林晓晓	职员	4	4	1000	1000	300	2300	220	2080
108	李通	职员	4	4	1000	1000	300	2300	250	2050

图 5-54　调整后的工资表

5.8.4　INDEX 函数

INDEX 返回表或区域中的值或值的引用。函数 INDEX 有两种形式：数组形式和引
用形式。

1. 数组形式

返回表格或数组中的元素值，此元素由行序号和列序号的索引值给定。

语法：

```
INDEX(array,row_num,column_num)
```

array 返回表格或数组中的元素值,此元素由行号和列号的索引值给定。当函数 INDEX 的第一个参数为数组常量时,使用数组形式。如果数组只包含一行或一列,则相对应的参数 row_num 或 column_num 为可选参数。

如果数组有多行和多列,但只使用 row_num 或 column_num,函数 INDEX 返回数组中的整行或整列,且返回值也为数组。

row_num 为数组中某行的行号,函数从该行返回数值。如果省略 row_num,则必须有 column_num。

column_num 为数组中某列的列标,函数从该列返回数值。如果省略 column_num,则必须有 row_num。

如果同时使用参数 row_num 和 column_num,函数 INDEX 返回 row_num 和 column_num 交叉处的单元格中的值。

图 5-55 所示为使用 INDEX 函数返回单元格 A3:B11 区域中第 2 行,第 2 列的单元格数值。

图 5-55　INDEX 函数的数组形式

2. 引用形式

返回指定的行与列交叉处的单元格引用。如果引用由不连续的选定区域组成,则可以选择某一选定区域。

语法:

```
INDEX(reference,row_num,column_num,area_num)
```

reference 为对一个或多个单元格区域的引用。

如果为引用输入一个不连续的区域,必须将其用括号括起来。

如果引用中的每个区域只包含一行或一列,则相应的参数 row_num 或 column_num 分别为可选项。例如,对于单行的引用,可以使用函数 INDEX(reference,column_num)。

row_num 为引用中某行的行号,函数从该行返回一个引用。

column_num 为引用中某列的列标,函数从该列返回一个引用。

area_num 为选择引用中的一个区域,返回该区域中 row_num 和 column_num 的交叉区域。选中或输入的第一个区域序号为 1,第二个为 2,以此类推。如果省略 area_num,则函数 INDEX 使用区域为 1。

图 5-56 所示是使用 INDEX 函数返回单元格区域 A3:B11,D3:E7,G3:H9 中第 2 个区域中第 2 行,第 2 列的数值。

图 5-56　INDEX 函数的引用形式

任务 5-8　完善工资表

对上一任务所完成的工资表进行进一步的完善,在工资表中添加"参加工作时间"、"交通"、"劳保"、"工龄工资"等项目。其中"交通"每人 100 元,"劳保"每人 200 元,"工龄工资"每年 50 元,添加内容如图 5-57 所示。新建一个"工资条"工作表,如图 5-58 所示。

图 5-57　在工资表中添加新的数据项

图 5-58　制作"工资条"工作表

任务分析:

(1) 工资表的修改与计算。在工资表中添加"参加工作时间"、"交通"、"劳保"、"工龄工资"等项目的方法十分简单,在这里就不再分析了。"工龄工资"列的数据可使用日期函数中的返回当前日期函数 TODAY 或返回当前的日期和时间函数 NOW 减去"参加工作时间",得出的是从参加工作那天到今天所经历过的天数。再用这个天数除以 365,可得到参加工作的年数。但这样直接计算出来的结果一般会有小数,这不太符合人们一般习惯上的用法,所以在使用时还要对这个结果进行取整,就可得到需要的工龄,然后用工龄计算每名员工的"工龄工资"。

(2) 工资条的制作。工资条中的数据应取自前面制作的"工资表"而不应当重新输入和计算,此任务所用工作表应与上一任务的"工资表"位于同一工作簿中,为了操作方便可将存放工资条的工作表命名为"工资条"。

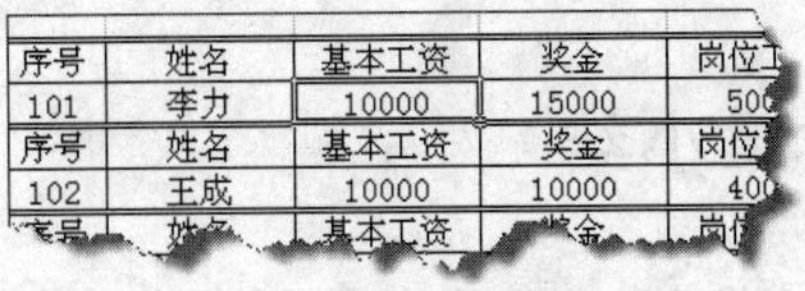

工资条的每个记录都由两行组成,第一行是该项目的名称。每两行间用双线分隔,如图 5-59 所示。

图 5-59 工资条边框线的设置

为保证数据的正确,要求当工资表中的数据发生改变时工资条的数据必须随之改变。此任务可使用 INDEX 函数完成,也可使用 LOOKUP 或 VLOOKUP 函数实现。

实施步骤:

(1) 添加新列并输入相关数据。在工资表中添加"参加工作时间"、"交通"、"劳保"、"工龄工资"列,并输入相关数据。

(2) 计算"工龄工资"列数据。在 H3 单元格输入公式"＝INT((TODAY()－F3)/365)*50",公式中的 INT 是取整函数。将此单元格中的公式复制到本列的其他单元格。

(3) 制作第 1 位员工的工资条记录。

① 选择工资表中所有记录内容,并将该区域命名为"工资表"。

② 创建"工资条"工作表,将工资表中的列标题复制到该工作表后进行编辑。

③ 选择 A4 单元格,输入函数"＝INDEX(工资表,ROW()/2,1)",表达式中的"工资表"为命令区域。将此公式复制到本行的其他单元格中,并修改各公式中的第 3 个参数,即列标号,使其能返回对应该列标题的数字值。如工资条中"基本工资"列的数据对应的是"工资表"中第 7 列的数据,所以 INDEX 函数的第 3 个参数应该修改为 7。设置单元格的边框线如图 5-60 所示。

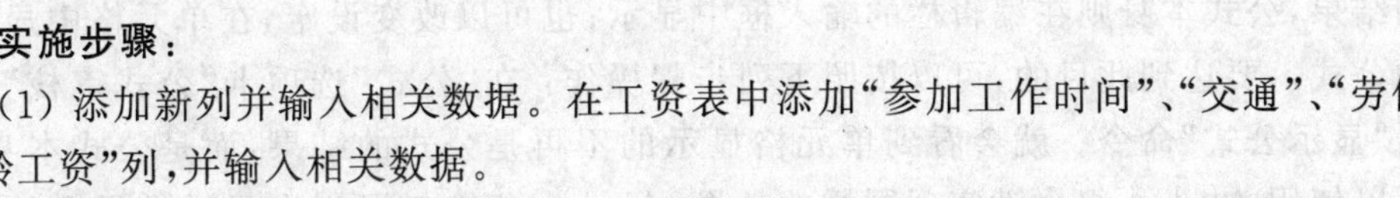

图 5-60 第 1 位员工的工资条

(4) 生成其他员工的工资条。

选择第 1 位员工的工资条所在的两行单元格,向下拖动右下角的"填充柄",如图 5-61 所示,完成其他员工的工资条的制作。

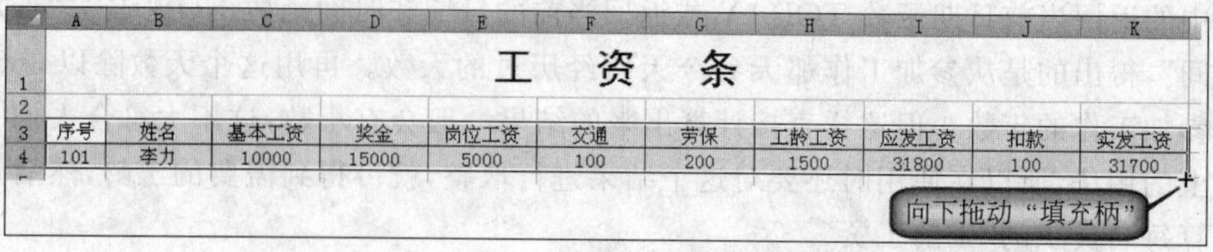

	A	B	C	D	E	F	G	H	I	J	K
1	工 资 条										
3	序号	姓名	基本工资	奖金	岗位工资	交通	劳保	工龄工资	应发工资	扣款	实发工资
4	101	李力	10000	15000	5000	100	200	1500	31800	100	31700

向下拖动"填充柄"

图 5-61　通过复制得到其他员工的工资条

本章小结

作为一个电子表格系统,除了进行一般的表格处理外,最主要的还是它的数据计算能力。在 Excel 中,可以在单元格中输入公式或者使用 Excel 提供的函数来完成对工作表的计算,还可以进行多维引用,来完成各种复杂的运算。在本章中学习了有关单元格地址的引用,使用自动求和按钮进行计算及如何使用 Excel 函数等操作。

在 Excel 中,通常在输入公式后,在单元格中显示的不是公式本身,而是由公式计算的结果,公式本身则在编辑栏的输入框中显示;也可以改变设定,在单元格中显示输入的公式。要达到此目的,可以按照下列步骤操作:在"公式"选项卡"公式审核"组中单击"显示公式"命令。就会看到单元格显示的不再是公式的结果,而是公式本身了;也可以使用 Alt+=组合键实现同样的效果,Alt+=组合键可以在显示结果和显示公式之间切换。

一个单元格引用代表工作表上的一个或者一组单元格,单元格引用告诉 Excel 在哪些单元格中查找公式中要用的数值,也可以引用同一个工作簿上其他工作表中的单元格,或者引用其他工作簿中的单元格或单元格区域。引用其他工作簿中的单元格称为外部引用。

在输入公式的过程中,除非特别指明,Excel 一般是使用相对地址来引用单元格的位置。所谓相对地址是指当把一个含有单元格地址的公式复制到一个新的位置或者用一个公式输入一个范围时,公式中的单元格地址会随着改变。使用相对引用就好像告诉一个向我们问路的人:从现在的位置,向前再走 3 个路口就到了。

在某些情况下不希望单元格地址变动,就必须使用绝对地址引用。所谓绝对地址引用,就是指要把公式复制或者输入到新位置,并且使公式中的固定单元格地址保持不变。在 Excel 中,是通过对单元格地址的"冻结"来达到此目的的,也就是在列号和行号前面添加美元符号"$"。

在某些情况下需要在复制公式时只要求行保持不变或者只要求列保持不变。在这种情况下,就要使用混合地址引用。

在同一工作簿中从不同的工作表引用单元格称为三维引用。三维引用的一般格式为:工作表名!:单元格地址。例如在第二张工作表的"B2"单元格输入公式"=Sheet1!:A1+A2",则表明要将工作表 Sheet1 中的单元格"A1"和工作表 Sheet2 中的单元格"A2"相加,结果放到工作表 Sheet2 中的"B2"单元格。利用三维地址引用,可以一次性将一本工作簿中指定的工作表的特定单元格进行汇总。

Excel 使用预先建立的工作表函数来执行数学、正文或者逻辑运算，或者查找工作区的有关信息。用户使用时应当尽可能地使用 Excel 系统提供的函数，而不是自己编写公式。利用函数不仅能够提高效率，同时，也能够减少错误和工作表所占的内存空间，提高Excel 的工作速度。

函数括号中的部分为参数（括号前后都不能有空格）。参数可以是数字、文字、逻辑值、数组、误差值或者单元格引用。有些函数没有参数但括号不能省略。

如果一个参数本身也是一个函数，则称为嵌套。在 Excel 中，一个公式最多可以嵌套64 层函数。

综合练习

1. 完成如图 5-62 所示的成绩统计表。

图 5-62 文秘一班计算机应用成绩统计表

使用自动函数计算的方法完成图示表格，计算出各列分数的总分、平均分、最高分和最低分。

2. 按要求完成如图 5-63 所示的"总成本费用表"。

图 5-63 总成本费用表

（1）计算 3 个产品的成本金额（单位成本×产量），计算总成本金额（＝其上面的 5 项"成本金额"之和）。

（2）在 3 个产品的"备注"单元格中，用 IF 函数判断当"单位成本"的数值大于等于 210 时，则在相应产品的"备注"单元格中显示"单位成本超标"，否则不显示任何内容。

3. 完成如图 5-64 所示工资发放统计表的计算和汇总。

	A	B	C	D	E	F	G	H	I	J
1										
2				**工资发放统计表(单元：圆)**						
3										
4	姓名	等级工资	国家津贴	校内津贴	书报	交通	洗理	应发额	扣除	实发额
5	袁路	444.00	190.00	503.00	27.00	30.00	26.00		23.00	
6	马小勤	379.00	179.00	511.00	27.00	15.00	20.00		22.00	
7	孙天一	299.00	120.00	406.00	27.00	15.00	20.00		12.00	
8	邹涛	259.00	111.00	402.00	27.00	30.00	26.00		33.00	
9	邱大同	225.00	90.00	385.00	25.00	15.00	20.00		3.00	
10	王亚妮	210.00	90.00	385.00	25.00	15.00	26.00		4.00	
11	吕萧	252.00	108.00	389.00	27.00	30.00	26.00		3.00	
12	合计									

图 5-64　工资发放统计表

在工作表中完成如下计算。

(1) 计算应发额、实发额、合计。

(2) 并将工作表名称改为"1月"。

(3) 复制 3 张工作表,分别命名为"2月"、"3月"、"汇总表"。

(4) 利用工作组求和函数在"汇总表"中计算出所有数据项的 1～3 月的汇总值(例如:汇总表中 C8 单元格的值等于 1～3 月工作表中 C8 单元格数值的和)。

4. 制作工资表

在任务 5-8 中使用 LOOKUP 的数组形式完成了工资表的制作,用户可分别使用 LOOKUP 的向量形式和 VLOOKUP 函数完成此工资表。

Chapter 6

第6章　制作办公图表

图表具有较好的视觉效果,可方便用户查看数据的差异、图案和预测趋势。通过图表,可以将工作表数据转换成图形。

基于工作表选中区域建立图表时,Excel 使用来自工作表的数值并将其当做数据点在图表上显示。数据点用柱形、条形、线条、切片、点以及其他形状表示。几个数据点就构成了数据系列,每个数据系列由相同的颜色或图案来区分。图表的两个坐标轴代表不同的含义:横轴是分类坐标轴,纵轴是数值轴。

引例

可以使用图表来直观地表示工作表中的数据点,如某产品的销售情况、学生考试成绩的分析;也可以在图表的下方增加数据表;还可以使用组合图表强调不同种类的信息。图 6-1 给出的是几种图表的显示效果。

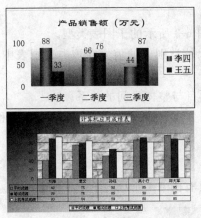
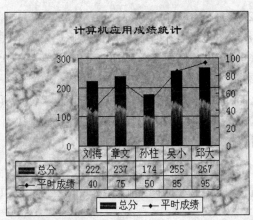

图 6-1　图表应用引例

6.1　了解 Excel 图表

Excel 支持多种类型的图表,用户可以采用最有意义的方式来显示数据。当创建图表,或者使用"图表类型"命令更改现有图表时,用户可以很方便地从标准图表类型或自定义图表类型列表中选择自己所需的类型。每种标准图表类型都有几种子类型。

6.1.1 图表类型

下面简单介绍几种最常用的图表类型。

1. 柱形图

柱形图显示一段时间内数据的变化,或者显示不同项目之间的对比。它具有图 6-2 所示的子图表类型。

(1) 簇状柱形图。这种图表类型主要用于比较类别间的值。

(2) 堆积柱形图。这种图表类型显示各个项目与整体之间的关系,从而比较各类别的值在总和中的分布情况。

(3) 百分比堆积柱形图。这种图表类型以百分比的形式比较各类别的值在总和中的分布情况。

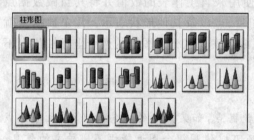
图 6-2 柱形图的子图表类型

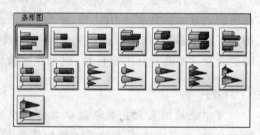
图 6-3 条形图的子图表类型

2. 条形图

条形图显示各个项目之间的对比。它具有图 6-3 所示的子图表类型。

(1) 簇状条形图。这种图表类型主要用于比较类别间的值。在该类型图表中,垂直方向表示各类别的值。

(2) 堆积条形图。这种图表类型显示各个项目与整体之间的关系。

(3) 百分比堆积条形图。这种图表类型以百分比的形式比较各类别的值在总和中的分布情况。

3. 折线图

折线图按照相同间隔显示数据的趋势。它具有图 6-4 所示的子图表类型。

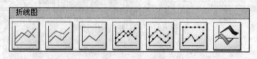
图 6-4 折线图的子图表类型

(1) 折线图。这种图表类型显示随时间或类别的变化趋势,在每个数据值处还可以显示标记。

(2) 堆叠折线图。这种图表类型显示各个值的分布随时间或类别的变化趋势,在每个数据值处还可以显示标记。

（3）百分比堆叠折线图。这种图表类型以百分比的形式显示各个值的分布随时间或类别的变化趋势，在每个数据值处还可以显示标记。

（4）三维折线图。这是具有三维效果的折线图。

4. 饼图

饼图显示组成数据系列的项目在项目总和中所占的比例。饼图通常只显示一个数据系列，当希望强调数据中的某个重要元素时可以采用饼图。饼图具有图 6-5 所示的子图表类型。

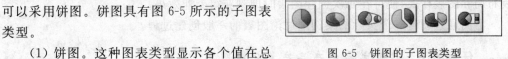

（1）饼图。这种图表类型显示各个值在总和中的分布情况。

图 6-5　饼图的子图表类型

（2）分离型饼图。这种图表类型显示各个值在总和中的分布情况，同时强调各个值的重要性。

（3）复合饼图。这是一种将用户定义的值提取出来并显示在另一个饼图中的饼图。例如，为了看清楚细小的扇区，用户可以将它们组合成一个项目，然后在主图表旁的小型饼图或条形图中将该项目的各个成员分别显示出来。

（4）复合条饼图。这是一种将用户定义的数据提取处理出来并显示在另一个堆叠条形图中的饼图。

6.1.2　图表的结构和各部分名称

首先，观察图 6-6，并了解图表的结构和各部分名称。

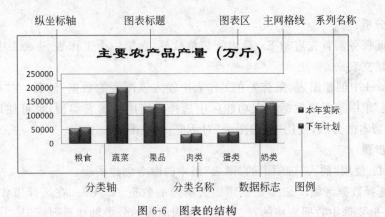

图 6-6　图表的结构

（1）数据标志：图表中的条形、面积、圆点、扇面或其他符号，代表源于数据表单元格的单个数据点或值。

（2）数据系列：在图表中绘制的相关数据点，这些数据源自数据表的行或列。图表中的每个数据系列具有相同的颜色或图案并且在图表的图例中表示。饼图只有一个数据系列。

（3）网格线：可添加到图表中以易于查看和计算数据的线条。网格线是坐标轴上刻度线的延伸,并穿过图表区。

(4) 分类名称:工作表数据的行或列的标题。

6.2   建立图表

在 Excel 2007 中,可以很轻松地创建具有专业外观的图表。只需选择图表类型、图表布局和图表样式,便可在每次创建图表时即刻获得专业效果。

下面通过创建一个实际的案例来讨论图表的一般创建过程。

任务 6-1   创建主要农产品产量分析图表

根据表中数据创建一个簇状柱形图表,图表与数据放在同一个工作表中,如图 6-7 所示。

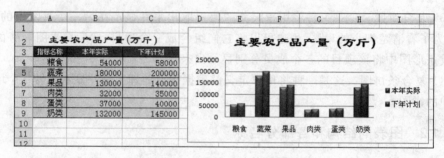

图 6-7   主要农产品产量图表

任务分析:

完成此任务需首先启动 Excel 电子表格软件,在第一个工作表 Sheet1 中按图 6-7 给出的数据建立表格。

在 Excel 中创建图表,需首先在工作表中输入该图表的数据,然后,在"插入"选项卡上的"图表"组中选择该数据并在功能区中选择要使用的图表类型;也可使用类似 Excel 2003 以前版本的方法,使用"创建图表"对话框,创建图表。

实施步骤:

方法 1:使用"插入"选项卡的"图表"组中的命令创建图表。

(1) 选择数据区域。选择要创建图表所需的数据 A3:C9。在选择工作表中数据单元格时,一般要选中数据表格的行、列标题作为图表的分类轴或系列标记。

(2) 插入图表。在"插入"选项卡的"图表"组中单击"柱形图"命令,在下拉列表框中选择"二维柱形图"第 1 种,如图 6-8 所示。

(3) 选择图表样式。参照图 6-9,在"图表工具"的"设计"选项卡中单击"其他"按钮,打开图 6-10 所示的"图表样式"列表,在列表中选择"样式-26"。

(4) 选择图表布局。参照图 6-11,在"图表工具"的"设计"选项卡中单击"快速布局"组中的"布局 1"命令。在"图表标题"处输入图表的标题内容,并设置标题字体。

(5) 图表制作结果如图 6-7 所示。

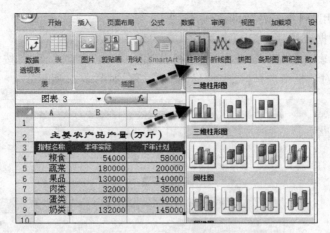

图 6-8　使用"插入"选项卡中的命令插入二维柱形图

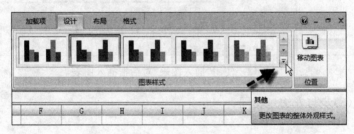

图 6-9　选择图表样式

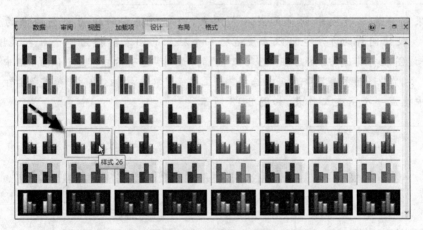

图 6-10　图表样式列表

图 6-11　选择图表布局

方法 2：使用"创建图表"对话框创建图表。

（1）选择数据区域（同方法一）。

（2）插入图表。在"插入"选项卡的"图表"组中单击"启动对话框"按钮，打开"创建图表"对话框。在对话框中选择"二维柱形图"第 1 种，如图 6-12 所示。

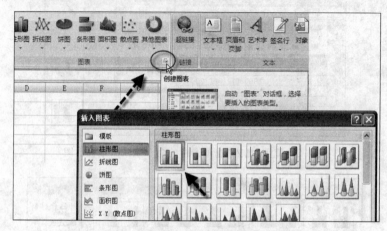

图 6-12　使用"插入图表"对话框插入图表

（3）、（4）、（5）步与方法一相同。

小技巧　独立图表与嵌入式图表之间的互相转换

如果用户在工作表中创建了嵌入式图表，则可以将它转换为一个独立的图表（如 Chart1）。使用同样的方法也可以方便地将一个独立的图表转换为一个嵌入式图表。首先，单击该图表将其选中，然后在"图表工具"的"设计"选项卡中单击"位置"组中的"移动图表"命令，在"移动图表"对话框中选择"新工作表"单选按钮，单击"确定"按钮，在当前工作簿中生成一个图表工作表，如图 6-13 所示。

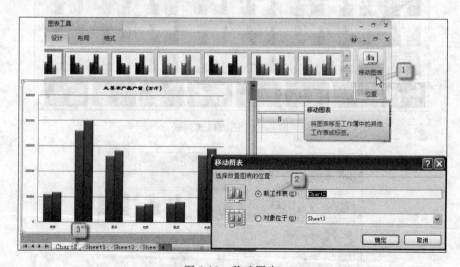

图 6-13　移动图表

小技巧　　快速创建图表

选择创建图表的数据区域后按 F11 键可以在单独的工作表上创建柱形图。

边学边做　　制作下面图表

根据图 6-14 中提供的数据，制作某单位"技术职称分析"的"三维饼图"图表。

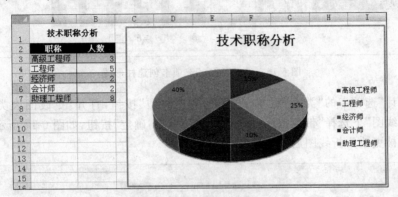

图 6-14　技术职称分析图表

任务 6-2　**创建住宅销售分析图表**

图 6-15 所示为某市一房地产开发商上半年住宅销售统计表。根据图中给出的统计数据，制作一个图表，该图表要求能够同时反映出上半年住宅的销售数量和每平方米均价的变化。

任务分析：

图中所给出的"销售住宅数"和"平均价格"是两个不同的数据类型，数据的单位也不一致，不能使用"直方图"等图表直接表示。但可以在该图表中组合两种图表类型。例如，可以组合柱形图和折线图来分析不同月份"销售住宅数"和"平均价格"的变化。从而令该图表更易于理解。

住宅销售统计		
月份	销售住宅数	平均价格（元/平方米）
一月	280	1066
二月	150	1170
三月	220	1118
四月	275	1105
五月	155	1066
六月	255	1040

图 6-15　住宅销售统计表

当图表中不同数据系列的值范围很宽，或者混合了多种数据类型时，可以在次要纵坐标（数值）轴上以不同的图表类型绘制一个或多个数据系列。

实施步骤：

（1）选择数据区域 A2:C8。

（2）绘制二维簇状柱形图。在"插入"选项卡的"图表"组中单击"柱形图"按钮，在下拉列表框中选择"二维柱形图"下的"簇状柱形图"选项，如图 6-16 所示。

（3）更改"平均价格"图表类型为折线图。在图表中，单击要以不同图表类型显示的数据系列（平均价格），或者从"图标工具"的"布局"选项卡的"当前所选内容"组的"图表元素"列表框中选择"平均价格"数据系列。

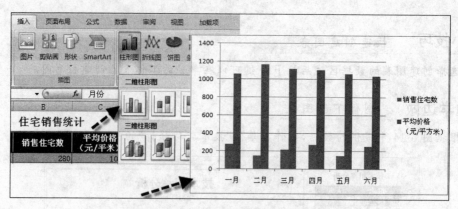

图 6-16   通过"插入"选项卡创建柱形图

在"设计"选项卡的"类型"组单击"更改图表类型"按钮,打开"更改图表类型"对话框。在"折线图"下选择"带数据标记的折线图",单击"确定"按钮,如图 6-17 所示。"平均价格"系列被更改为折线图后的结果如图 6-18 所示。

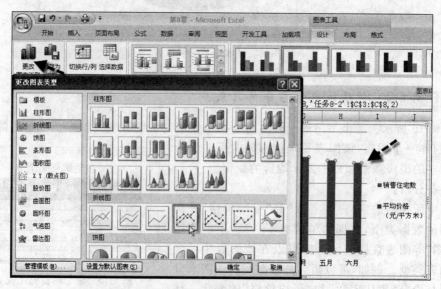

图 6-17   更改"平均价格"系列为折线图

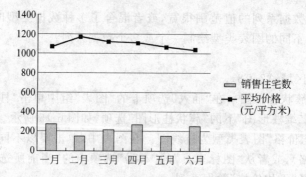

图 6-18   "平均价格"系列更改为折线图后的结果

（4）在次坐标轴上绘制折线图。在图表中，单击表示"平均价格"的折线图以选择该数据系列，或从"图表元素"列表中选择该数据系列。

在"布局"选项卡的"当前所选内容"组中单击"设置所选内容格式"命令。在"系列选项"类别中选择系列绘制在次坐标轴，再单击"关闭"按钮，如图 6-19 所示。

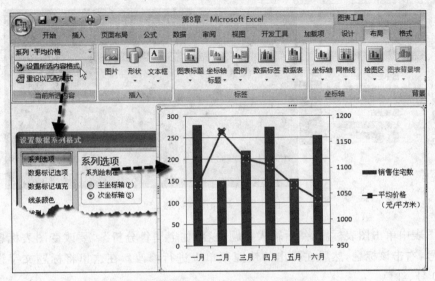

图 6-19 设置系列绘制在次坐标轴

（5）设置图表样式。单击图表的图表区（整个图表及其全部元素），在"图表工具"的"设计"选项卡的"图表样式"组中单击要使用的图表样式"样式 42"。设置图表样式后的结果如图 6-20 所示。

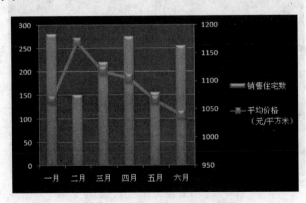

图 6-20 设置图表样式后的结果

（6）调整图表大小。要更改图表的大小，可在"格式"选项卡的"大小"组中的"形状高度"和"形状宽度"框中选择所需的形状大小，然后按 Enter 键。也可以通过拖动图表的尺寸控制点进行调整。

（7）设置图表标题。要在图表上添加和定位图表标题，并设置它的格式，可单击图表区，在"图表工具"的"布局"选项卡的"标签"组中单击"图表标题"命令，在下拉列表框中单击"图表上方"命令,如图 6-21 所示。

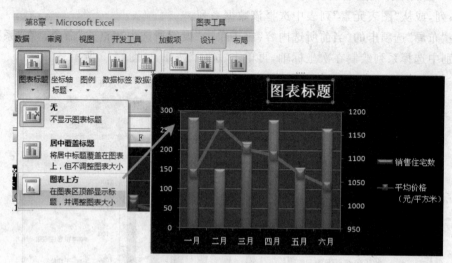

图 6-21   添加图表标题

在图表中单击图表标题,然后输入标题内容"住宅销售分析"。要改变图表标题的字体或字号,右击该标题,然后在弹出的快捷菜单上进行修改。在这里将标题文字设置为隶书、20 号、红色。

(8)变更图例位置。单击图例将其选中,在"图表工具"的"布局"选项卡的"标签"组中单击"图例"命令,在下拉列表框中选择所需的位置。在此任务中设置"在顶部显示图例",如图 6-22 所示。

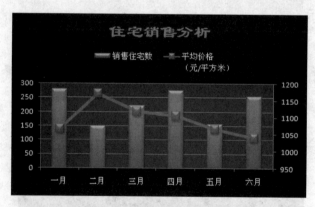

图 6-22   设置图表标题及图例位置

6.3   编辑图表

当创建了一个图表之后,很多情况下还需要对图表进行编辑和修改。如更改图表的类型,增加或删除系列,设置图表样式,修改标题、坐标轴及图例等。

6.3.1　图表工具

Excel 2007 的"图表工具"共有"设计"、"布局"、"格式"3 个选项卡，如图 6-23 所示。

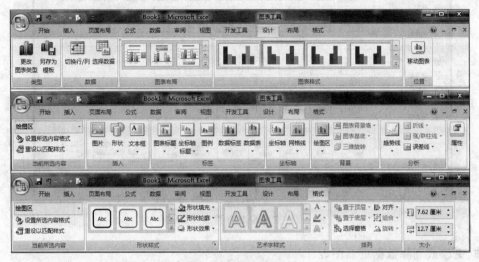

图 6-23　图表工具

（1）设计：可设置图表的"类型"、"数据"、"快速布局"、"图表样式"和"位置"。

（2）布局：可设置"当前所选内容"、"插入"、"标签"、"坐标轴"、"背景"、"分析"及"属性"。

（3）格式：可设置"当前所选内容"、"形状样式"、"艺术字样式"、"排列"和"大小"。

6.3.2　更改图表类型

对于大多数二维图表，可以更改整个图表的图表类型以赋予其完全不同的外观。也可以为任何单个数据系列选择另一种图表类型，使图表转换为组合图表。对于气泡图和大多数三维图表，只能更改整个图表的图表类型。

若要更改整个图表的图表类型，可单击图表的图表区或绘图区以显示"图表工具"，若要更改单个数据系列的图表类型，可单击该数据系列。

在"设计"选项卡的"类型"组中单击"更改图表类型"命令。在图 6-24 所示的"更改图表类型"对话框中，选择图表类型及图表的子类型。

如果用户已经将图表类型另存为模板，则可单击"模板"类别，然后在右边的"模板"选项区域中单击要使用的图表模板。

一次只能更改一个数据系列的图表类型。若要更改图表中多个数据系列的图表类型，必须针对每个数据系列重复该过程中的所有步骤。

6.3.3　更改图表中的数据

创建了图表后，可能需要在工作表上对其源数据进行更改。为了将这些更改合并到图表中，Excel 提供了多种图表更新方式。可以使用更改的值即时更新图表，也可以通过

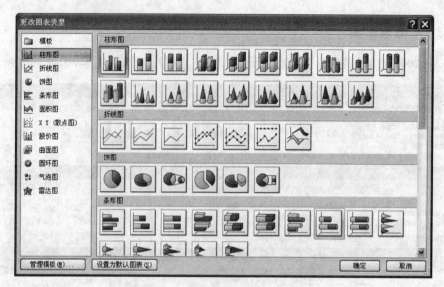

图 6-24　"更改图表类型"对话框

添加、更改或删除数据更新图表。

1. 使用更改的值更新现有图表

图表中的值链接到创建图表时使用的工作表数据。工作表默认的计算选项被设置为自动,对工作表数据所做的更改将自动显示在图表中。

2. 向现有图表中添加或删除数据

可以使用多种方式向现有图表中添加其他源数据。

（1）通过拖动区域的尺寸控点向同一工作表中的内嵌图表添加或删除数据,如图 6-25 所示。

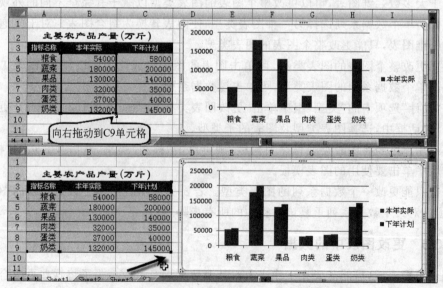

图 6-25　拖动区域的尺寸控点向图表添加数据

（2）将工作表数据复制到内嵌图表或单独的图表工作表中，如图 6-26 所示。

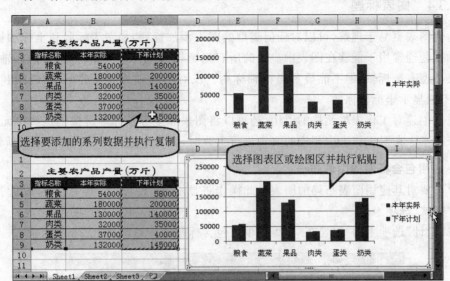

图 6-26　将数据复制到图表中

删除数据系列：选中包含要删除的数据系列的图表，单击该数据系列中的任意数据点，选中数据系列后按 Delete 键。

（3）使用"选择数据"命令向图表中添加数据系列

单击要添加其他数据系列的图表，在"图表工具"的"设计"选项卡的"数据"组中单击"选择数据"命令。在"选择数据源"对话框中，单击"图例项（系列）"选项区域下的"添加"按钮；在弹出的"编辑数据系列"对话框的"系列名称"文本框中输入要对系列使用的名称，或在工作表上选择名称所在单元格；在"系列值"文本框中输入对要添加的数据系列所在的数据区域的引用，或在工作表上选择该数据区域，如图 6-27 所示。

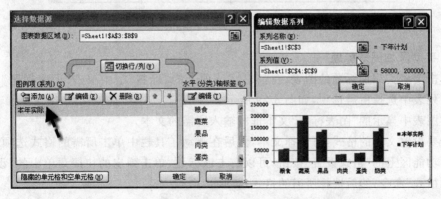

图 6-27　利用"选择数据源"对话框向图表中添加系列

删除数据系列：在"选择数据源"对话框中选择要删除的数据系列，单击"删除"按钮。

6.3.4 图表标题

为使图表更易于理解,可以对任何类型的图表添加标题,如图表标题和坐标轴标题。坐标轴标题通常用于能够在图表中显示的所有坐标轴,包括三维图表中的竖坐标轴。有些图表类型有坐标轴,但不能显示坐标轴标题。没有坐标轴的图表类型(如饼图和圆环图)也不能显示坐标轴标题。

通过创建对工作表单元格的引用,还可以将图表和坐标轴标题链接到这些单元格中的相应文本。在对工作表中相应的文本进行更改时,图表中链接的标题将自动更新。

1. 应用包含标题的图表布局

单击要对其应用图表布局的图表。此操作将显示"图表工具",其中包含"设计"、"布局"和"格式"选项卡。

在"设计"选项卡的"快速布局"组中单击包含标题的布局,如图 6-28 所示。

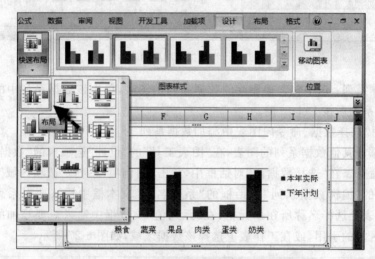

图 6-28　使用"快速布局"中的命令添加图表标题

2. 手动添加图表标题

单击要对其添加标题的图表,在"布局"选项卡的"标签"组中单击"图表标题"命令,在下拉列表中选择所需选项,如图 6-29 所示。

在图表中显示的"图表标题"文本框中输入所需的文本。

若要设置文本的格式,可选择文本,然后在浮动工具栏中单击所需的格式选项;还可以使用功能区上的"格式设置"按钮,可以右击该标题,单击弹出的快捷菜单中的"设置图表标题格式"命令,然后选择所需的格式选项。

3. 手动添加坐标轴标题

单击要对其添加坐标轴标题的图表,在"布局"选项卡的"标签"组中单击"坐标轴标题"命令,如图 6-30 所示。

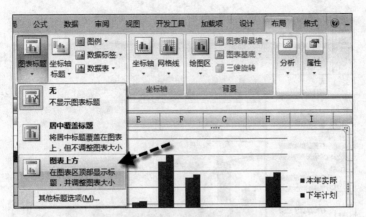

图 6-29 手动添加图表标题

图 6-30 手动添加坐标轴标题

6.3.5 显示或隐藏图表图例或数据表

创建图表时,默认情况下会显示图例,但可以在图表创建完毕之后隐藏图例或更改图例的位置。可以在折线图、面积图、柱形图或条形图的图表中显示数据表。数据表显示在图表底部网格中,数据表还可以包含图例项标志。

1. 显示或隐藏图例

单击要在其中显示或隐藏图例的图表,将显示"图表工具",以及"设计"、"布局"和"格式"选项卡。在"布局"选项卡的"标签"组中单击"图例"命令。

(1) 若要隐藏图例,可单击"无"命令。

(2) 若要显示图例,可单击所需的显示选项。

在单击其中一个显示选项时,该图例会发生移动,并且绘图区会自动调整以容纳该图例。如果使用鼠标移动该图例并设置其大小,则不会自动调整绘图区。

图 6-31 所示为在顶部显示图例的效果。

要从图表中快速删除某个图例或图例项,可以选择该图例或图例项,然后按 Delete 键。还可以右击该图例或图例项,然后在弹出的快捷菜单中单击"删除"命令。

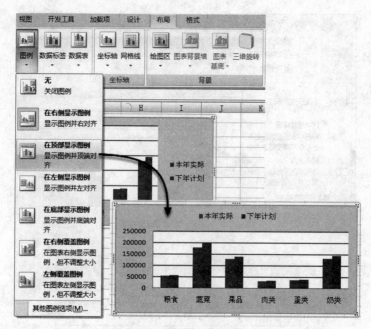

图 6-31　在顶部显示图例

2. 显示或隐藏数据表

单击要在其中显示或隐藏数据表的图表,将显示"图表工具",以及"设计"、"布局"和"格式"选项卡。

在"布局"选项卡的"标签"组中单击"数据表"命令。

(1) 若要显示数据表,可单击"显示数据表"或"显示数据表和图例项标示"命令。

(2) 若要隐藏数据表,可单击"无"命令。

要从图表中快速删除数据表,可以选择该数据表,然后按 Delete 键;还可以右击该数据表,然后在弹出的快捷菜单中单击"删除"命令。

图 6-32 所示为在图表中显示数据表的效果。

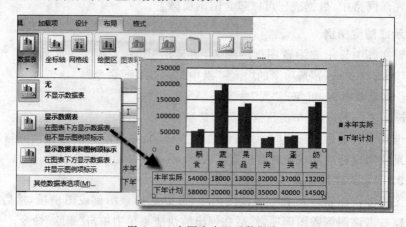

图 6-32　在图表中显示数据表

本章小结

通过本章的学习,用户会发现将工作表数据转换为图表也是非常容易的,图表是表现工作表数据的另一种方法。图表以图形的方式表达数据,而不是用文字。用一个好的图表来表示数据,可以使数据更易阅读和理解。

在 Excel 2007 中,可以很轻松地创建具有专业外观的图表。只需选择图表类型、图表布局和图表样式(所有这些选项均位于新的 Office Excel 2007 功能区上,用户可以轻松地对其进行访问),便可在每次创建图表时即刻获得专业效果。如果将喜欢的图表作为图表模板保存(这样,之后无论何时新建图表,都可以轻松地应用该模板),则创建图表就更加容易了。

使用预定义的图表样式和图表布局获取专业外观,可以快速地为图表应用预定义的图表布局和图表样式,而不必手动添加或更改图表元素或者设置图表格式。Excel 提供了多种有用的预定义布局和样式以供选择,但是也可以根据需要手动更改各个图表元素、绘图区、数据系列或图例的布局和格式,从而进一步微调布局或样式。

应用预定义的图表布局时,会有一组特定的图表元素、图例、数据表或数据标签按特定的排列顺序在图表中显示。用户可以从每种图表类型提供的各种布局中进行选择。

应用预定义的图表样式时,会基于所应用的文档主题为图表设置格式,以便图表与组织或自己的主题颜色以及主题效果匹配。

建立了图表之后,可以通过增加图表项、数据系列、图例、标题、文字、趋势线、误差线以及网格线来美化图表或者强调某些信息,同时也可以用图案、颜色、对齐、字体以及其他格式属性来设置这些图表项的格式。

创建和编辑图表的要点如下。

1. 数据系列的使用

在使用工作表中的数据创建图表时,通常采用先选择工作表中数据(含行列标题)再启动图表向导的方法。在选择工作表数据时,数据可以是不连续的,这时可在选择第一个区域后按住 Ctrl 键再选择其他不连续的区域。

2. 图表对象格式的设置

选择图表对象,使用"图表工具"中的"设计"、"布局"和"格式"3 个选项卡中的命令设置图表对象的格式;也可右击图表对象,使用弹出的快捷菜单中的命令及"设置图表对象格式"对话框中的命令设置图表对象格式。

综合练习

1. 制作如图 6-33 所示的工作表及三维饼图。
2. 制作如图 6-34 所示的工作表及组合图表。

图 6-33 "成本金额"的三维饼图

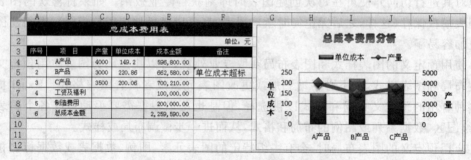

图 6-34 "单位成本"及"产量"的组合图表

Chapter 7

第7章 演示文稿的基本技能

本章将概述演示文稿制作软件的主要功能,重点介绍该软件的基本操作。通过讲解几种常用版式的制作方法,指导读者制作完成简单的演示文稿,直观生动地体现文稿内容。

演示文稿就是用户通过文字、图形、表格、声音、影像等多种媒体的交互使用从而清晰、简明地表达自己的想法,还可以与一些其他软件的工具插件,如图表工具、组织结构图工具等,联合反映信息内容。

以下通过两个引例介绍利用演示文稿反映的信息内容及演示文稿的多种版式。

引例

1. 一汽集团公司概况

作为中国汽车工业摇篮企业的第一汽车集团公司,在竞争激烈的汽车市场中希望保持领先的地位,在一款新车下线后,公司用演示文稿形式制作了如图 7-1 所示的一份宣传材料,内容包括公司概况以及新车介绍。

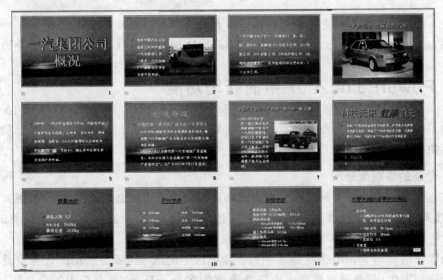

图 7-1　一汽集团演示文稿引例

(1) 幻灯片采用了多种版式,其中包括标题、标题与内容、两栏内容等。

(2) 幻灯片的样式设计包括了更改文稿背景,设置文本格式。

（3）幻灯片中插入了艺术字、图片、超级链接、动作按钮、声音文件等多项内容。

2.药监网企业客户端使用说明

要进入药监网企业客户端使用，必须要获得数字证书，企业入网成功后会获得药监网派发的数字证书。

数字证书类似于用户的网上通行证，用来在互联网中验证用户的身份，其作用与日常生活中司机的驾照或者个人的身份证相仿，具有确保信息传输的保密性、数据交换的完整性、发送信息的不可否认性、使用者身份的确定性等特点，该数字证书的使用说明演示文稿如图 7-2 所示。

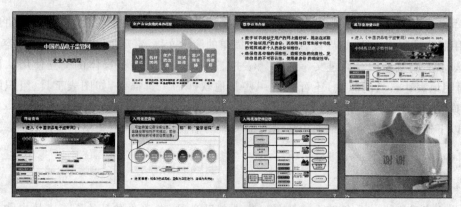

图 7-2   数字证书使用说明

（1）幻灯片中突出采用了标题幻灯片、标题与内容等多种版式，对内容有较为全面的介绍。

（2）通过插入图片和更改背景颜色等形式增加每张幻灯片的个性变化。

（3）通过"自绘图形"工具绘制图案，添加标注，增加可视性，较好地反映文件内容。

7.1   PowerPoint 2007 中的新增功能

为了帮用户制作具有专业外观的演示文稿，PowerPoint 2007 提供一组综合功能，用户可以使用它们创建信息并为其设置格式。

1.全新的直观型外观

在直观的分类选项卡和相关组中查找功能和命令。从预定义的快速样式、版式、表格格式、效果及其他库中选择便于访问的格式选项，从而以更少的时间创建更优质的演示文稿。利用实时预览功能，在应用格式选项前查看它们。

功能区结构与 Word 2007 基本相同。功能区中的选项卡都是按面向任务型设计的。在每个选项卡中，都是通过组将一个任务分解为多个子任务，每个组中的命令用于执行一个命令或显示一个命令菜单，如图 7-3 所示。

2.主题和快速样式

PowerPoint 2007 提供新的主题、版式和快速样式；主题简化了专业演示文稿的创建

图 7-3　PowerPoint 2007 功能区面板

过程。只需选择所需的主题,PowerPoint 2007 便会执行其余的任务。单击一次鼠标,背景、文字、图形、图表和表格全部都会发生变化,以反映所选择的主题。

在演示文稿中应用主题之后,"快速样式"库将发生变化,以适应该主题。结果在该演示文稿中插入的所有新 SmartArt 图形、表格、图表、艺术字或文字均会自动与现有主题匹配。由于具有一致的主题颜色,所有材料就会具有一致而专业的外观。

3. 自定义幻灯片版式

使用 PowerPoint 2007,可以创建包含任意多个占位符的自定义版式,各种元素(如图表、表格、电影、图片、SmartArt 图形和剪贴画),乃至多个幻灯片母版集(具有适合不同幻灯片主题的自定义版式)。此外,现在还可以保存自定义和创建的版式,以供将来使用。

4. 设计师水准的 SmartArt 图形

利用 SmartArt 图形,可以在 PowerPoint 2007 演示文稿中以简便的方式创建信息的可编辑图示,完全不需要专业设计师的帮助。可以为 SmartArt 图形、形状、艺术字和图表添加绝妙的视觉效果,包括三维(3-D)效果、底纹、反射、辉光等,如图 7-4 所示。

图 7-4　SmartArt 图形

5. 新增文字选项

可以使用多种文字格式功能(包括形状内文字环绕、直栏文字或在幻灯片中垂直向下排列的文字,以及段落水平标尺)创建具有专业外观的演示文稿。现在,还可以选择不连续文字。

新的字符样式提供了更多文字选择。除了早期版本的 PowerPoint 中的所有标准样式外,在 PowerPoint 2007 中还可以选择全部大写或小型大写字母、删除线或双删除线、双下划线或彩色下划线。可以在文字上添加填充颜色、线条、阴影、辉光、字距调整和 3-D 效果。

使用主题时,只需单击鼠标即可更改演示文稿的外观。通过选择不同的选项,可以修改主题字体、主题颜色和主题效果。

6. 表格和图表增强

在 PowerPoint 2007 中,表格和图表都经过了重新设计,因而更加易于编辑和使用。功能区提供了许多易于发现的选项,供用户编辑表格和图表使用。"快速样式"库提供创建具有专业外观的表格和图表所需的全部效果和格式选项。从 Excel 2007 中剪切和粘贴数据、图表和表格时,可以体验前所未有的流畅。

7. 演示者视图

如果拥有了两台监视器(如一台笔记本电脑和一台投影仪),就可以在一台监视器(如笔记本电脑)上运行 PowerPoint 2007 演示文稿,而让观众在第二台监视器(如投影仪)上观看该演示文稿。演示者视图提供下列工具,可以让用户更加方便地呈现信息。

使用缩略图,可以不按顺序选择幻灯片,并且可以为观众创建自定义演示文稿。

预览文本可让用户看到下一次单击会将什么内容添加到屏幕上,例如,新幻灯片或列表中的下一行项目符号文本。

演讲者备注以清晰的大字体显示,因此可以将它们用作演示文稿的脚本。

在演示期间可以关掉屏幕,随后可以在中止的位置重新开始。例如,在中间休息或问答时间,用户可能会不想显示幻灯片内容。

8. PowerPoint XML 文件格式

PowerPoint XML 是压缩文件格式,因此生成的文件相当小,这样就降低了存储和带宽要求。在 Office XML 文件格式中,分段式数据存储有助于恢复损坏的文档,因为当文档的一部分损坏时,文档的其余部分仍能打开。

9. 另存为 PDF 或 XPS

PowerPoint 2007 支持将文件导出为下列格式。

(1) 可移植文档格式(PDF)。PDF 是一种版式固定的电子文件格式,可以保留文档格式,实现文件共享。PDF 格式确保在联机查看或打印文件时能够完全保留原有的格式,并且文件中的数据不会被轻易更改。此外,PDF 格式还适用于使用专业印刷方法复制的文档。

(2) XML 纸张规格(XPS)。XPS 是一种电子文件格式,可以保留文档格式,实现文件共享。XPS 格式可确保在联机查看或打印时,文件可以严格保持用户所要的格式,文件中的数据也不能轻易更改。

10. 防止更改最终版本文档

在与他人共享最终版本演示文稿前,可以使用"标记为最终版本"命令将演示文稿设置为只读状态,并且告诉他人,您共享的是最终版本演示文稿。当演示文稿被标记为最终版本后,编辑命令、校对标记和输入功能都将被禁用,以免查看文档的人员无意中更改文档。"标记为最终版本"命令不是安全功能,因为任何人都可以通过关闭"标记为最终版本"命令,编辑此类文档。

7.2　PowerPoint 窗口简介

单击"开始"→"所有程序"→Microsoft Office PowerPoint 2007 命令,打开 Power-Point 窗口,如图 7-5 所示。窗口界面中包括标题栏、快速启动工具栏、Office 按钮、文稿编辑区、视图栏、状态栏、滚动条、标尺。其中文稿编辑区包括幻灯片窗格、大纲窗格、备注窗格,它们是对文稿进行创作和编排的区域。

图 7-5　PowerPoint 应用程序窗口

(1) 大纲选项卡。此区域是开始撰写内容的理想场所;在这里,可以捕获灵感,计划如何表述文本内容,并能移动幻灯片和文本。"大纲"选项卡以大纲形式显示幻灯片文本。

(2) 幻灯片选项卡。此区域是在编辑时以缩略图大小的图像在演示文稿中观看幻灯片的主要场所。使用缩略图可以轻松地重新排列、添加或删除幻灯片。

(3) 幻灯片窗格。在 PowerPoint 窗口的右上方,"幻灯片窗格"显示当前幻灯片的大视图。在此视图中显示当前幻灯片时,可以添加文本,插入图片、表格、SmartArt 图形、图表、图形对象、文本框、电影、声音、超链接和动画。

(4) 备注窗格。在"幻灯片窗格"下的"备注窗格"中,可以输入应用于当前幻灯片的备注。以后,可以打印备注,并在展示演示文稿时进行参考。还可以打印备注,将它们分发给观众,也可以将备注包括在发送给观众或在网页上发布的演示文稿中。

7.3　开始创建演示文稿

本节主要通过一个具体的案例,介绍制作一个最简单的演示文稿的基本方法,通过本节的学习使读者掌握新建演示文稿、插入幻灯片、保存演示文稿、放映演示文稿的简单过程。

7.3.1　新建空演示文稿

空演示文稿是不使用任何背景图形、版式和内容的演示文稿,放映视图下就像一张白纸。

(1) 启动 PowerPoint,系统会自动创建一个空演示文稿。

(2) 在幻灯片中出现标题、副标题占位符。

(3) 单击标题和副标题占位符并输入标题文字,如图 7-6 所示。

图 7-6　在占位符中输入文本

7.3.2　在演示文稿中插入幻灯片

添加新的幻灯片时,可以选择适当的版式。

1. 新建幻灯片

在"开始"选项卡的"幻灯片"组中单击"新建幻灯片"命令可插入一个默认版式的空白幻灯片;单击"新建幻灯片"下的 ▼ 按钮,可显示幻灯片版式列表,如图 7-7 所示,在幻灯片版式列表中单击某个版式,插入具有该版式的幻灯片。

2. 在占位符中添加正文或标题文本

在文本占位符中单击,然后输入或粘贴文本。

如果要输入的文本的大小超过占位符的大小,PowerPoint 会在输入文本时以递减方式减小字体大小和行间距以使文本适应占位符的大小。

更改单个幻灯片的字体可执行下列操作之一。

(1) 若要更改单个段落或短语的字体,可选择要更改字体的文本。

(2) 若要更改某一占位符中所有文本的字体,可选择该占位符中的所有文本,或单击该占位符。

使用"开始"选项卡的"字体"和"段落"组中的命令设置文本的字体格式和段落格式,如图 7-8 所示。

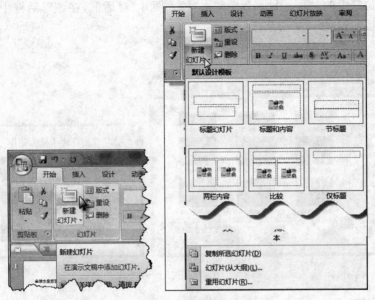

图 7-7　新建幻灯片

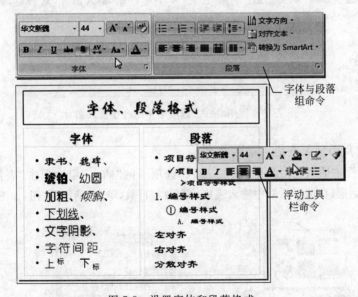

图 7-8　设置字体和段落格式

3. 在幻灯片中插入图片

PowerPoint 2007 中的版式比以往更为强大。其中的若干种版式还包含了"内容"占位符，可以将它们用于文本或图形。例如"标题和内容"版式，在该版式的一个占位符的中间，包括下面一组图标。

单击其中的任一图标可插入该类型的内容，例如，表、图表、SmartArt 图形、某个文件中的图片、剪贴画或视频文件，也可以忽略图标而输入文本。

单击占位符中的"插入图片"命令弹出"插入图片"对话框,在该对话框中选择图片并单击"打开"按钮,如图 7-9 所示。

图 7-9   在幻灯片中插入图片

【相关知识】

在"插入"选项卡的"插图"组中单击"图片"命令可打开"插入图片"对话框,如图 7-10 所示。

图 7-10   使用"插入"选项卡中的命令插入图片

4. 在幻灯片中插入表格

单击占位符中插入表格命令,或在"插入"选项卡的"插入"组中单击"表格"命令,弹出"插入表格"对话框,在该对话框中输入表格的列数和行数,单击"确定"按钮,如图 7-11 所示。

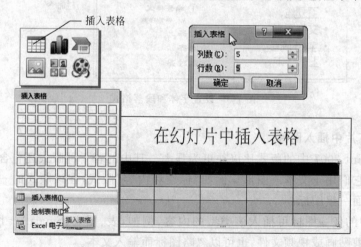

图 7-11   在幻灯片中插入表格

使用"表格工具"的"设计"和"布局"选项卡中的命令可完成对表格的编辑和修饰,如图 7-12 所示。

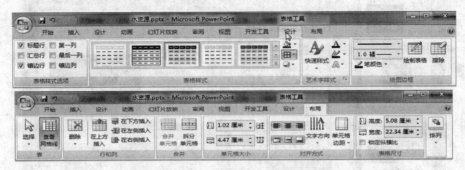

图 7-12　"表格工具"的"设计"和"布局"选项卡

7.3.3　视图简介

为了便于演示文稿的编排,软件根据不同的操作需要提供了不同的视图方式,共有 4 种主要视图:普通视图、幻灯片浏览视图、备注页视图和幻灯片放映视图。最常使用的两种视图是普通视图和幻灯片浏览视图。当一份演示文稿打开后,屏幕通常处于普通视图模式。

几种不同视图的切换方式可通过"视图"选项卡中的命令和状态栏中的"视图切换"命令进行切换,如图 7-13 所示。

普通视图 ── 放映视图
浏览视图

图 7-13　"视图切换"命令

1. 普通视图

普通视图是主要的编辑视图,可用于撰写或设计演示文稿。该视图有 4 个工作区域,如图 7-14 所示。

(1) 大纲选项卡。"大纲"选项卡以大纲形式显示幻灯片文本。

(2) 幻灯片选项卡。此区域是在编辑时以缩略图大小的图像在演示文稿中观看幻灯片的主要场所,可轻松地重新排列、添加或删除幻灯片。

(3) 幻灯片窗格。在 PowerPoint 窗口的右上方,"幻灯片窗格"显示当前幻灯片的大视图。在此视图中显示当前幻灯片时,可以添加文本,插入图片、表、SmartArt 图形、图表、图形对象、文本框、电影、声音、超链接和动画。

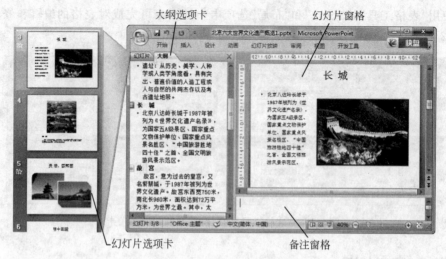

大纲选项卡　　　　　　　　幻灯片窗格

幻灯片选项卡　　　　　　　　备注窗格

图 7-14　普通视图显示模式

（4）备注窗格。在"幻灯片窗格"下的"备注窗格"中，可以输入应用于当前幻灯片的备注，也可以打印备注，并在展示演示文稿时进行参考。

2. 浏览视图

浏览视图是一个幻灯片整体展示环境。在这种模式下，幻灯片以缩略图的方式排列在屏幕上，包括文字、图形、表格等全部内容。

在此种视图下可完成以下操作。

（1）更改幻灯片顺序：选择一个或多个幻灯片缩略图，用鼠标拖动至新位置。

（2）删除幻灯片：选择待删除的一个或多个幻灯片缩略图，使用"剪切"命令或按 Del 键。

（3）复制幻灯片：选中要制作副本的幻灯片，使用"复制"和"粘贴"命令或按住 Ctrl 键拖动鼠标。

在"视图"选项卡的"演示文稿视图"组中单击"幻灯片浏览"命令，或单击任务栏中的"幻灯片浏览视图"按钮，可切换到幻灯片浏览视图模式，如图 7-15 所示。

图 7-15　幻灯片浏览视图

3. 幻灯片放映视图

在"幻灯片放映"选项卡的"开始放映幻灯片"组中单击"从头开始"命令,从第一张幻灯片开始放映。单击"从当前幻灯片开始"命令,从当前幻灯片开始放映,如图 7-16 所示。

单击 PowerPoint 状态栏中的"幻灯片放映"命令 ,从当前幻灯片开始放映。

图 7-16　开始放映幻灯片

7.3.4　演示文稿文件操作

文件操作是演示文稿的基本操作,包括保存、关闭和打开,其方法与 Word、Excel 类似。

1. 保存文件

在制作演示文稿时,要养成及时保存文件的好习惯,新建的演示文稿在第一次保存时会出现"另存为"对话框,如图 7-17 所示。

图 7-17　"另存为"对话框

单击 Office 按钮 →"保存"命令,打开"另存为"对话框。

(1) 在对话框左侧窗格选择文件保存的驱动器或文件夹。

(2) 在"文件名"文本框中输入演示文稿的名称。

(3) 在"保存类型"下拉列表中选择文件格式,默认的文件扩展名为.pptx。

2. 关闭文件

(1) 关闭当前的演示文稿

关闭当前的演示文稿是将编辑的文档关闭,而不会关闭应用程序,用户还可以新建或打开其他演示文稿。

方法:单击 Office 按钮 →"关闭"命令。

（2）关闭应用程序

关闭应用程序会将正在编辑或打开的多个演示文稿一起关闭，如果文件还没有保存，系统会弹出提示对话框询问用户是否进行保存。

方法：单击 Office 按钮 ➡ "退出 PowerPoint"命令或标题栏右侧 **X** 按钮。

3. 打开文件

若要打开以前建立和保存过的演示文稿，必须搞清楚文件的位置、名称与格式，才能在对话框中查找并打开所需要的演示文稿。

方法：单击 Office 按钮 ➡ "打开"命令，弹出"打开"对话框，在该对话框中选择演示文稿文件保存的位置及文件并单击"打开"按钮，如图 7-18 所示。

图 7-18　打开演示文稿文件

若要打开最近使用过的文档，可单击 Office 按钮 ，在"最近使用的文档"列表中选择要打开的文件。

任务 7-1　制作"北京六大世界文化遗产"演示文稿

演示文稿内容如图 7-19 所示。

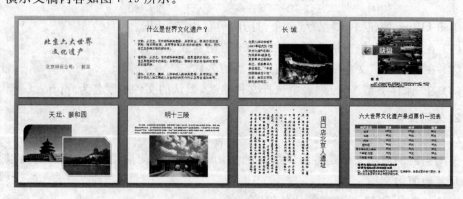

图 7-19　"北京六大世界文化遗产"演示文稿

任务分析：

此演示文稿中共有 8 张幻灯片，幻灯片中应用了"标题幻灯片"版式、"标题和内容"版式、"两栏内容"版式、"图片与标题"版式、"仅标题"版式、"垂直排列标题与文本"版式、"表格和标题"版式等多种版式。幻灯片包含了文字、图片、表格等内容。

实施步骤：

（1）制作第 1 张幻灯片

启动 PowerPoint 2007 软件，"幻灯片窗格"中显示默认标题版式，在标题占位符和副标题占位符中，输入标题文本内容。使用"开始"选项卡的"字体"组中的命令设置标题字体为华文行楷、字号为 60、红色，副标题为默认字体、红色。

（2）制作第 2 张幻灯片

在"开始"选项卡的"幻灯片"组中单击"新建幻灯片"命令旁的 ▼ 按钮，在"幻灯片版式"列表中单击"标题和内容"版式。在占位符中输入或粘贴文本，当文本的内容超出占位符大小时会显示"自动调整选项"按钮，单击此按钮在列表中单击"根据占位符自动调整文本"命令，可根据占位符自动缩小文本和调整行间距以适应占位符的大小，如图 7-20 所示。

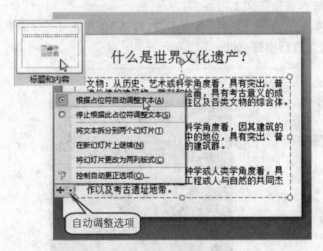

图 7-20　根据占位符自动调整文本

（3）制作第 3 张幻灯片

在"开始"选项卡的"幻灯片"组中单击"新建幻灯片"命令旁的 ▼ 按钮，在"幻灯片版式"列表中选择"两栏内容"版式。

在标题和左侧占位符中输入或粘贴文本，在右侧占位符中单击"插入来自文件图片"命令，插入图片。调整图片和左侧文本占位符的大小；选中左侧占位符，在"开始"选项卡的"段落"组中单击"行距"命令，选择行距 1.0，结果如图 7-21 所示。

（4）制作第 4 张幻灯片

在"开始"选项卡的"幻灯片"组中单击"新建幻灯片"命令旁的 ▼ 按钮，在"幻灯片版式"列表中选择"图片与标题"版式。

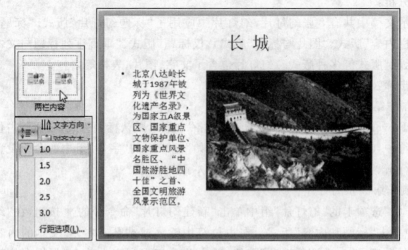

图 7-21　在占位符中插入图片

在添加图片占位符中单击"插入来自文件图片"命令，插入"故宫"图片，在下方标题和文本占位符中输入或粘贴文本内容。

选择下方文本占位符，在"开始"选项卡的"段落"组中单击"对话框启动"按钮，打开"段落"对话框，设置首行缩进，如图 7-22 所示。

图 7-22　设置"图片与标题"版式幻灯片

（5）制作第 5 张幻灯片

使用"仅标题"版式制作第 5 张幻灯片，在标题占位符中输入标题内容。在"插入"选项卡的"插图"组中单击"图片"命令，在幻灯片中插入天坛、颐和园两张图片。

选中"天坛"照片,在"图片工具"的"格式"选项卡的"图片样式"组中选择图 7-23 所示的圆角对角样式。同样方法设置第 2 张图片,结果如图 7-24 所示。

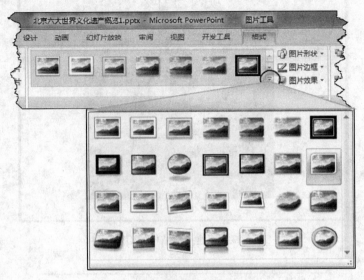

图 7-23 设置图片样式

图 7-24 幻灯片图片样式效果

(6) 制作第 6 张幻灯片

使用"标题和内容"版式,创建第 6 张幻灯片。在标题和内容占位符中输入或粘贴文字内容并设置段落格式为首行缩进、1.2 倍行距。调整文本占位符的大小,在"插入"选项卡的"插图"组中单击"图片"命令,插入明十三陵图片并调整图片的大小和位置,如图 7-25 所示。

(7) 制作第 7 张幻灯片

使用"垂直排列标题与文本"版式,创建第 7 张幻灯片。设置文本占位符中文本字体为"华文行楷"、段落行间距为"固定"值 30 磅,结果如图 7-26 所示。

图 7-25　创建上下结构的幻灯片

图 7-26　制作"垂直排列标题与文本"版式幻灯片

（8）制作第 8 张幻灯片

使用"表格和标题"版式，创建第 8 张幻灯片。在标题占位符中输入标题内容，在添加表格占位符中单击"插入表格"命令，弹出"插入表格"对话框。在生成的表格中输入文本和数据，在表格下方插入文本框，并输入文本框中的文本内容，如图 7-27 所示。

边学边做

打开任务 7-1 演示文稿，分别在普通视图和浏览视图下，将第 3 张、第 4 张幻灯片移动到第 5 张、第 6 张幻灯片的位置，将第 7 张幻灯片删除，并将标题为"长城"的幻灯片复制一份并移动到第 5 张幻灯片的位置。

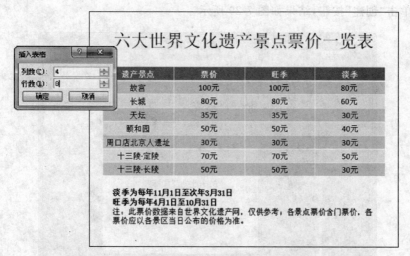

图 7-27 制作"表格和标题"版式幻灯片

7.4 制作主题演示文稿

主题是指一组统一的设计元素，使用颜色、字体和图形设置文档的外观。

通过应用文档主题，可以快速而轻松地设置整个文档的格式，赋予专业和时尚的外观。文档主题是一组格式选项，包括一组主题颜色、一组主题字体（包括标题字体和正文字体）和一组主题效果（包括线条和填充效果）。

1. 新建主题演示文稿

（1）单击 Office 按钮 →"新建"命令，弹出"新建演示文稿"对话框。

（2）在该对话框的"模板"列表下，选择"已安装的主题"类别，在"已安装的主题"选项区域中选择一种主题，如图 7-28 所示。

图 7-28 "新建演示文稿"对话框

(3) 单击"创建"按钮,结果如图 7-29 所示。

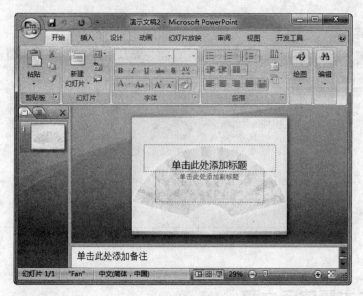

图 7-29 新建演示文稿

2. 对演示文稿应用主题

更改已有 PowerPoint 演示文稿的主题,应用的文档主题会立即影响文档中使用的样式。

在"设计"选项卡的"主题"组中单击需要的文档主题,或者单击"其他"按钮以查看所有可用的文档主题。

(1) 要应用预定义的文档主题,可在"内置"下单击要使用的文档主题。

(2) 要应用自定义文档主题,可在"自定义"下单击要使用的文档主题。

"自定义"仅在已经创建一个或多个自定义文档主题时可用。

边学边做 为"北京六大世界文化遗产"演示文稿添加主题

在"设计"选项卡的"主题"组中单击"其他"按钮,在主题列表中选择所需主题,如图 7-30 所示。应用主题效果如图 7-31 所示。

3. 在 Office Online 下载并安装演示文稿模板

如果已经连接到 Internet,还会看到由 Microsoft Office Online 提供的可用模板。

(1) 单击 Office 按钮 →"新建"命令,弹出"新建演示文稿"对话框。

(2) 在该对话框的"模板"列表下,选择 Microsoft Office Online 下的一种分类中的模板,如图 7-32 所示。

(3) 单击"下载"按钮,结果如图 7-33 所示。

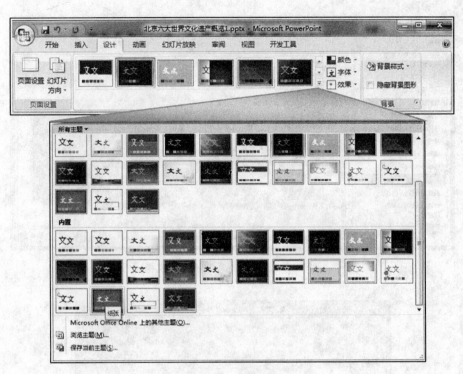

图 7-30　选择主题

图 7-31　应用主题的演示文稿

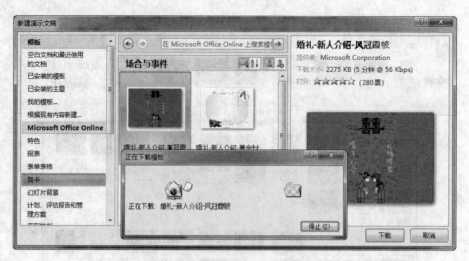

图 7-32　从网络下载演示文稿模板

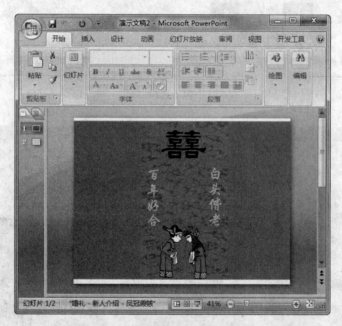

图 7-33　从网络下载的演示文稿模板

7.5　编辑演示文稿

　　幻灯片上是无法直接输入文本的,文本的大部分操作都是通过占位符或文本框来实现的。通过在幻灯片中插入文本、图表、图形、SmartArt 图形、表格等内容和对这些内容的格式设置,可以制作出美观且个性突出的演示文稿。

7.5.1　编辑文本

将文本添加到幻灯片的占位符、形状、文本框等区域中。

1. 在占位符中输入或粘贴文本

将准备要输入文字的幻灯片设置为当前幻灯片，单击文本占位符，出现插入点光标后即可输入或粘贴文字。

2. 在文本框中输入或粘贴文本

在"插入"选项卡的"文本"组中单击"文本框"命令（选择"水平"或"垂直"）。按住鼠标左键在幻灯片中拖动绘制文本框，在文本框中输入或粘贴文本，如图 7-34 所示。

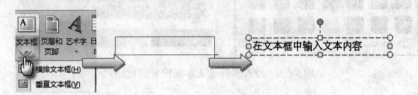

图 7-34　在幻灯片中添加文本框

3. 将文本添加到形状中

正方形、圆形、标注、批注框和箭头总汇等形状都可以包含文本，如图 7-35 所示。在形状中输入文本时，文本会附加到形状并随形状一起移动和旋转。

图 7-35　将文本添加到形状

要添加会成为形状组成部分的文本，需选择该形状，然后输入或粘贴文本。

要添加不会随形状一起移动的文本，需添加一个文本框，然后输入或粘贴文本。

7.5.2　设置占位符、文本框及插入形状格式

格式设置主要包含应用样式、形状填充、形状轮廓和形状效果等。

1. 对占位符、文本框及插入形状应用"样式"

选取待调整的占位符、文本框和插入形状，在"绘图工具"的"格式"选项卡的"形状样式"组中选择所需形状样式，如图 7-36 所示。

2. 对占位符、文本框及插入形状设置填充

填充是指占位符、文本框及插入形状对象的内饰。更改对象的填充时，还可以向填充中添加纹理、图片或渐变，如图 7-37 所示。

（1）选择要添加填充的对象（占位符、文本框、形状）。

要向多个对象添加同一种填充，可单击第一个对象，然后按住 Shift 键，同时单击其他对象。

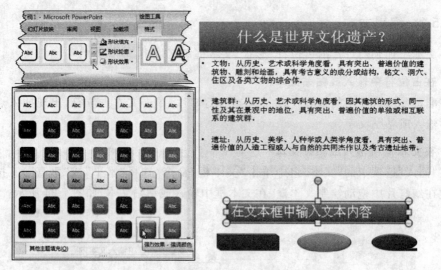

图 7-36　为占位符或文本框设置形状样式

图 7-37　设置对象填充效果

（2）在"绘图工具"的"格式"选项卡中单击"形状样式"组中的"形状填充"命令，然后执行下列操作之一。

① 要添加或更改填充颜色，可单击要使用的颜色；无填充时单击"无填充颜色"命令。

② 要选择主题颜色中没有的颜色，可单击"其他填充颜色"命令，然后在"标准"选项卡单击所需的颜色，或者在"自定义"选项卡中混合出自己的颜色。

③ 要添加或更改填充图片，可单击"图片"命令，找到并单击要使用的图片，然后单击"插入"命令。

④ 要添加或更改填充渐变，可单击"渐变"命令，然后单击所需的渐变变体。

⑤ 要自定义渐变，可单击"其他渐变"命令，然后选择所需的选项。

⑥ 要添加或更改填充纹理，可单击"纹理"命令，然后单击所需的纹理。

⑦ 要自定义纹理，可单击"其他纹理"命令，然后选择所需的选项。

小技巧

通过单击"形状填充"列表中"其他填充颜色"命令,还可以调整文本框的透明度。方法是在"颜色"对话框的底部移动"透明度"滑块,或者在滑块旁边的微调框中输入一个数字。透明度百分比可以在 0％(完全不透明,默认设置)和 100％(完全透明)之间变化。

3. 对占位符、文本框及插入形状设置轮廓

更改占位符、文本框或插入形状的外部边框的外观,或者删除边框。

(1) 单击要更改的占位符、文本框的边框或形状边框。

如果要更改多个文本框或形状,可单击第一个文本框或形状,然后按住 Shift 键,同时单击其他文本框或形状。

(2) 在"绘图工具"的"格式"选项卡中单击"形状样式"组中的"形状轮廓"命令,如图 7-38 所示。

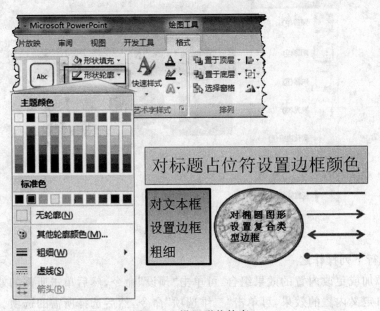

图 7-38　设置形状轮廓

然后执行下列一项或多项操作。

① 要更改文本框边框或形状边框的颜色,可单击所需的颜色。

② 要更改为主题颜色中没有的颜色,可单击"其他轮廓颜色"命令,然后在"标准"选项卡上单击所需的颜色,或者在"自定义"选项卡中混合出自己的颜色。

③ 要更改边框的宽度或粗细,可单击"粗细"命令,然后单击所需的线条粗细。

④ 要创建自定义线条粗细,可单击"其他线条"命令,然后选择所需的选项。

⑤ 要更改边框的样式,可单击"虚线"命令,然后单击所需的边框样式。

⑥ 要创建自定义样式,可单击"其他线条"命令,然后选择所需的选项。

4. 对占位符、文本框及插入形状设置形状效果

三维效果会给对象添加深度。可以向对象添加内置的三维效果组合,也可以逐个添加效果。

(1) 选择要添加效果的占位符、文本框及插入形状。

要向多个对象添加同一种效果,可单击第一个对象,然后按住 Shift 键,同时单击其他对象。

(2) 在"绘图工具"的"格式"选项卡中单击"形状样式"组中的"形状效果"命令,如图 7-39 所示。

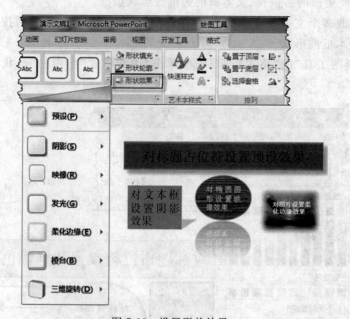

图 7-39　设置形状效果

然后执行下列操作之一。

① 要添加或更改内置的效果组合,可单击"预设"命令,然后单击所需的效果。

② 要自定义内置的效果,可单击"三维选项"命令,然后选择所需的选项。

③ 要添加或更改阴影,可单击"阴影"命令,然后单击所需的阴影。

④ 要自定义阴影,可单击"阴影选项"命令,然后选择所需的选项。

⑤ 要添加或更改映像,可单击"映像"命令,然后单击所需的映像变体。

⑥ 要添加或更改发光,可单击"发光"命令,然后单击所需的发光变体。

⑦ 要自定义发光颜色,可单击"其他亮色"命令,然后选择所需的颜色。

⑧ 要添加或更改边缘,可单击"棱台"命令,然后单击所需的棱台。要自定义棱台,可单击"三维选项"命令,然后选择所需的选项。

⑨ 要添加或更改三维旋转,可单击"三维旋转"命令,然后单击所需的旋转。要自定义旋转,可单击"三维旋转选项"命令,然后选择所需的选项。

7.5.3　幻灯片的插入、删除、复制、移动

幻灯片的插入、删除、复制、移动等操作是编辑设计演示文稿的基本技能,应该熟练掌握。

1. 添加新幻灯片

（1）在演示文稿中定位幻灯片的插入位置。

（2）在"开始"选项卡的"幻灯片"组中单击"新建幻灯片"命令。

（3）从"版式库"中选择一种幻灯片版式。

2. 删除幻灯片

（1）在演示文稿中选择要删除的幻灯片。

（2）在"开始"选项卡的"幻灯片"组中单击"删除幻灯片"命令,或右击要删除的幻灯片,在弹出的快捷菜单中单击"删除幻灯片"命令,如图 7-40 所示。

要选择多个连续的幻灯片,可单击第一个幻灯片,然后在按住 Shift 键的同时单击要选择的最后一个幻灯片。要选择多个不连续的幻灯片,可按住 Ctrl 键,同时单击每个要选择的幻灯片。

3. 在同一个演示文稿内复制幻灯片

要在演示文稿中添加包含已有幻灯片的内容的新幻灯片,可以复制该幻灯片。

（1）在包含"大纲"和"幻灯片"选项卡的窗格中,单击"幻灯片"选项卡。选择要复制的一张或多张幻灯片。

（2）在"开始"选项卡的"幻灯片"组中单击"新建幻灯片"命令。在"版式库"中,单击"复制选择的幻灯片"命令,如图 7-41 所示。

图 7-40　新建或删除幻灯片

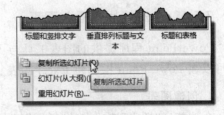

图 7-41　复制所选幻灯片

4. 在不同的演示文稿中复制幻灯片

将一张或多张幻灯片从一个演示文稿复制到其他演示文稿时,可以指定新幻灯片的主题。

默认情况下,将幻灯片粘贴到演示文稿中的新位置时,它会继承前面的幻灯片的主题。要更改此格式设置,可使用粘贴的幻灯片旁边显示的"粘贴选项"按钮。具体操作方法如下。

（1）在包含"大纲"和"幻灯片"选项卡的窗格中,单击"幻灯片"选项卡。

（2）选择要复制的幻灯片。

（3）在"开始"选项卡的"剪贴板"组中单击"复制"命令或右击某张选定的幻灯片,在

弹出的快捷菜单中单击"复制"命令。

（4）在目标演示文稿中的"幻灯片"选项卡上，找到复制幻灯片插入点前面的那张幻灯片并右击它，在弹出的快捷菜单中单击"粘贴"命令。

要保留复制的幻灯片的原始设计，可单击"粘贴选项"按钮，然后单击"保留源格式"命令，如图 7-42 所示。

粘贴选项

图 7-42   在不同演示文稿之间复制幻灯片

5. 移动幻灯片

要将幻灯片移动到其他位置，可选择要移动的幻灯片，然后将它们拖动到新位置，或使用"剪切"、"粘贴"命令实现幻灯片的移动。如想保留其原始格式，可使用上述的"粘贴选项"按钮。

7.5.4   在幻灯片中插入图表

PowerPoint 程序提供的图表工具与 Excel 中的图表工具相同。如果安装了 Excel，则可以在 PowerPoint 中创建 Excel 图表。

1. 创建图表

在功能区"插入"选项卡的"插图"组中单击"图表"命令或单击内容占位符中"插入图表"命令，在"插入图表"对话框中选择图表类型插入图表，如图 7-43 所示。

可以从 Excel 向 PowerPoint 2007 复制图表。复制图表时，图表既可以作为静态数据嵌入工作簿，也可以链接到工作簿。对于链接到用户有权访问的工作簿的图表，可以指定让它在打开时自动检查链接工作簿中的更改。

2. 修改图表

创建图表以后，可以对它进行修改。例如，根据需要更改坐标轴的显示方式、添加图表标题、移动或隐藏图例，或者显示附加图表元素。

要修改图表，可以执行以下操作。

（1）更改图表坐标轴的显示

指定坐标轴的刻度并调整所显示的值或类别之间的间隔，使图表更容易读取，还可

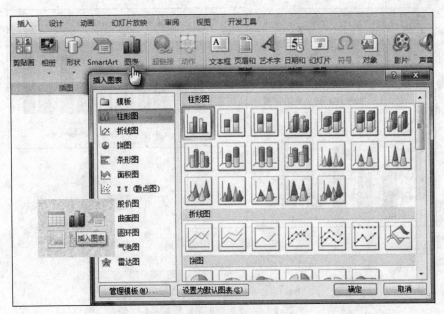

图 7-43　在幻灯片中插入图表

以在坐标轴中添加刻度线,并指定刻度线的显示间隔。

（2）在图表中添加标题和数据标签

要帮助阐明在图表中显示的信息,可以添加图表标题、坐标轴标题和数据标签。

（3）添加图例或数据表

可以显示或隐藏图例,也可以更改它的位置。在一些图表中,还可以显示其中列有图表中出现的图例项标示和值的数据表。

3. 使用预定义的图表样式和图表布局获取专业外观

快速地为图表应用预定义的图表布局和图表样式,而不必手动添加或更改图表元素或者设置图表格式。

（1）图表布局

应用预定义的图表布局时,会有一组特定的图表元素（如标题、图例、数据表或数据标签）按特定的排列顺序在图表中显示。

在“图表工具”的“设计”选项卡中单击“快速布局”组中的命令即可完成图表布局设置,如图 7-44 所示。

（2）图表样式

应用预定义的图表样式时,基于应用的文档主题为图表设置格式。

在“图表工具”的“设计”选项卡中单击“图表样式”组中的“其他”按钮,在“图表样式”列表中选择所需样式即可完成图表样式设置,如图 7-45 所示。

4. 为图表添加更醒目的格式

除了应用预定义的图表样式以外,还可以轻松地为各个图表元素、图表区、绘图区,以及标题和标签中的数字和文本应用格式,以使图表具有自定义的醒目外观。可以应用

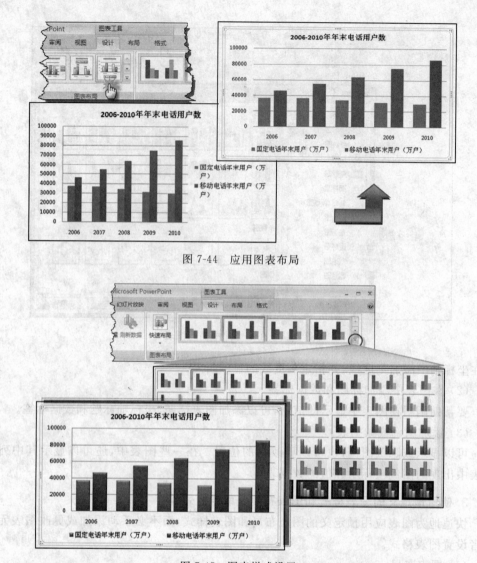

图 7-44　应用图表布局

图 7-45　图表样式设置

特定的形状样式和艺术字样式,也可以手动为图表元素的形状和文本设置格式,如图 7-46 所示。

(1) 填充图表元素

可以使用颜色、纹理、图片和渐变填充来帮助特定图表元素引起人们的注意。

(2) 更改图表元素的框线

可以使用颜色、线条样式和线条粗细来突出图表元素。

(3) 为图表元素添加特殊效果

可以为图表元素形状应用特殊效果(如阴影、反射、发光、柔化边缘、棱台以及三维旋转),以使图表具有更加完美的外观。

(4) 设置文本和数字的格式

可以为图表中的标题、标签和文本框中的文本和数字设置格式,就像为工作表中的

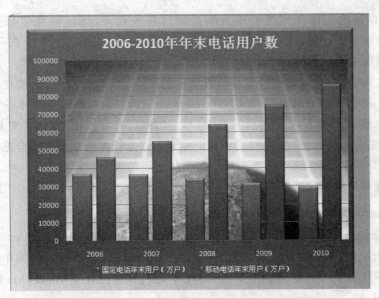

图 7-46　图表元素、图表区、绘图区格式设置

文本和数字设置格式一样。要使文本和数字突出显示，甚至可以应用艺术字样式。

7.5.5　插入 SmartArt 图形

SmartArt 图形是信息和观点的视觉表示形式。可以通过从多种不同布局中进行选择来创建 SmartArt 图形，从而快速、轻松、有效地传达信息。

1. 关于"文本"窗格

可以通过"文本"窗格输入和编辑在 SmartArt 图形中显示的文字。"文本"窗格显示在 SmartArt 图形的左侧。在"文本"窗格中添加和编辑内容时，SmartArt 图形会自动更新，即根据需要添加或删除形状，如图 7-47 所示。

图 7-47　使用"文本"窗格输入文本内容

"文本"窗格的工作方式类似于大纲或项目符号列表,该窗格将信息直接映射到SmartArt 图形。每个 SmartArt 图形定义了它自己在"文本"窗格中的项目符号与SmartArt 图形中的一组形状之间的映射。

要在"文本"窗格中新建一行带有项目符号的文本,可按 Enter 键。要在"文本"窗格中缩进一行,可选择要缩进的行,然后在"SmartArt 工具"的"设计"选项卡的"创建图形"组中单击"降级"命令。要逆向缩进一行,可单击"升级"命令。还可以在"文本"窗格中按Tab 键进行缩进,按 Shift+Tab 键进行逆向缩进。以上任何一项操作都会更新"文本"窗格中的项目符号与 SmartArt 图形布局中的形状之间的映射。不能将上一行的文字降下多级,也不能对顶层形状进行降级。

2. SmartArt 图形的样式、颜色和效果

在"SmartArt 工具"的"设计"选项卡中,有两个用于快速更改 SmartArt 图形外观的库,即"SmartArt 样式"和"更改颜色"。将鼠标指针停留在其中任意一个库中的缩略图上时,无须实际应用便可以看到相应 SmartArt 样式或颜色变化对 SmartArt 图形产生的影响。

SmartArt 样式包括形状填充、边距、阴影、线条样式、渐变和三维透视,并且应用于整个 SmartArt 图形,如图 7-48 所示。还可以对 SmartArt 图形中的一个或多个形状应用单独的形状样式。

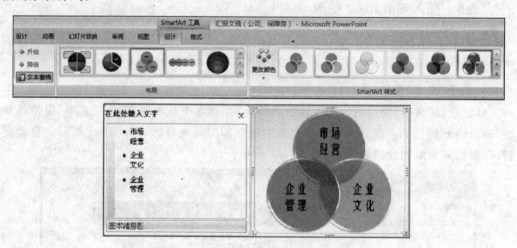

图 7-48　对 SmartArt 图形应用样式

任务 7-2　制作公司简介演示文稿

演示文稿结果如图 7-49 所示。

任务分析:

此演示文稿应用了系统已安装主题,此主题可以在新建文稿时选定,也可在完成文稿内容后进行主题设置。文稿中的 4 张幻灯片分别使用了 4 种 SmartArt 图形来表示不同的内容。

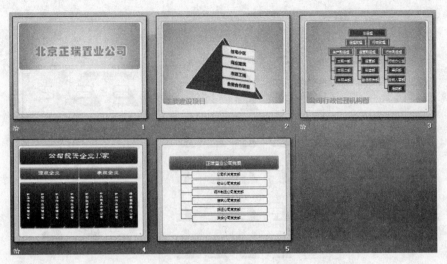

图 7-49　演示文稿结果样张

实施步骤:

（1）选定文稿主题

启动 PowerPoint 应用程序。在"设计"选项卡的"主题"组中单击"视点"主题样式。

（2）制作第一张幻灯片

在标题占位符和副标题占位符中输入相应的标题文本,并调整标题文本的大小、位置和对齐方式,如图 7-50 所示。

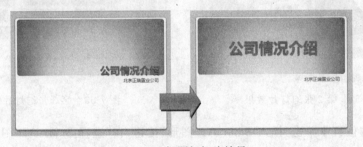

图 7-50　标题幻灯片效果

（3）制作第 2 张幻灯片

插入新的幻灯片,设置幻灯片版式为"标题和内容",在标题占位符中输入标题文本。

在内容占位符中单击"插入 SmartArt 图形"按钮,在"选择 SmartArt 图形"对话框中选择"菱锥图"中的"菱锥形列表",在"文本"窗格中输入文字内容。

在"SmartArt 工具"的"设计"选项卡的"SmartArt 样式"组中单击"更改颜色"命令,在主题颜色列表中选择一种主题颜色,单击"其他"按钮,在样式列表中选择一种样式,如图 7-51 所示。最终效果如图 7-52 所示。

（4）制作第 3 张幻灯片

插入新的幻灯片,设置幻灯片版式为"标题和内容",在标题占位符中输入标题文本。

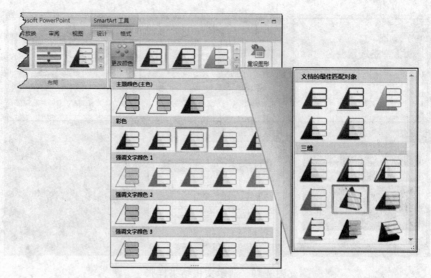

图 7-51　设置 SmartArt 图形的颜色和样式

图 7-52　第 2 张幻灯片效果

图 7-53　第 3 张幻灯片效果

在内容占位符中单击"插入 SmartArt 图形"按钮,在"选择 SmartArt 图形"对话框中选择"层次结构"中的"组织结构图",在"文本"窗格中输入文字内容。使用"SmartArt 工具"的"设计"选项卡中的命令更改颜色设置样式,如图 7-53 所示。

（5）制作第 4 张幻灯片

插入新的幻灯片,设置幻灯片版式为"空白",在"插入"选项卡的"插图"组中单击 SmartArt 命令,在"选择 SmartArt 图形"对话框中选择"层次结构"中的"表层次结构",在"文本"窗格中输入文字内容。使用"SmartArt 工具"的"设计"选项卡中的命令更改颜色,调整大小、字号,设置样式。最终效果如图 7-54 所示。

（6）制作第 5 张幻灯片

插入新的幻灯片,设置幻灯片版式为"空白",在"插入"选项卡的"插图"组中单击 SmartArt 命令,在"选择 SmartArt 图形"对话框中选择"列表"中的"层次结构列表",在"文本"窗格中输入文字内容。使用"SmartArt 工具"的"设计"选项卡中的命令更改颜色,

图 7-54　第 4 张幻灯片效果

调整大小、字号，设置样式。最终效果如图 7-55 所示。

图 7-55　第 5 张幻灯片效果

（7）保存演示文稿

单击 Office 按钮→"保存"命令，打开"另存为"对话框。在该对话框左侧窗格中选择文件保存的驱动器或文件夹，在"文件名"文本框中输入演示文稿的名称。在"保存类型"下拉列表中选择文件格式，默认的文件扩展名为.pptx，单击"保存"按钮。

本章小结

作为演示文稿的第一部分，本章主要介绍了制作演示文稿必须掌握的基础知识和基本操作。这里强调的要点如下。

（1）PowerPoint 2007 的"功能区"与本书介绍的其他 Office 软件类似，在直观的分类选项卡和相关组中查找功能和命令。从预定义的快速样式、版式、表格格式、效果及其他库中选择便于访问的格式选项,从而以更少的时间创建更优质的演示文稿。利用实时预览功能,在应用格式选项前查看效果。

(2) 通过本章的学习读者要能够掌握新建演示文稿、插入幻灯片、依据幻灯片的不同版式制作不同的幻灯片、保存演示文稿、放映演示文稿的基本方法。

(3) 软件提供了多种显示演示文稿的视图方式,每种视图又有不同的用途。根据实际情况的需要使用不同的视图模式进行编辑操作,灵活便捷而且能够提高工作效率。

(4) 编辑演示文稿要充分结合不同视图的特点,利用所学知识和对其他软件操作的积累,对文稿进行各种编辑,使其结构更加清晰,文本内容更加美观,幻灯片顺序更加合理。

(5) 版式是幻灯片内容在幻灯片的排列方式,是演示文稿具有特色的布局和显示形式。本软件提供了许多版式样式,可以使图片、表格、图表、SmartArt 图形等多种元素合理美观地组合在一起,反映文稿内容。本章中对表格版式、图表版式和 SmartArt 图形版式作了重点介绍,其他版式需读者自行摸索。

综合练习

运用本章所讲的知识点,依据工作和生活中的素材制作一个演示文稿。此演示文稿应具有不少于 8 张幻灯片,幻灯片中应用 4 种以上的幻灯片版式、应用主题样式;幻灯片中应包含图片、表格、图表、SmartArt 图形等内容。

Chapter 8

第8章　制作精彩的演示文稿

　　制作精彩的演示文稿,使演示文稿拥有和谐统一的外观和较强的表现力,本章将介绍几种特殊的修饰方法以及为演示文稿添加影像和声音等类型的对象。在演示文稿内容编辑完成之后,通过增加美妙奇特的动画设计和切换方式使演示文稿更加生动精彩,达到最佳展示效果。

引例

　　图 8-1 所示为某房地产开发企业制作的工作汇报的演示文稿,演示文稿采用自行设计的母版,共 10 张幻灯片。第一张幻灯片插入一个编辑过的声音文件作为演示文稿的背景音乐,音乐伴随幻灯片切换放至最后一张幻灯片时停止。

图 8-1　公司工作汇报文稿

　　演示文稿中添加了幻灯片切换效果,幻灯片中的各对象设置了不同的动画效果。

8.1　添加艺术字、图片、自绘图形

　　在幻灯片中插入艺术字使幻灯片具有特殊的视觉效果,艺术字具有图形对象的属性,还拥有与众不同的工具,如艺术字工具栏、三维字体设置工具栏、阴影设置工具栏、绘图工具栏等。

8.1.1　添加或删除艺术字

　　艺术字是一个文字样式库,可以将艺术字添加到 PowerPoint 文档中以制作出装饰

性效果,如带阴影的文字或镜像文字。在 PowerPoint 2007 中可以将现有文字转换为艺术字。

1. 添加艺术字

(1)在"插入"选项卡的"文字"组中单击"艺术字"命令,然后单击所需的艺术字样式。

(2)输入文字。

2. 将现有文字转换为艺术字

(1)选定要转换为艺术字的文字。

(2)在"插入"选项卡的"文字"组中单击"艺术字"命令,然后单击所需的艺术字样式。

3. 删除艺术字样式

删除文字的艺术字样式时,文字会保留下来,改为普通文字。

(1)选定要删除其艺术字样式的艺术字。

(2)在"绘图工具"的"格式"选项卡的"艺术字样式"组中单击"其他"按钮 ,然后单击"清除艺术字"命令。

要删除部分文字的艺术字样式,可选定要删除其艺术字样式的文字,然后执行上述步骤。

4. 删除艺术字

选择要删除的艺术字,然后按 Delete 键。

8.1.2 填充、轮廓和效果

通过更改文字或艺术字的填充、更改其轮廓或添加效果(如阴影、反射、发光、三维旋转或棱台)来更改其外观。

1. 添加或更改文字或艺术字的填充

填充是艺术字文字或 PowerPoint 2007 幻灯片上的文字中的字母的内部颜色。在更改文字的填充颜色时,还可以向该填充添加纹理、图片或渐变。

(1)选择艺术字中或 PowerPoint 幻灯片上要向其添加填充的文字。要将同一填充添加到多个位置中的文字,可选择第一个文字片段,然后在按住 Ctrl 键的同时选择其他文字片段。

(2)在"绘图工具"的"格式"选项卡的"艺术字样式"组中单击"文本填充"旁边的 ▼ 按钮,如图 8-2 所示。

① 要添加或更改填充颜色,可单击所需的颜色。

② 要选择无颜色,可单击"无填充颜色"命令。如果单击"无填充颜色"命令,文字将不可见,除非以前向该文字添加了轮廓。

③ 要更改为不属于主题颜色的颜色,可单击"其他填充颜色"命令,然后在"标准"选项卡上单击所需的颜色,或在"自定义"选项卡中混合自己的颜色。

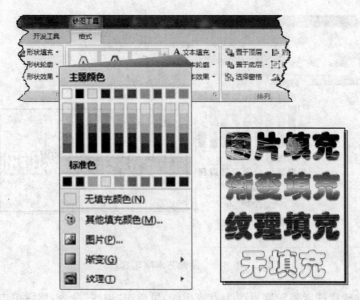

图 8-2 设置文本填充效果

④ 要添加或更改填充图片,可单击"图片"命令,找到包含所要使用的图片的文件夹,单击该图片,然后单击"插入"命令。如果选择非连续的多个文字片段并应用一个图片填充,则每个选定文字都会被整张图片所填充。图片不能跨多个选定文字。

⑤ 要添加或更改填充渐变,可单击"渐变"命令,然后单击所需的渐变变体。要自定义渐变,可单击"其他渐变"命令,然后选择所需的选项。

⑥ 要添加或更改填充纹理,可单击"纹理"命令,然后单击所需的纹理。要自定义纹理,可单击"其他纹理"命令,然后选择所需的选项。

2. 添加或更改文字或艺术字的轮廓

轮廓是文字或艺术字的每个字符周围的外部边框。在更改文字的轮廓时可以调整线条的颜色、粗细和样式。

(1)选择艺术字中或 PowerPoint 幻灯片上要向其添加轮廓的文字。

要将同一轮廓添加到多个位置中的文字,可选择第一个文字片段,然后在按住 Ctrl 键的同时选择其他文字片段。

(2)在"绘图工具"的"格式"选项卡的"艺术字样式"组中单击"文本轮廓"旁边的 ▼ 按钮,如图 8-3 所示。

① 要添加或更改轮廓颜色,可单击所需的颜色。要选择无颜色,可单击"无轮廓"命令。

② 要更改为不属于主题颜色的颜色,可单击"其他轮廓颜色"命令,然后在"标准"选项卡中单击所需的颜色,或在"自定义"选项卡中混合自己的颜色。

③ 要添加或更改轮廓的粗细,可单击"粗细"命令,然后单击所需的粗细。

④ 要自定义粗细,可单击"其他线条"命令,然后选择所需的选项。

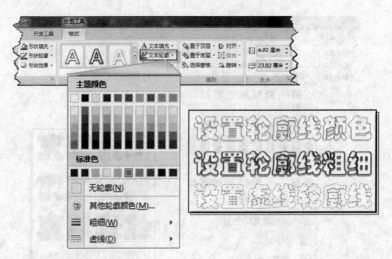

图 8-3 设置艺术字轮廓

⑤ 要添加轮廓或者将轮廓更改为点或虚线,可单击"虚线"命令,然后单击所需的样式。

3. 添加或更改文字或艺术字的效果

效果可以增加艺术字中的文字或幻灯片上文字的深度或突出效果,可以通过使用"开始"选项卡的"字体"组中的命令,对艺术字中或幻灯片上的文字进行格式设置。

(1) 选择艺术字中或 PowerPoint 幻灯片上要向其添加效果的文字。

(2) 在"绘图工具"的"格式"选项卡的"艺术字样式"组中单击"文字效果"命令,如图 8-4 所示。

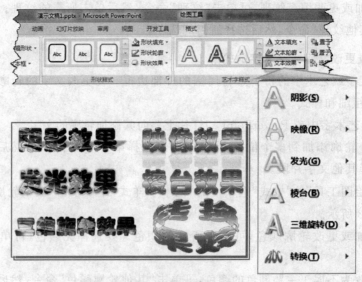

图 8-4 设置文本效果

① 要添加或更改阴影,可单击"阴影"命令,然后单击所需的阴影。要自定义阴影,可单击"阴影选项",然后选择所需的选项。

② 要添加或更改反射,可单击"反射"命令,然后单击所需的反射变体。

③ 要添加或更改发光,可单击"发光"命令,然后单击所需的发光变体。要自定义亮色,可单击"其他亮色"命令,然后单击所需的颜色。

④ 要通过添加或更改边缘为文字赋予深度外观,可单击"棱台"命令,然后单击所需的棱台效果。要自定义棱台,可单击"三维选项"命令,然后选择所需的选项。

⑤ 要添加或更改三维旋转,可单击"三维旋转"命令,然后单击所需的三维旋转。要自定义三维旋转,可单击"三维旋转选项"命令,然后选择所需的选项。

⑥ 要添加或更改文字的弯曲或路径,可单击"转换"命令,然后单击所需的弯曲或路径。

4. 从文字或艺术字中删除填充

(1) 选择艺术字中或 PowerPoint 幻灯片上要从中删除填充的文字。

(2) 在"绘图工具"的"格式"选项卡的"艺术字样式"组中单击"文本填充"命令旁边的▼按钮,然后执行下列操作之一。

① 要删除填充颜色、图片或纹理,可单击其他填充类型。如果单击"无填充颜色"命令,文字将不可见,除非以前向该文字添加了轮廓。

② 要删除填充渐变,可单击"渐变"命令,然后单击"无渐变"命令。

5. 从文字或艺术字中删除轮廓

(1) 选择艺术字中或 PowerPoint 幻灯片上要从中删除轮廓的文字。

(2) 在"绘图工具"的"格式"选项卡的"艺术字样式"组中单击"文本轮廓"命令,然后单击"无轮廓"命令。

6. 从文字或艺术字中删除效果

(1) 选择艺术字中或 PowerPoint 幻灯片上要从中删除效果的文字。

(2) 在"绘图工具"的"格式"选项卡的"艺术字样式"组中单击"文字效果"命令,然后执行下列操作之一。

① 要从文字中删除阴影,请单击"阴影"命令,然后单击"无阴影"命令。

② 要从文字中删除反射,请单击"反射"命令,然后单击"无反射"命令。

③ 要从文字中删除发光,请单击"发光"命令,然后单击"无发光"命令。

④ 要从文字中删除边缘;请单击"棱台"命令,然后单击"无棱台效果"命令。

⑤ 要从文字中删除三维旋转,请单击"三维旋转"命令,然后单击"无旋转"命令。

⑥ 要从文字中删除路径或弯曲,请单击"转换"命令,然后单击"无转换"命令。

8.1.3 添加或更改图片效果

可以通过对图片添加阴影、发光、映像、柔化边缘、棱台和三维(3D)旋转等效果来增强图片的感染力。

1. 对图片应用或更改形状的快速样式

(1) 单击要添加效果的图片。若要将同一种效果添加到多张图片,可单击第一张图片,然后按住 Ctrl 键并单击其他图片。

(2)在"图片工具"的"格式"选项卡的"图片样式"组中单击"图片样式"命令。要查看更多的图片样式,可单击"其他"按钮 ▼ 。

(3)在"绘图工具"的"格式"选项卡的"图片样式"组中单击所需的图片样式,如图 8-5 所示。

图 8-5　为图片设置图片样式

边学边做　为图片添加图片样式

应用"图片样式库"中的样式设置图片,图片可由读者自行选定,如图 8-6 所示。

图 8-6　应用图片样式

2. 更改图片形状

(1)单击要添加效果的图片。若要将同一种效果添加到多张图片,可单击第一张图片,然后按住 Ctrl 键并单击其他图片。

（2）在"图片工具"的"格式"选项卡的"图片样式"组中单击"图片形状"命令。如果看不到"图片工具"或"格式"选项卡，需确保已单击某个图片。

（3）在"图片形状"列表中单击所需的图片形状，如图 8-7 所示。

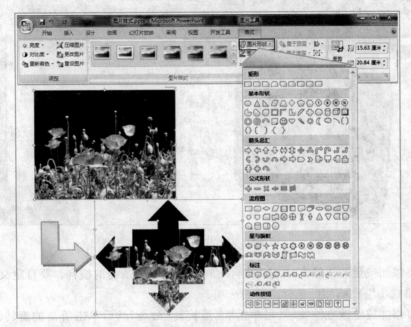

图 8-7 改变图片形状

3. 更改图片边框

（1）单击要添加效果的图片。

（2）在"图片工具"的"格式"选项卡的"图片样式"组中单击"图片边框"命令。

（3）在"图片边框"列表中单击所需的命令。

4. 更改图片效果

（1）单击要添加效果的图片。

（2）在"图片工具"的"格式"选项卡的"图片样式"组中单击"图片效果"命令，如图 8-8 所示。如果看不到"图片工具"或"格式"选项卡，需确保已单击某个图片。

（3）执行下列一项或多项操作。

① 要添加或更改内置的效果组合，可单击"预设"命令，然后单击所需的效果。要自定义内置的效果，可单击"三维选项"命令，然后选择所需的选项。

② 要添加或更改阴影，可单击"阴影"命令，然后单击所需的阴影。要自定义阴影，可单击"阴影选项"命令，然后选择所需的选项。

③ 要添加或更改映像，可单击"映像"命令，然后单击所需的映像变体。

④ 要添加或更改发光，可单击"发光"命令，然后单击所需的发光变体。要自定义发光颜色，可单击"其他亮色"命令，然后选择所需的颜色。

⑤ 要添加或更改柔化边缘，可单击"柔化边缘"命令，然后单击所需边缘的大小。

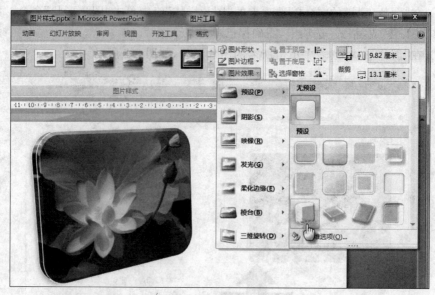

图 8-8　为图片设置预设效果

⑥ 要添加或更改边缘,可单击"棱台"命令,然后单击所需的棱台。要自定义棱台,可单击"三维选项"命令,然后选择所需的选项。

⑦ 要添加或更改三维旋转,可单击"三维旋转"命令,然后单击所需的旋转。要自定义旋转,可单击"三维选项"命令,然后选择所需的选项。

边学边做　**为图片设置效果**

图片可由读者自选,效果如图 8-9 所示。

图 8-9　设置图片效果

任务 8-1　编辑演示文稿

打开任务 7-1 所完成的演示文稿，并对其进行编辑和修改，结果如图 8-10 所示。

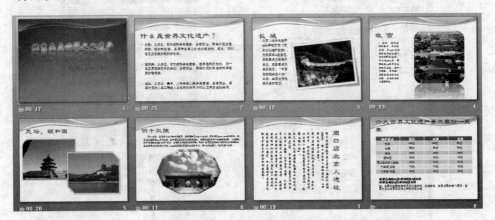

图 8-10　完成编辑的文稿结果

任务分析：

此任务在任务 7-1 完成的演示文稿基础上添加了主题样式，将文稿的第一张幻灯片中的标题文本转换为艺术字，并对演示文稿中的图片设置不同的效果。

实施步骤：

（1）设置文稿的主题样式

打开任务 7-1 所完成的演示文稿，在"设计"选项卡的"主题"组中单击"流畅"样式，如图 8-11 所示。

图 8-11　设置主题样式

（2）设置艺术字

选择第 1 张幻灯片的标题内容，在"插入"选项卡的"文本"组中单击"艺术字"命令，在列表中选择一种艺术字样式，将标题文本转换为艺术字，删除原标题占位符。

选择艺术字标题，在"绘图工具"的"格式"选项卡的"艺术字样式"组中单击"文本填充"旁的 ▼ 按钮，在列表中单击"渐变"→"其他渐变"命令，打开"设置文本效果格式"对话框。

参照图 8-12 设置艺术字的渐变填充效果和方向。

选择标题艺术字，单击"文本效果"命令旁的 ▼ 按钮，在列表中单击"映像"命令，并参照图 8-13 设置艺术字的映像效果。

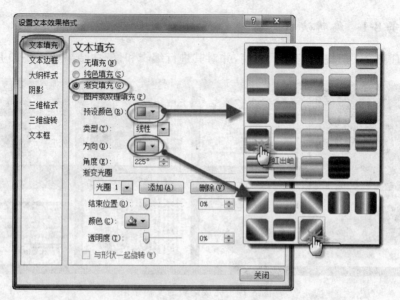

图 8-12 "设置文本效果格式"对话框

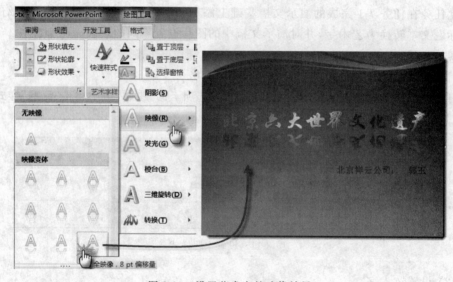

图 8-13 设置艺术字的映像效果

（3）设置第 3 张幻灯片中图片的效果

选中第 3 张幻灯片中的图片,在"图片工具"的"格式"选项卡的"图片样式"组中单击"其他"按钮,在"样式"列表中选择"旋转,白色"样式,如图 8-14 所示。

（4）设置第 4 张幻灯片中图片的效果

选中第 4 张幻灯片中的图片,在"图片工具"的"格式"选项卡的"图片样式"组中单击"图片效果"命令,在"样式"列表中选择"映像"中的"紧密映像,接触"样式,如图 8-15所示。

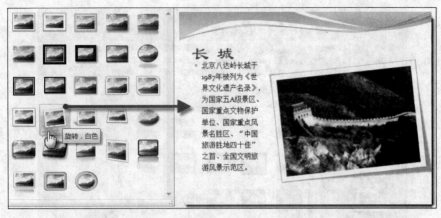

图 8-14 设置图片为"旋转,白色"样式

图 8-15 设置图片映像效果

(5) 设置第 5 张幻灯片中图片的效果

选中第 5 张幻灯片中图片,在"图片工具"的"格式"选项卡的"图片样式"组中单击"其他"按钮,在"样式"列表中选择图 8-16 所示图片样式。

选择图片,单击"图片边框"命令,在列表中选择边框颜色,如图 8-17 所示。

(6) 设置第 6 张幻灯片中图片的效果

选中第 6 张幻灯片中的图片,在"图片工具"的"格式"选项卡的"图片样式"组中单击"图片效果"命令在列表中选择"棱台"中的"三维选项",打开"设置图片格式"对话框,参照图 8-18 设置图片样式。

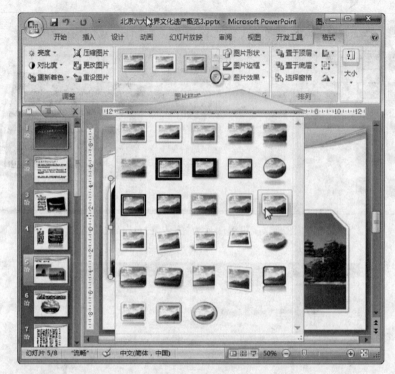

图 8-16　设置图片样式

图 8-17　设置图片边框的颜色

图 8-18　为图片设置棱台效果

8.2　插入背景图片、颜色

　　通过向一个或所有幻灯片添加图片作为背景或水印，可以使 PowerPoint 2007 演示文稿独具特色或者明确标识演示主办者；也可以淡化图片、剪贴画或颜色，使其不会对幻灯片的内容产生干扰。

1. 使用图片作为幻灯片背景

　　（1）单击要为其添加背景图片的幻灯片。若要选择多个幻灯片，可单击某个幻灯片，然后按住 Ctrl 键并单击其他幻灯片。

　　（2）在"设计"选项卡的"背景"组中单击"背景样式"→"设置背景格式"命令，打开"设置背景格式"对话框，如图 8-19 所示。

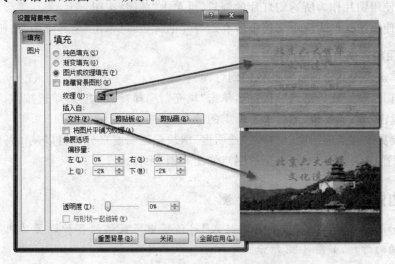

图 8-19　"设置背景格式"对话框

（3）单击"填充"，然后选择"图片或纹理填充"单选按钮。

（4）执行下列操作之一。

① 要插入来自文件的图片，可单击"文件"命令，然后找到并双击要插入的图片。

② 要粘贴复制的图片，可单击"剪贴板"命令。

③ 要使用剪贴画作为背景图片，可单击"剪贴画"命令，然后在"搜索文字"文本框中输入描述所需剪辑的字词或短语，或者输入剪辑的全部或部分文件名。

（5）图片重新着色。在"设置背景格式"对话框中单击"图片"，在"重新着色"中单击"冲蚀"命令，淡化图片颜色，使其不会对幻灯片的文字内容产生干扰，如图 8-20 所示。

图 8-20　重新着色图片

（6）执行下列操作之一。

① 要使用图片作为所选幻灯片的背景，可单击"关闭"按钮。

② 要使用图片作为演示文稿中所有幻灯片的背景，可单击"全部应用"按钮。

2. 使用颜色作为幻灯片背景

（1）单击要为其添加背景颜色的幻灯片。

（2）打开"设置背景格式"对话框，单击"填充"，选择"纯色填充"单选按钮。

（3）单击"颜色"按钮，然后单击所需的颜色。

（4）要更改背景透明度，可移动"透明度"滑块。透明度百分比可以从 0%（完全不透明，默认设置）变化到 100%（完全透明），如图 8-21 所示。

边学边做　　更改演示文稿背景

新建一组幻灯片，根据"设置背景格式"对话框中所提供的各种设置功能，做出不同背景修饰的幻灯片，如图 8-22 所示。

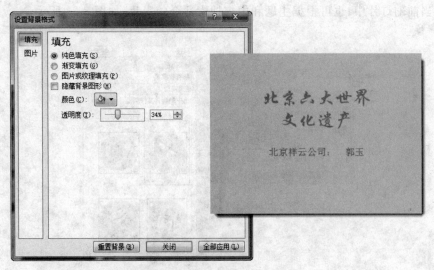

图 8-21　设置幻灯片背景颜色

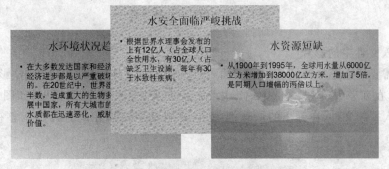

图 8-22　设置不同的幻灯片背景颜色

8.3　插入影片和声音

在幻灯片中添加已录制好的声音、影片和 CD 乐曲等，可以调动观众的注意力，给幻灯片添加动感和活力，从而达到很好的视听效果。

8.3.1　插入影片

PowerPoint 中的影片包括视频和动画，用户可以在幻灯片中插入的视频格式有十几种，而可以插入的动画则主要是 GIF 动画。PowerPoint 支持的影片格式会随着媒体播放器的不同而有所不同。在 PowerPoint 中插入视频及动画的方式主要有从剪辑管理器插入和从文件插入两种。

1. 插入剪辑管理库中的影片

选定需要插入影片的幻灯片，在"插入"选项卡的"媒体剪辑"组中单击"影片"命令旁的 ▼ 按钮，在列表中单击"剪辑管理器中的影片"命令，在任务窗格中选择视频文件，单击插入到当前幻灯片中;也可根据主题和内容搜索适合的影片,如图 8-23 所示。

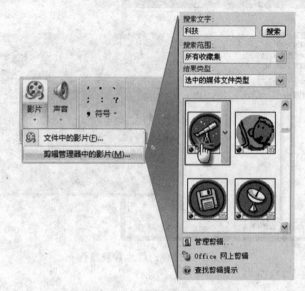

图 8-23　在幻灯片中插入影片

2. 插入文件中的影片

选定需要插入影片的幻灯片,在"插入"选项卡的"媒体剪辑"组中单击"影片"命令旁的 ▼ 按钮,在列表中单击"文件中的影片"命令,打开"插入影片"对话框,如图 8-24 所示。选择并插入视频文件,在弹出的消息框中单击"自动"按钮,在幻灯片中调整视频的大小和位置。

图 8-24　在幻灯片中插入视频

8.3.2　插入声音

在制作幻灯片时,用户可以根据需要插入声音,以增加向观众传递信息的通道,增强演示文稿的感染力。插入声音文件时,需要考虑到在演讲时的实际需要,不能因为插入的声音影响演讲及观众的收听。

1. 插入声音

插入剪辑管理器中的声音与插入文件中的声音的方法与插入视频的方法类似。

2. 设置声音属性

每当用户插入一个声音后，系统都会自动创建一个声音图标，用以显示当前幻灯片中插入的声音。用户可以单击选中的声音图标，也可以使用鼠标拖动来移动位置，或是拖动其周围的控制点来改变大小。

在幻灯片中选中声音图标，功能区将出现"声音工具"选项卡，如图 8-25 所示。

图 8-25 声音工具

3. 播放 CD 乐曲

用户可以向演示文稿中添加 CD 光盘上的乐曲。这种情况下，乐曲文件不会被真正添加到幻灯片中，所以在放映幻灯片时应将 CD 光盘一直放置在光驱中，供演示文稿调用并添加到幻灯片中，如图 8-26 所示。

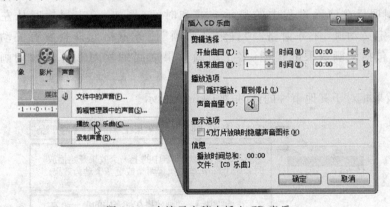

图 8-26 在演示文稿中插入 CD 音乐

4. 插入录制的声音

利用录制声音功能，用户可以将自己的声音插入到幻灯片中。单击"声音"命令，在列表中单击"录制声音"命令，打开"录音"对话框，如图 8-27 所示。

边学边做　**在幻灯片中插入文件夹中的声音文件**

打开已有幻灯片文件，对幻灯片录制解说词，放映演示文稿查看效果并试听录音效果。

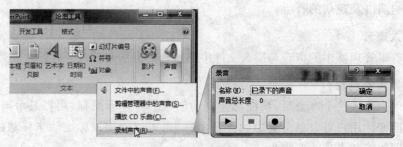

图 8-27　在幻灯片中插入录制的声音

8.4　设置动画效果

动画效果是对幻灯片中对象进行的动画设计,使它们在放映时以不同的动作出现在屏幕上,可以突出重点,控制信息的流程,并提高演示文稿的趣味性,增加动感效果。

"进入"动画可以设置文本或其他对象以多种动画效果进入放映屏幕。在添加动画效果之前需要选中对象。大多数动画选项都包括可以选择的关联效果。关联效果包括用于在播放动画时播放声音的选项以及可应用于字母、词语或段落的文本动画(例如,让标题逐字飞入,而不是一次性全部飞入)。

1. "自定义动画"任务窗格

要控制项目在演示过程中的显示方式和时间(例如,单击鼠标时从左侧飞入),可使用"自定义动画"任务窗格。"自定义动画"任务窗格允许查看有关动画效果的重要信息,包括动画效果的类型、多个动画效果之间的相对顺序以及动画效果的部分文本。

动画效果相对于其他事件的计时,如图 8-28 所示。

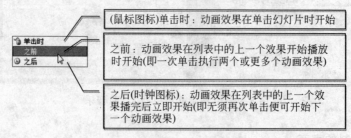

图 8-28　"自定义动画"任务窗格的"开始"列表框

2. 对文本或对象应用标准动画效果

(1)单击要制作成动画的文本或对象。

(2)在"动画"选项卡的"动画"组中,从"动画"列表中选择所需的动画效果,如图 8-29 所示。

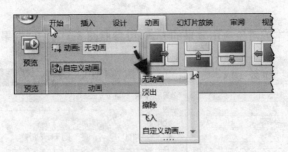

图 8-29   对文本或对象应用标准动画效果

3. 创建自定义动画效果并将其应用于文本或对象

（1）单击要制作成动画的文本或对象。

（2）在"动画"选项卡的"动画"组中单击"自定义动画"命令。

（3）在"自定义动画"任务窗格中，单击"添加效果"按钮，然后执行以下一项或多项操作，如图 8-30 所示。

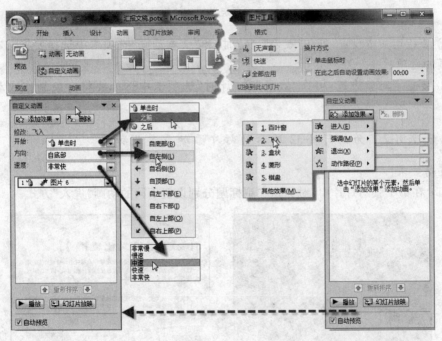

图 8-30   自定义动画

① 要使文本或对象进入时带有效果，可单击"进入"命令，然后单击相应的效果。

② 要向幻灯片上已显示的文本或对象添加效果（例如旋转效果），可单击"强调"命令，然后单击相应的效果。

③ 要向文本或对象添加可使项目在某一点离开幻灯片的效果，可单击"退出"命令，然后单击相应的效果。

④ 要添加使文本或对象以指定模式移入的效果，可单击"动作路径"命令，然后单击

相应的路径。

（4）要指定向文本或对象应用效果的方式，可参照图8-31打开"效果选项"设置对话框。

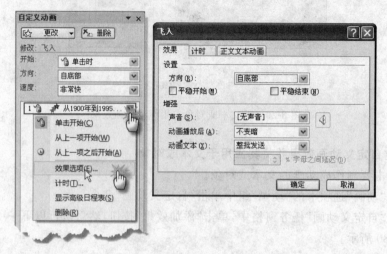

图8-31　设置自定义动画的效果选项

① 要指定文本设置，可在"效果"、"计时"和"文本动画"选项卡中选择要将文本制作成动画的选项。

② 要指定对象设置，可在"效果"和"计时"选项卡中选择要将对象制作成动画的选项。

任务8-2　为如图8-32所示幻灯片添加自定义动画

任务要求：

（1）在第1张幻灯片中，对标题和副标题分别设置不同的动画"进入"方式。

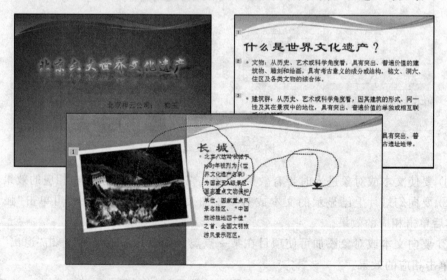

图8-32　为幻灯片中对象添加自定义动画

（2）在第 2 张幻灯片中，对标题和文本占位符中已有的动画效果进行修改。

（3）为第 3 张幻灯片中的图片对象设置按路径进入的动画效果。

任务分析：

使用"动画"选项卡中的命令，为第 1 张幻灯片中的艺术字设置"飞入"效果。在第 2 张幻灯片中应用"自定义动画"任务窗格为"标题"和"文本"占位符变更动画效果。为第 3 张幻灯片中的图片设置按路径进入的动画效果。

应用动画设计方式中的"动作路径"功能为幻灯片对象设计独特的效果。

实施步骤：

（1）对第 1 张幻灯片设置动画效果

选择第 1 张幻灯片的艺术字标题，在"动画"选项卡的"动画"组中单击"自定义动画"命令。在"自定义动画"任务窗格中，单击"添加效果"按钮，在下拉列表中单击"进入"→"飞入"命令。

在"自定义动画"任务窗格的"开始"列表框中选择"之后"选项，在"方向"列表框中选择"自左侧"选项，在"速度"列表框中选择"中速"选项。单击"播放"按钮查看动画播放效果，如图 8-33 所示。

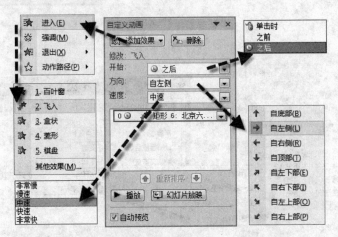

图 8-33　为幻灯片对象添加"飞入"动画效果

采用同样方法设置副标题的动画效果为"百叶窗"方式。

（2）更改第 2 张幻灯片的动画效果

选择第 2 张幻灯片的标题占位符，在"自定义动画"任务窗格列表框中选择第 1 项；在窗格中单击"更改"按钮，在下拉列表中单击"进入"→"其他效果"命令，打开"更改进入效果"对话框，在该对话框中选择"弹跳"选项，如图 8-34 所示。

单击"自定义动画"任务窗格列表项的第一项右侧的 ▼ 按钮，在列表中单击"效果选项"命令，打开"弹跳"对话框，在该对话框的"动画文本"列表中选择"按字母"选项，如图 8-35 所示。将"开始"列表框中"单击时"改为"之后"。单击任务窗格中的"播放"或"幻灯片放映"按钮，查看动画效果。

选中幻灯片中的文本占位符，按上述方法自行改变动画效果。

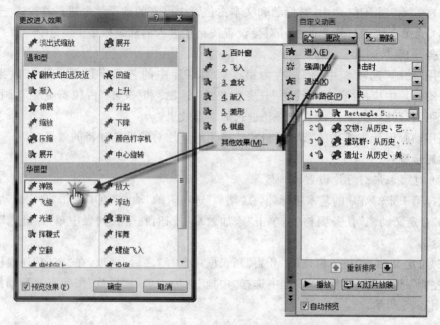

图 8-34 修改动画效果

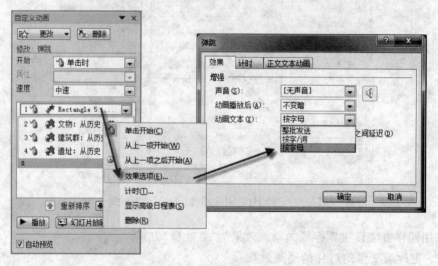

图 8-35 设置动画效果选项

(3) 设置第3张幻灯片的动画效果

选择第3张幻灯片中的图片,在"动画"选项卡的"动画"组中单击"自定义动画"命令。在"自定义动画"任务窗格中,单击"添加效果"按钮,在下拉列表中单击"动作路径"→"绘制自定义路径"→"自由曲线"命令,如图8-36所示。在幻灯片中任意绘制一条曲线,如图8-37所示。

单击任务窗格中的"播放"或"幻灯片放映"按钮,查看动画效果。如绘制不满意可单击"删除"按钮,删除曲线后可再重新绘制。

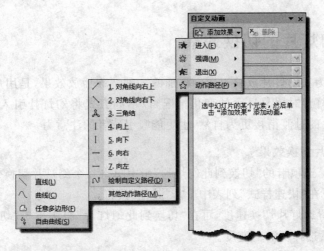

图 8-36　设置"自由曲线"路径的动画效果

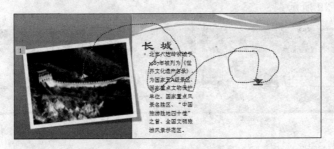

图 8-37　绘制动画路径

边学边做

对任务 8-1 中其他幻灯片分别设置"进入"效果、"强调"效果、"退出"效果和"其他路径"效果，如图 8-38 所示。

图 8-38　为幻灯片添加动画效果

8.5 设置幻灯片的切换效果

切换效果是为在幻灯片放映过程中添加的一种特殊播放效果,是用户由一张幻灯片移动到另一张幻灯片时屏幕显示的变化情况,以不同方式将幻灯片引入屏幕,还可伴随声音,使得幻灯片的过渡衔接更为自然,也更能吸引读者的注意力。

1. 添加幻灯片切换效果

(1) 在"动画"选项卡的"切换到此幻灯片"组中单击一个幻灯片切换效果。若要查看更多切换效果,可在"快速样式"列表中单击"其他"按钮。

(2) 若要设置幻灯片切换速度,可在"切换到此幻灯片"组中单击"切换速度"命令旁边的 ▼ 按钮,然后选择所需的速度。

(3) 如对所有幻灯片添加相同的切换效果,在"切换到此幻灯片"组中单击"全部应用"命令,如图 8-39 所示。

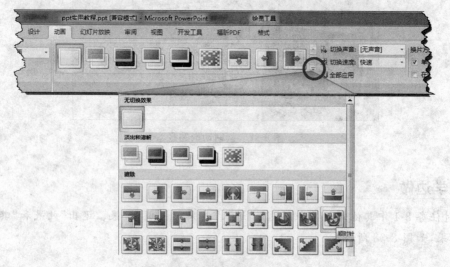

图 8-39 添加幻灯片的切换效果

向幻灯片切换效果添加声音,可在"动画"选项卡的"切换到此幻灯片"组中单击"切换声音"旁边的箭头,然后执行下列操作之一。

① 若要添加列表中的声音,可选择所需的声音。

② 若要添加列表中没有的声音,可选择"其他声音",找到要添加的声音文件,然后单击"确定"按钮。

2. 更改演示文稿中的部分幻灯片切换效果

选择需更改切换效果的幻灯片,在"动画"选项卡的"切换到此幻灯片"组中单击该幻灯片的另一个幻灯片切换效果。要在"快速样式"列表中查看更多切换效果,可单击"其他"按钮。

要重新设置幻灯片切换速度,可在"切换到此幻灯片"组中单击"切换速度"命令旁边

的 ▼ 按钮,然后选择所需的速度。

3. 从演示文稿中删除所有幻灯片切换效果

选择要删除幻灯片切换效果的幻灯片,在"动画"选项卡的"切换到此幻灯片"组中单击"无切换效果"命令。如要删除所有幻灯片切换效果,在"切换到此幻灯片"组中单击"全部应用"命令。

8.6　幻灯片母版的设置

PowerPoint 2007 包含 3 个母版,它们是幻灯片母版、讲义母版和备注母版。当需要设置幻灯片风格时,可以在幻灯片母版视图中进行设置;当需要将演示文稿以讲义形式打印输出时,可以在讲义母版中进行设置;当需要在演示文稿中插入备注内容时,则可以在备注母版中进行设置。

8.6.1　幻灯片母版

幻灯片母版是存储模板信息的设计模板的一个元素。幻灯片母版中的信息包括字形、占位符大小和位置、背景设计和配色方案。用户通过更改这些信息,就可以更改整个演示文稿中幻灯片的外观。

在"视图"选项卡的"演示文稿视图"组中单击"幻灯片母版"命令,打开幻灯片母版视图,如图 8-40 所示。

图 8-40　幻灯片母版

1. 修改幻灯片母版

(1) 调整占位符的大小：可单击要更改的占位符,指向它的一个尺寸控点,当指针变为双向箭头时,拖动该控点。

(2) 调整占位符的位置：可单击要更改的占位符,指向它的一个边界,当指针变为四向箭头时,将该占位符拖动到新位置。

(3) 调整字体、字号：要更改占位符内的文字的字体、字号、大小写、颜色或间距,可选择文字,然后在"字体"组中单击所需选项。

(4) 退出母版视图：在母版"视图"选项卡的"关闭"组中单击"关闭母版视图"命令。

2. 编辑背景图片

一个精美的设计模板少不了背景图片的修饰,用户可以根据实际需要在幻灯片母版视图中添加、删除或移动背景图片。例如希望让某个艺术图形(公司名称或徽标等)出现在每张幻灯片中,只需将该图形置于幻灯片母版上,此时该对象将出现在每张幻灯片的相同位置上,而不必在每张幻灯片中重复添加。

3. 在演示文稿中应用多个母版

在修改幻灯片母版下的一个或多个版式时,实质上是在修改该幻灯片母版。每个幻灯片版式的设置方式都不同,然而,与给定幻灯片母版相关联的所有版式均包含相同主题(配色方案、字体和效果)。

如果希望演示文稿中包含两种或更多种不同的样式或主题(如背景、颜色、字体和效果),需要为每种不同的主题插入一个幻灯片母版。图 8-41 所示为一个具有两个幻灯片母版的演示文稿。每个幻灯片母版都应用了不同主题。

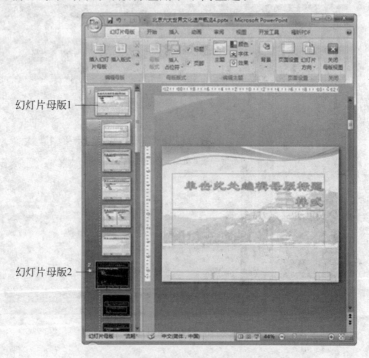

图 8-41　具有两个幻灯片母版的演示文稿

4. 在幻灯片母版中添加版式

要添加版式,首先需转到幻灯片母版视图,在其中可添加新的版式,并添加特定于文本和特定于对象的占位符。

(1) 在"视图"选项卡的"演示文稿视图"组中单击"幻灯片母版"命令。

(2) 在包含幻灯片母版和版式的左侧窗格中,单击幻灯片母版下方要添加新版式的位置。

(3) 在"幻灯片母版"选项卡的"编辑母版"组中单击"插入版式"命令,如图 8-42所示。

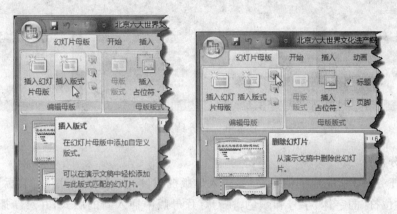

图 8-42　在母版中插入或删除版式

(4) 若要删除不需要的默认占位符,可单击该占位符的边框,然后按 Delete 键。

(5) 若要添加占位符,需执行以下操作。

在"幻灯片母版"选项卡的"母版版式"组中单击"插入占位符"命令旁的▼按钮,在列表中选择一种占位符。单击版式上的某个位置,然后拖动鼠标绘制占位符,如图 8-43所示。

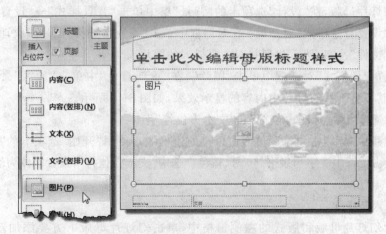

图 8-43　在版式中添加占位符

任务8-3   修改演示文稿的母版

对任务8-2所完成的演示文稿的母版进行编辑,结果如图8-44所示。

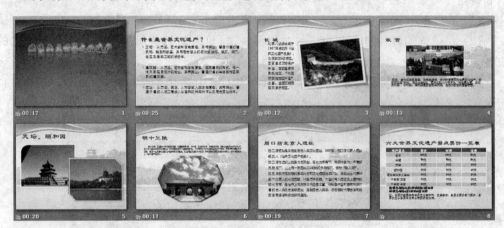

图8-44   任务结果样张

任务分析:

打开任务8-2所完成的演示文稿,进入母版视图,修改幻灯片母版中的"标题占位符"和"文本占位符"的字体、字号和颜色;在幻灯片母版中插入新的版式,并对新插入的版式进行编辑。

实施步骤:

(1)打开幻灯片母版

打开任务8-2所完成的演示文稿,在"视图"选项卡的"演示文稿视图"组中单击"幻灯片母版"命令。

(2)设置幻灯片母版背景图片

单击幻灯片母版,在"设计"选项卡的"背景"组中单击"背景样式"→"设置背景格式"命令,打开"设置背景格式"对话框。在对话框中单击"填充",选择"图片或纹理填充"单选按钮,单击"文件"按钮,然后找到并双击要插入的图片。

在"设置背景格式"对话框中单击"图片",在"重新着色"中单击"冲蚀"命令,调整背景图片,使其不会干扰幻灯片中内容的显示效果,如图8-45所示。

(3)设置母版中"标题占位符"和"文本占位符"字体

选中母版中"标题占位符"(单击占位符的边框线),使用"开始"选项卡的"字体"组中的命令设置占位符中文字为隶书、40号、蓝色。选中"文本占位符",设置字体为幼圆、26号。效果如图8-46所示。

(4)插入新版式

在包含幻灯片母版和版式的左侧窗格中,单击幻灯片母版下方要添加新版式的位置。在"幻灯片母版"选项卡的"编辑母版"组中单击"插入版式"命令,插入新版式。单击"重命名"命令,在"重命名版式"对话框中输入新建版式的名称,单击"母版版式"组中的

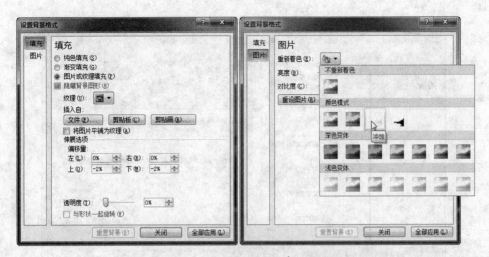

图 8-45 设置幻灯片母版的图片背景

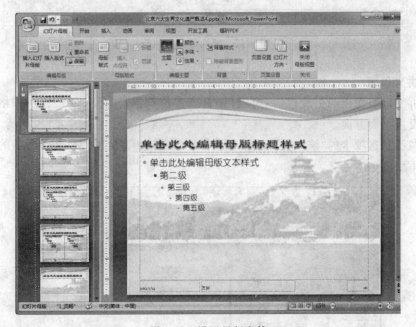

图 8-46 设置母版字体

"插入占位符"命令，插入如图 8-47 所示的文本、图片占位符。

8.6.2 讲义母版与备注母版

PowerPoint 2007 可以采用讲义形式打印演示文稿（一页有一张、两张、三张、四张、六张或九张幻灯片），这样观众既可以在演示时参考相应的文稿，也可以在将来参考该文稿。创建并打印备注页可以在提供演示文稿时为自己创建备注页作为备注，也可以将它们提供给观众。

图 8-47 插入母版占位符

1. 讲义母版

对讲义母版作出的更改包括对页眉和页脚占位符进行移动、调整大小和格式设置，也可以设置页面方向。

在"视图"选项卡的"演示文稿视图"组中单击"讲义母版"命令，进行所需的更改，如图 8-48 所示。

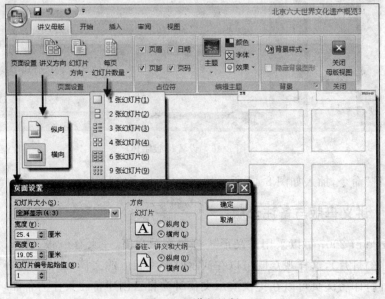

图 8-48 讲义母版

2. 备注母版

若要将内容或格式应用于演示文稿中的所有备注页,可更改备注母版。例如,要将公司徽标或其他剪贴画放置在所有备注页上,可将该剪贴画添加到备注母版中。或者,如果要更改所有备注使用的字体样式,可在备注母版上更改该样式。还可以更改幻灯片区域、备注区域、页眉、页脚、页码和日期的外观和位置,如图 8-49 所示。

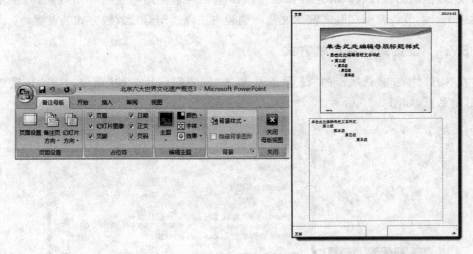

图 8-49 备注母版

8.6.3 创建模板

创建模板就是创建一个 .potx 文件,该文件记录了幻灯片母版、版式和主题组合所做的任何自定义修改。可以将模板存储的设计信息应用于演示文稿,从而将所有幻灯片上的内容设置成一致的格式。

每个模板都包含一个幻灯片母版,该幻灯片母版必须至少具有一种版式(但可以包含多种版式)以供用户在演示文稿中使用。

模板是由设计人员创建的,而用户也可以创建模板,方法是:创建一个或多个母版,添加版式,然后应用主题。

将演示文稿另存为 PowerPoint 模板(.potx)的操作方法如下。

(1) 单击 Office 按钮→"另存为"命令。

(2) 在"文件名"文本框中,输入文件名,或不进行输入而接受建议的文件名。

(3) 在"保存类型"列表中,选择"PowerPoint 模板"选项,然后单击"保存"按钮。

通常将模板保存到 Templates 文件夹(位于 C:\Program Files\Microsoft Office\Templates\)中,以使其更易于查找。

"设计模板"是包含演示文稿样式的文件,带有不同的背景图案,还包括项目符号和字体的类型及大小、占位符大小和位置、配色方案以及幻灯片母版中的标题母版。

8.7　组织放映幻灯片

PowerPoint 2007 提供了多种放映和控制幻灯片的方法,如正常放映、计时放映、录音放映、跳转放映等。用户可以选择最为理想的放映速度与放映方式,使幻灯片放映节奏明快、过程流畅。在放映时还可以利用绘图笔在屏幕上随时进行标示或强调,使重点更为突出。本节将介绍交互式演示文稿的创建方法以及幻灯片放映方式的设置。

8.7.1　设置幻灯片放映方式

在"幻灯片放映"选项卡的"设置"组中单击"设置幻灯片放映"命令,打开"设置放映方式"对话框,如图 8-50 所示。

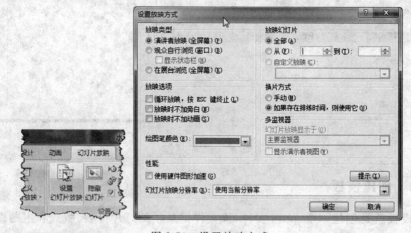

图 8-50　设置放映方式

1.放映类型

(1)演讲者放映(全屏幕):全屏幻灯片放映方式,可以手动切换或采用排练计时方式进行切换。

(2)观众自行浏览:在标准窗口中运行幻灯片,包含自定义菜单和命令,以便于个别观众浏览。

(3)在展台浏览(全屏幕):自动运行全屏幻灯片,且在 5 分钟后没有读者的新指令会重新开始。观众可切换但不能修改演示文稿。

2.放映选项

(1)循环放映,按 Esc 键终止:在循环放映过程中,可通过 Esc 键来终止放映。如选定在展台浏览,此复选框会自动选择而不能改动。

(2)放映时不加旁白:在观看放映时,不播放任何声音旁白。

(3)放映时不加动画:显示每张幻灯片时不出现动画效果。

(4)绘图笔颜色:可在放映幻灯片时在幻灯片上书写(此功能还可在放映状态下的右键快捷菜单中找到)。

3. 放映幻灯片

（1）全部：默认演示文稿的所有幻灯片参加放映。

（2）从第×页到第×页：可根据需要选择演示文稿中的若干连续幻灯片进行放映，输入幻灯片编号即可。

（3）自定义放映：若需放映不连续幻灯片则需先进行自定义放映设置，对已设置过的自定义放映文件可在其下拉列表中查找并放映。

4. 换片方式

（1）手动：是指在幻灯片放映过程中单击或在右键快捷菜单中执行幻灯片的切换，且忽略预设的排练时间而不会删除它们。

（2）如果存在排练时间，则使用它：是指在对幻灯片放映时按照已设置好的停留时间自动切换。若没有排练时间则必须依靠手动换片。

8.7.2　通过使用两台监视器放映文稿

通过使用两台监视器，可以运行观众看不到的其他程序，而且可以访问演示者视图，如图 8-51 所示。演示者视图提供下列工具，可以让用户更加方便地呈现信息。

（1）使用缩略图可以不按顺序选择幻灯片，并且可以为观众创建自定义演示文稿。

（2）预览文本可看到下一次单击会将什么内容添加到屏幕上，例如，新幻灯片或列表中的下一行项目符号文本。

（3）演讲者备注以清晰的大字体显示，因此可以将它们用作演示文稿的脚本。

（4）在演示期间可以关掉屏幕，随后可以在中止的位置重新开始。例如，在中间休息或问答时间，可能不想显示幻灯片内容。

图 8-51　通过使用两台监视器放映文稿

1. 使用演示者视图的要求

确保用来进行演示的计算机具有多监视器功能。大多数台式计算机对于多监视器功能都要求有两块视频卡，许多笔记本电脑具有内置的多监视器功能。

2. 打开多监视器支持

（1）要关闭多监视器支持，可选择第二台监视器，然后清除选择"将 Windows 桌面扩展到该监视器上"复选框。

（2）在"幻灯片放映"选项卡的"多监视器"组中单击"使用演示者视图"命令。

（3）在"显示属性"对话框的"设置"选项卡中，单击代表演示者的监视器的监视器图标，然后选择"使用该设备作为主监视器"复选框。

3. 通过使用演示者视图在两台监视器上放映演示文稿

设置了监视器后,打开要放映的演示文稿,然后执行下列操作。

(1) 在"幻灯片放映"选项卡的"设置"组中单击"设置幻灯片放映"命令。

(2) 在"设置放映方式"对话框中选择所需选项,然后单击"确定"命令。

(3) 要开始放映演示文稿,可在"视图"选项卡的"演示文稿视图"组中单击"幻灯片放映"命令。

8.7.3 自定义放映

自定义放映有两种:基本的和带超链接的。基本自定义放映是一个独立的演示文稿,或是一个包括原始演示文稿中某些幻灯片的演示文稿。带超链接的自定义放映是导航到一个或多个独立演示文稿的快速方法。

1. 定义自定义放映

使用基本自定义放映可将单独的演示文稿划分到组织中不同的组,如图 8-52 所示。

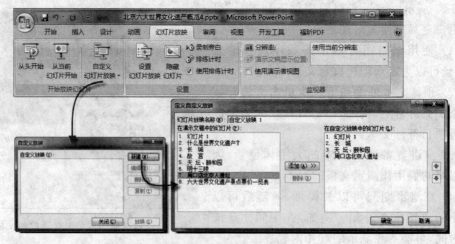

图 8-52 设置自定义放映

(1) 在"幻灯片放映"选项卡的"开始幻灯片放映"组中单击"自定义幻灯片放映"命令旁边的 ▼ 按钮,然后单击"自定义放映"命令。

(2) 在"自定义放映"对话框中,单击"新建"按钮。

(3) 在"在演示文稿中的幻灯片"下,单击要包括在自定义放映中的幻灯片,然后单击"添加"按钮。

要选择多个连续的幻灯片,可单击第一个幻灯片,然后在按住 Shift 键的同时单击要选择的最后一个幻灯片。要选择多个不连续的幻灯片,可按住 Ctrl 键,同时单击每个要选择的幻灯片。

(4) 要更改幻灯片出现的顺序,可在"在自定义放映中的幻灯片"选项区域中,单击某张幻灯片,然后单击箭头之一,在列表中上下移动该幻灯片。

（5）在"幻灯片放映名称"文本框中输入一个名称，然后单击"确定"按钮。要利用演示文稿中的任何幻灯片来创建其他自定义放映，需重复第(1)～(5)步。

要预览自定义放映，可在"自定义放映"对话框中单击放映的名称，然后单击"放映"按钮。

2. 从 PowerPoint 2007 中启动自定义放映

（1）在"幻灯片放映"选项卡的"设置"组中单击"设置幻灯片放映"命令。

（2）在"设置放映方式"对话框中的"放映幻灯片"下单击"自定义放映"命令，然后单击所需的自定义放映。

（3）单击"确定"按钮。

（4）打开要以自定义幻灯片放映方式查看的演示文稿。

（5）在"视图"选项卡的"演示文稿视图"组中单击"幻灯片放映"命令。

8.8　在 PowerPoint 中执行打印

在 PowerPoint 2007 中，可以创建并打印幻灯片、讲义和备注页，可以以大纲视图打印演示文稿，并且可以使用彩色、黑白或灰度来打印。多数演示文稿均设计为以彩色模式显示，但幻灯片和讲义通常以黑白或灰色阴影模式打印。以灰度模式打印时，彩色图像将介于黑色和白色之间的各种灰色色调打印出来。打印幻灯片时，PowerPoint 将设置演示文稿的颜色，使其与所选打印机的功能相符。

在 PowerPoint 2007 中，可以打印演示文稿的其他部分，如讲义、备注页或大纲视图中的演示文稿。

1. 打印幻灯片

（1）单击 Office 按钮 → "打印" → "打印预览"命令。

（2）在"页面设置"组下的"打印内容"列表框中，选择"幻灯片"选项。

（3）单击"选项"，在"颜色/灰度"下拉列表中选择下列选项之一。

① 彩色。如果在彩色打印机上打印，则此选项将以彩色打印。

② 彩色(黑白打印机)。如果在黑白打印机上打印，则此选项将采用灰度打印。

③ 灰度。此选项打印的图像包含介于黑色和白色之间的各种灰色色调。背景填充的打印颜色为白色，从而使文本更加清晰(有时灰度的显示效果与"纯黑白"一样)。

④ 纯黑白。此选项打印不带灰填充色的讲义。

（4）单击"确定"按钮，如图 8-53 所示。

2. 打印讲义、备注页或大纲

打开要打印其备注的演示文稿。

（1）单击 Office 按钮 → "打印" → "打印预览"命令。

（2）在"页面设置"组中的"打印内容"列表框中选择"讲义"、"备注页"或"大纲视图"。

（3）单击"确定"按钮，如图 8-54 所示。

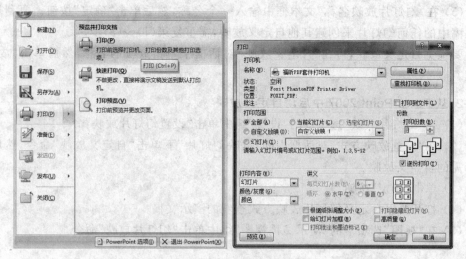

图 8-53　打印幻灯片

图 8-54　设置打印内容

本章小结

　　本章主要介绍的是对已具备基础内容的演示文稿进行各项修饰工作,以达到预期效果。演示文稿创建后期,静态效果上,应根据文稿的内容对演示文稿整体的演示顺序、文字排版、设计模板的选定作全局性修改,对个别幻灯片的背景、配色方案和布局作局部修饰。在动态效果上,对幻灯片的切换、动画效果等进行设置。

　　对演示文稿的整体布局和背景设置可以通过应用设计模板和母版来进行,PowerPoint 2007 又丰富了它的功能,可以对同一文件中的不同幻灯片应用不同的设计模板,便于创作出更加具有鲜明个性的演示文稿。如果只希望变化幻灯片背景而不需要更改设计模板中的所有其他设计元素,则可通过更改背景和配色方案来进行,还可添加底纹、图案、纹理或图片。母版可帮助用户在排版和外观上作整体调整。

　　对已编辑修饰好的幻灯片进行动画设计和幻灯片切换效果,可以突出重点,使演示文稿更加精彩。动画设计使幻灯片中各元素在放映时同时或逐个以不同的动作出现在屏幕上,从而增加幻灯片的动感效果。幻灯片切换可使屏幕演示的最大优点得到完美体现,还可根据作者的需要调整放映内容、顺序等,增加文稿的可读性和趣味性。

综合练习

　　为了展示了我国宝贵的文化遗产和优秀的园林景观——颐和园,介绍颐和园的兴衰、颐和园景区、颐和园建筑群及游览路线,创建以下演示文稿。作品中的应用文字及图片皆来源于 Internet,如图 8-55 所示。

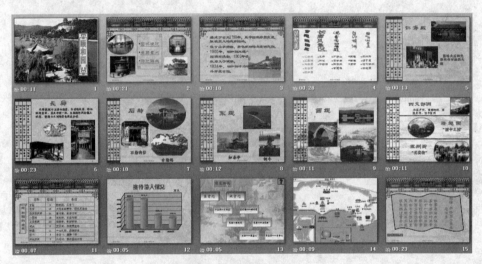

图 8-55　颐和园介绍

　　各张幻灯片概要说明如下。

　　第 1 张:在演示文稿中使用空白版式,用颐和园图片作为背景,插入标题艺术字,插入与演示文稿主题相符的背景音乐贯穿整个文档,修饰"颐和园"标题,运用自定义动画。

　　第 2 张:在演示文稿中使用自做设计模板,应用文字和内容版式,插入文本框和图片,并自定义动画,进行超级链接。

　　第 3 张:演示文稿中使用设计模板,应用幻灯片文本版式,插入图片介绍颐和园概况。

　　第 4 张:幻灯片应用空白版式,插入图片修饰背景,应用标题和多栏文本版式,用自定义动画和文本颜色进行修饰。幻灯片切换应用为纵向棋盘式。

　　第 5～10 张:幻灯片应用空白版式,以不同山水图片作为背景,应用景点名称进行表格编辑,插入主要景点图片,并应用幻灯片切换,对每个元素进行自定义动画效果。

第11张：在演示文稿中使用设计模板,应用标题和表格版式,设置竖卷形自选图形,添加标题文本,设计3列10行表格,进行线段和文字的修饰。

第12张：在演示文稿中使用空白版式,以图片作为背景,应用标题和图表幻灯片版式,图表类型为柱形图。对该幻灯片进行修饰,设置自定义动画。

第13张：在演示文稿中使用空白版式,以图片作为背景,应用组织结构图幻灯片版式,插入动作按钮提供帮助。对该幻灯片进行颜色修饰,设置自定义动画。

第14张：在演示文稿中使用空白版式,插入图片。

第15张：在演示文稿中使用设计模板,应用垂直排列标题与文本幻灯片版式,插入坡形选图形,对该幻灯片进行文字修饰,设置自定义动画、动作路径。

Part three

提高篇

——数据的综合处理

学 习 导 读

学习目的

通过对本篇内容的学习,使学员掌握使用 Word、Excel、PowerPoint 软件解决实际问题的综合处理的能力。

知识结构与主要内容

本篇共分为 4 章,分别介绍"文字处理的综合应用"、"使用 Excel 进行数据分析"、"演示文稿的综合应用"、"办公软件的数据共享"。

1. 文字处理的综合应用

文档审阅和修订、应用样式、使用文档结构图、使用阅读版式视图、编制文档目录、邮件合并及域的使用。

2. 使用 Excel 进行数据分析

Excel 表的基本操作、Excel 表计算、数据排序、数据筛选、分类汇总、数据透视表和数据透视图、条件格式。

3. 演示文稿的综合应用

设置超级链接和动作按钮、排练计时、隐藏幻灯片、放映幻灯片、打包演示文稿、自定义环境。

4. 办公软件的数据共享

Office 剪贴板的使用、Word、PowerPoint 与 Excel 之间交互数据、Word 与 PowerPoint 之间分享信息、在 Office 文档中创建超链接、发布为 PDF 或 XPS。

Chapter 9

第9章　文字处理的综合应用

本章将通过一些具体的应用案例,介绍 Word 软件在人们日常生活和工作中的一些实用技术。通过本章内容的学习使读者掌握对文档审阅和修订、长文档的编辑和处理及批量处理包含较多重复信息文档的能力。

引例

1. 审阅他人制作的文档

如果想直接在文档中进行修改,而又想使修改的内容或结构与原内容或结构有所区别,可以使用 Word 中提供的修订工具。该修订工具可以使用不同的颜色标记多位审阅者对同一篇文档所做的修改。方便作者逐个浏览这些修订内容,并决定应用或者拒绝修订。修订的内容包括正文、段落格式以及文本框、脚注和尾注、页眉和页脚等,可以添加新内容也可以删除原有内容,如图 9-1 所示。

图 9-1　使用 Word 的审阅功能对原有文档进行修订

2. 利用大纲视图控制长文档的层次结构

大纲视图可以清晰地显示长文档的层次结构,如章、节、标题等,如图 9-2 所示。在大纲视图中,可折叠文档只查看到某级标题,或者扩展文档以查看整个文档。还可以通过拖动标题来移动、复制或重新组织正文。

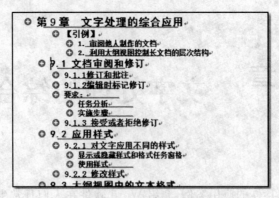

图 9-2   文档的大纲视图

9.1   文档的审阅和修订

文档的审阅与修订可以使在电脑中批改文章与在纸上同样方便,像老师给学生批改作文,帮助同事修改公文等都会用到文档的审阅和修订。

为了便于联机审阅,Word 允许在文档中快速创建和查看修订和批注。为了保留文档的版式,Word 在文档中显示一些标记元素,而其他元素则显示在边距上的批注框中。

9.1.1   修订和批注

启用修订功能时,审阅者的每一次插入、删除或是格式更改都会被标记出来。查看修订时,可以接受或拒绝每处更改。

在功能区"审阅"选项卡的"修订"组中单击"修订"命令,可进入修订状态,如图 9-3所示。

图 9-3   "审阅"选项卡

单击修订组中的"显示以供审阅"列表框,可以设置不同的修订状态。

(1)原始状态:显示原始的、未更改的文档,以便查看拒绝所有修订后的文档。

(2)最终状态:显示更改后的结果,以便查看接受所有修订后的文档。

(3)显示标记的原始状态:在批注框中显示插入的文本和格式更改,并在文档中显示删除的文字。

（4）显示标记的最终状态：在批注框中显示删除的文字，并在文档中显示插入的文本和格式更改。

9.1.2 编辑时标记修订

一般来说在修改其他人的文章时，最好显示修改的内容，供原作者参考。

任务 9-1 *对下面文档内容进行修订*

治理黄河，兴修水利，历史悠久。灌溉工程，首推黄河流域的滤池（在今陕西省咸阳西南），《诗经》中有"滤池北流，浸彼稻田"的记载。

到了战国初期，黄河流域开始出现大型引水灌溉工程。公元前 422 年，西门豹为邺令，在当时黄河的支流漳河上修筑了引漳十二渠，灌溉农田。公元前 246 年，秦在陕西省兴建了郑国渠，引泾河水灌溉 4 万多顷（合今 280 万亩）"泽卤之地"，"于是关中为沃野，无凶年，秦以富强，卒并诸侯"。为秦统一中国发挥了重要作用。

任务要求：

（1）对两个段落设置首行缩进 2 个字符。

（2）第一行"灌溉工程"前增加文字"中国最早的"。

（3）将第一段文字设置为隶书、蓝色。

（4）删除第二段中括号及其中的文字"（合今 280 万亩）"。

任务分析：

完成此任务可使用"审阅"选项卡中的"修订"命令，进入文档的修订状态，完成文章的修订工作。

实施步骤：

（1）打开需要修订的文档。

（2）在功能区"审阅"选项卡的"修订"组中单击"修订"命令，进入修订状态。

（3）按照任务要求对文本内容进行修改，如图 9-4 所示。

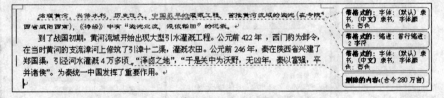

图 9-4 对文本内容进行修订

9.1.3 接受或者拒绝修订

对于文档中的修订，作者可依据自己的意愿决定是否接受。接受可单击功能区"审阅"选项卡中的"接受"命令；拒绝可单击"拒绝"命令。如果接受全部的修订，可单击"审阅"选项卡中的"接受"命令旁的 ▼ 按钮，在下拉列表中单击"接受对文档的所有修订"命令；如果拒绝全部的修订，可单击"拒绝"命令旁的 ▼ 按钮，在下拉列表中单击"拒绝对文档的所有修订"命令,如图9-5所示。

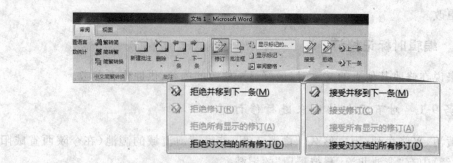

图 9-5　全部接受或拒绝修订

9.2　使用阅读版式阅读文档

如果打开文档是为了进行阅读,阅读版式视图将优化阅读体验,便于在计算机屏幕上阅读文档。

9.2.1　阅读文档

在功能区"视图"选项卡的"文档视图"组中单击"阅读版式视图"命令,进入浏览视图,如图9-6所示。

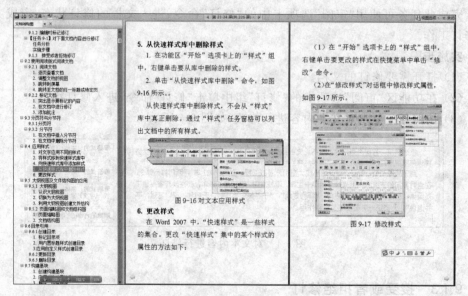

图 9-6　浏览视图

单击屏幕右上角的"关闭"按钮,或按 Esc 键关闭阅读版式视图。

1. 逐页查看文档

可以使用下列任一选项在文档的页面之间切换。

（1）单击页面左下角或右下角的箭头  。

（2）按键盘上的 Page Down 键和 Page Up 键或空格键和 Backspace 键。

（3）单击屏幕顶部中间的导航箭头 ◀ 第 18 页(共 96 页) ▾ ▶ 。

2. 调整文档的视图

单击"视图选项"命令，再执行下列操作之一。

（1）要以更大的字号显示文本，可单击"增大文本字号"命令。

（2）要在屏幕上显示更多文本，可单击"减小文本字号"命令。

（3）要显示页面的打印效果，可单击"显示打印页"命令。

（4）要每次显示两页，可单击"显示两页"命令。

3. 跳转到屏幕

要跳转到文档的第一屏或最后一屏，可按 Home 键或 End 键。

要跳转到某一特定屏，可输入屏幕编号，再按 Enter 键。

4. 跳转至文档的任一标题或特定页

使用"文档结构图"或"缩略图"窗格查找要跳转至该文档的任一标题或特定页。

（1）如果"文档结构图"或"缩略图"窗格不可见，可单击位于屏幕顶部中间的"跳转到文档的页或节"，再单击"文档结构图"或"缩略图"。

（2）执行下列操作之一。

① 要跳转到文档中的任一标题，可在"文档结构图"中单击该标题。

② 要跳转到某一特定页，可单击该页的缩略图图像。

"视图选项"、"跳转到文档的页或节"、"文档结构图"、"缩略图"列表如图 9-7 所示。

图 9-7　浏览视图下的常用命令

9.2.2　标记文档

在阅读版式视图中,可以突出显示内容、修订、添加批注以及审阅修订。

1. 突出显示要标记的内容

(1) 单击视图左上方工具栏中的"以不同颜色突出显示文本"命令。

(2) 选择要突出显示的文本。

要关闭突出显示,可单击视图左上方工具栏中的"以不同颜色突出显示文本"→"停止突出显示"命令或按 Esc 键。

要更改荧光笔颜色,可在图 9-8 所示的"颜色"列表中选择所需的颜色。

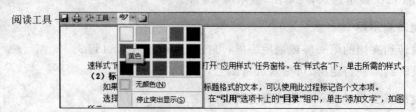

图 9-8　突出显示文本

2. 在文档中进行修订

(1) 要允许在文档中输入内容,可单击屏幕右上方"视图选项"→"允许键入"命令。

(2) 再次单击"视图选项"→"修订"→"修订"命令。

(3) 进行所需的更改。

3. 添加批注

将插入点定位在要添加批注的位置,单击"工具"→"新建批注"命令。

9.3　分页符与分节符

分页符主要用于在文档的任意位置强制分页,使分页符后边的内容转到新的一页。在文档中插入分节符,可以将 Word 文档分成多个部分。每个部分可以有不同的页边距、页眉页脚、纸张大小等不同的页面设置。

9.3.1　分页符

使用分页符分页不同于文档自动分页,分页符前后文档始终处于两个不同的页面中,不会随着字体、版式的改变合并为一页。用户可以通过 3 种方式在文档中插入分页符。

(1) 将插入点定位到需要分页的位置,在功能区"页面布局"选项卡的"页面设置"组中单击"分隔符"→"分页符"命令。

(2) 将插入点定位到需要分页的位置,在功能区"插入"选项卡的"页"组中单击"分页"命令,如图 9-9 所示。

图 9-9　插入分页符

（3）将插入点定位到需要分页的位置，按 Ctrl＋Enter 键插入分页。

9.3.2　分节符

分节符是指为表示节的结尾插入的标记。分节符包含节的格式设置元素，如页边距、页面的方向、页眉和页脚以及页码的顺序。

1. 在文档中插入分节符

（1）在功能区"页面布局"选项卡的"页面设置"组中单击"分隔符"命令，如图 9-10 所示。

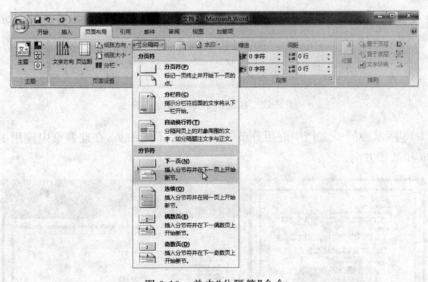

图 9-10　单击"分隔符"命令

（2）在打开的"分隔符"列表中，"分节符"区域列出了 4 种不同类型的分节符，选择合适的分节符即可。

① 下一页：插入分节符并在下一页上开始新节。

② 连续：插入分节符并在同一页上开始新节。

③ 偶数页：插入分节符并在下一偶数页上开始新节。

④ 奇数页：插入分节符并在下一奇数页上开始新节。

2. 在文档中删除分节符

删除分节符后，被删除分节符前面的页面将自动应用分节符后面的页面设置。

（1）打开已经插入分节符的文档，单击 Office 按钮⑩→"Word 选项"命令。

（2）在"Word 选项"对话框中单击"显示"类别，在"始终在屏幕上显示这些格式标记"区域选择"显示所有格式标记"复选框，并单击"确定"按钮，如图 9-11 所示。

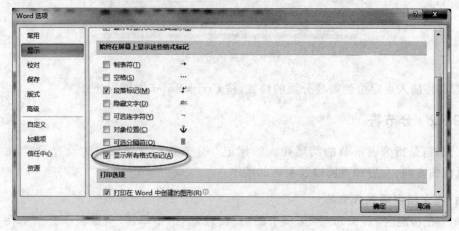

图 9-11   "Word 选项"对话框

（3）返回文档窗口，选中分节符，并按 Delete 键即可将其删除，如图 9-12 所示。

图 9-12   在文档中显示的分节符

图 9-13 所示为同一文档中应用分节符后的两个不同的页，在此两页中应用了不同的页面边框和纸张方向。

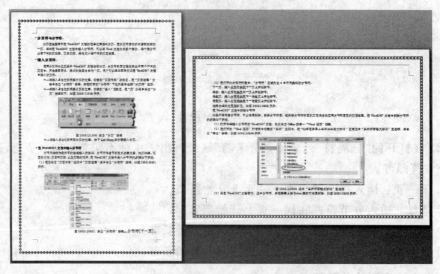

图 9-13   插入分节符后的页面

9.4　应用样式

"样式"是应用于文档中的文本、表格和列表的一套格式特征，它能迅速改变文档的外观。应用样式时，可以在一个简单的任务中应用一组格式。

例如，无须采用多个独立的步骤来将标题设置为三号、宋体、加粗、居中对齐，只需应用"标题"样式即可获得相同效果。

1. 用户可以创建或应用的样式类型

（1）段落样式：控制段落外观的所有方面，如文本对齐、制表位、行间距和边框等，也可以包括字符格式。

（2）字符样式：影响段落内选定文字的外观，例如文字的字体、字号、加粗及倾斜格式。

（3）表格样式：控制表格的边框、阴影、对齐方式和字体。

（4）列表样式：为列表应用相似的对齐方式、编号或项目符号。

（5）通过"样式和格式"任务窗格可以创建、查看和应用样式。直接应用的格式也保存在该窗格中。

2. 对文字应用不同的样式

如果要对文字应用样式，可以应用内置样式，也可以创建新的样式，然后再应用。由于样式可以反复使用，所以应用样式对文档进行格式设置，既可使文档具有一致的外观，又可以大大提高操作效率。

使用"快速样式"库的方法如下。

（1）选中要应用样式的文本。如果要更改整个段落的样式，则单击该段落中的任何位置。

（2）在功能区"开始"选项卡的"样式"组中单击所需的样式。如果未看见所需的样式，可单击"更多"按钮展开"快速样式"库。将指针放在某一样式上时可以看到所选的文本应用了特定样式后的外观。

3. 将样式移到"快速样式"库中

如果要应用的样式未在样式库中显示，可以将样式移至"快速样式"库中，也可以将样式从"快速样式"库中删除。

（1）在功能区"开始"选项卡的"样式"组中单击"对话框启动器"按钮，然后单击"选项"命令。

（2）在打开的"样式窗格选项"对话框的"选择要显示的样式"下拉列表框中选择"所有样式"选项。

（3）在"样式"窗格中，单击所要添加的样式，如图 9-14 所示。

4. 向"快速样式"库中添加样式

向"快速样式"库中添加新样式的方法如下。

（1）选择要以新的样式创建的文本。

（2）在所选内容上设置文本格式。

图 9-14　将样式添加到"快速样式"库

（3）右击所选内容,在弹出的快捷菜单中单击"样式"→"将所选内容保存为新快速样式"命令。

（4）在打开的"根据格式设置创建新样式"对话框中,为样式输入一个名称,然后单击"确定"按钮。新创建的样式会以给定的名称显示在"快速样式"库中,如图 9-15 所示。

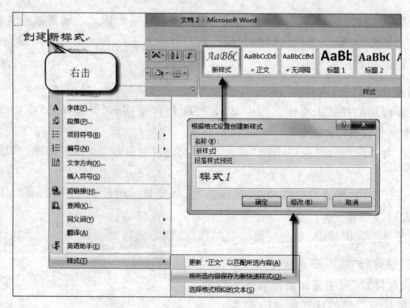

图 9-15　向"快速样式"库中添加新样式

5. 从"快速样式"库中删除样式

（1）在功能区"开始"选项卡的"样式"组中右击要从库中删除的样式。

（2）单击"从快速样式库中删除"命令，如图 9-16 所示。

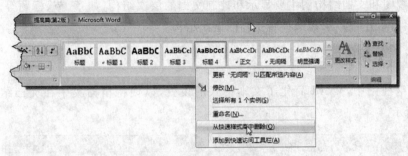

图 9-16   对文本应用样式

从"快速样式"库中删除样式，不会从"样式"库中真正删除。通过"样式"任务窗格可以列出文档中的所有样式。

6. 修改样式

在 Word 2007 中，"快速样式"是一些样式的集合。修改某个样式属性的方法如下。

（1）在功能区"开始"选项卡的"样式"组中右击要更改的样式，在弹出的快捷菜单中单击"修改"命令。

（2）在"修改样式"对话框中修改样式属性，如图 9-17 所示。

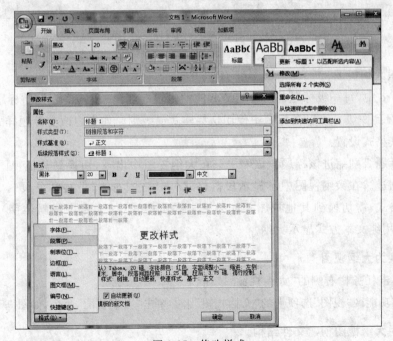

图 9-17   修改样式

9.5 大纲视图及文件结构图的应用

大纲视图和文档结构图主要显示和控制文档的层次结构,如章、节、标题等。对于长文档来说,可以让用户清晰地查看文档的层次结构。

9.5.1 大纲视图

在大纲视图中,Word 简化了文本格式的设置,以便将精力集中在文档结构上,如图 9-18 所示。

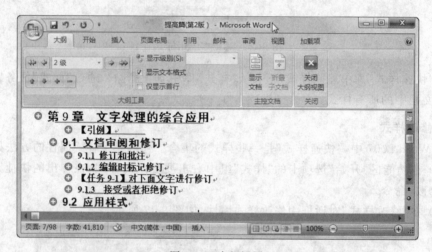

图 9-18   大纲视图

1. 认识大纲视图

在 Word 中,每一级标题都已设置为相应的内置标题样式("标题 1"到"标题 9")或大纲级别(1级到9级),可以在标题中使用这些样式或级别。如果想改变标题样式的外观,可以更改其格式设置。

按照标题级别缩进该标题。该缩进只在大纲视图中出现,切换到其他视图时,Word将取消该缩进。在大纲视图中不显示段落格式(如缩进、对齐、行距和分页)。要查看或修改段落格式,需切换到其他视图。如果感觉字符格式(如大号字或斜体字)分散注意力,可以使用纯文本方式显示大纲。

2. 切换为大纲视图

(1) 单击任务栏右侧的"大纲视图"按钮。

(2) 在功能区"视图"选项卡的"文档视图"组中单击"大纲视图"命令,如图 9-19 所示。

3. 利用大纲视图创建文件结构

在编写长文档时,首先创建好文件的结构十分重要。例如编著书稿时一般要先确定你要写的章节的结构,如章为一级标题,节为二级标题。具体方法如下。

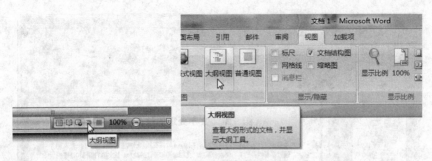

图 9-19　切换为大纲视图

（1）在一个新的文档中，切换到大纲视图。

（2）输入每一个标题，然后按 Enter 键。Word 将按照内置标题样式中"标题 1"的样式来设置标题。

（3）若要改变标题的级别，可将插入点置于标题中，然后在图 9-20 所示的"大纲"工具栏中单击"提升"或"降低"按钮，将标题调整至所需级别。

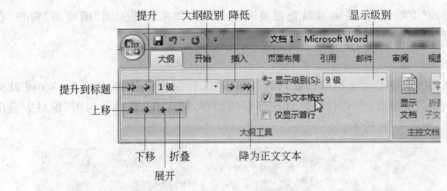

图 9-20　"大纲"选项卡

（4）若要将标题移动到不同的位置，可将插入点置于标题中，然后单击"大纲"工具栏上的"上移"或"下移"按钮，将标题移动至所需位置（标题的从属文本随标题移动）。

（5）如果对当前的布局满意，可切换到普通视图、页面视图或 Web 版式视图来添加详细的正文和图片。

9.5.2　页面缩略图和文档结构图

使用页面缩略图和文档结构图可以对整个文档快速进行浏览，跟踪在文档中的位置。

1. 页面缩略图

页面缩略图可以帮助用户以缩略图的形式查看整个文档页面，以帮助用户快速移动到目标页面。

在功能区"视图"选项卡的"显示/隐藏"组中选择"缩略图"复选框，显示页面缩略图，如图 9-21 所示。

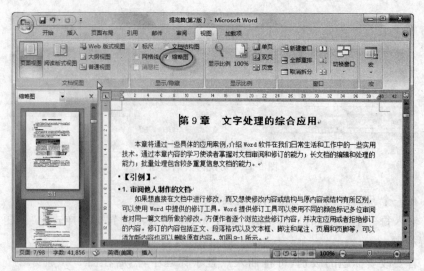

图 9-21 页面缩略图

在打开的"缩略图"窗格中可以查看页面缩略图。如果想要关闭"缩略图"窗格,在"显示/隐藏"分组中清除选择"缩略图"复选框即可。

2. 文档结构图

文档结构图能够显示文档的标题列表。单击"文档结构图"中的标题后,Word 就会跳转到文档中的相应标题,并将其显示在窗口的顶部,同时在"文档结构图"窗格中突出显示该标题,如图 9-22 所示。

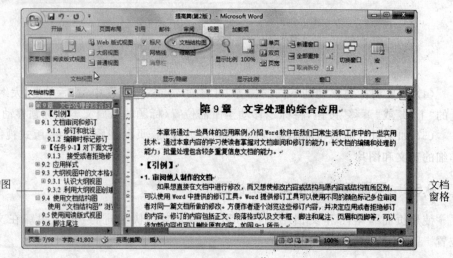

图 9-22 文档结构图

使用文档结构图浏览文档,文档标题的格式必须设置为内置标题样式或相应的大纲级别,以便在文档结构图中显示。

在"视图"选项卡的"显示/隐藏"组中选择或清除选择"文档结构图"复选框,可打开或关闭"文档结构图"。

如果要折叠某个标题下的次级标题,可单击该标题旁的减号(—)。

如果要显示某个标题下的次级标题,可单击标题旁的加号(十)。

在文档结构图最下方没有内容的空白位置,或者标题左侧的十号或一号上右击,弹出快捷菜单,可在其中设置显示标题级别。

9.6　目录引用

通常,长文档的正文内容完成之后,还需要制作目录和索引。所谓"目录",就是文档中各级标题的列表,它通常位于文章扉页之后。目录的作用在于方便阅读,读者可以快速地检阅或定位到感兴趣的内容,同时比较容易了解文章的纲目结构。

如果手动为长文档制作目录,工作量是相当大的,而且弊端很多,比如对文档的标题内容进行更改的时候,又得再次更改目录。所以掌握自动生成目录的方法,是提高长文档制作效率的有效途径之一。

9.6.1　创建目录

通过选择要包括在目录中的标题样式(如标题 1、标题 2 和标题 3)来创建目录。Word 搜索与所选样式匹配的标题,根据标题样式设置目录项文本的格式和缩进,然后将目录插入文档中。

1. 标记目录项

创建目录最简单的方法是使用内置的标题样式,还可以创建基于已应用的自定义样式的目录,或者可以将目录级别指定给各个文本项。

(1) 对应在目录中出现的标题应用标题样式。

(2) 如果希望目录包括没有设置为标题格式的文本,可以使用此过程标记各个文本项。

选择要在目录中包括的文本。在功能区"引用"选项卡的"目录"组中单击"添加文字"命令,选择要将所选内容标记为的级别,如图 9-23 所示。

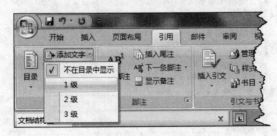

图 9-23　标记文本项

2. 用内置标题样式创建目录

(1) 单击要插入目录的位置,通常在文档的开始处。

(2) 在功能区"引用"选项卡的"目录"组中单击"目录"命令,然后单击所需的目录样式。

3. 应用自定义样式创建目录

（1）单击要插入目录的位置。

（2）在功能区"引用"选项卡的"目录"组中单击"目录"→"插入目录"命令，如图 9-24 所示。

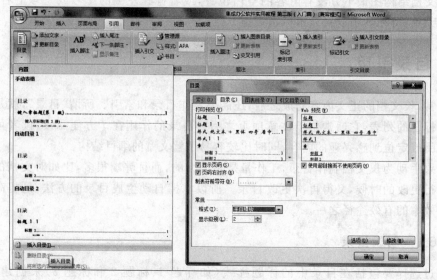

图 9-24　插入目录

（3）在打开的"目录"对话框中单击"选项"按钮。

（4）在"有效样式"下，查找应用于文档中的标题的样式。

（5）在样式名旁边的"显示级别"下，输入 1～9 中的一个数字，指示希望标题样式代表的级别。

（6）单击"确定"按钮，目录效果如图 9-25 所示。

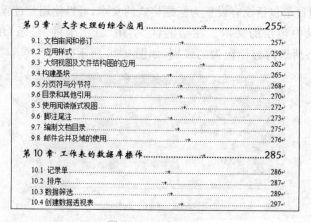

图 9-25　文档目录

9.6.2　更新目录

如果添加或删除了文档中的标题或其他目录项，可以快速更新目录。

(1) 在功能区"引用"选项卡的"目录"组中单击"更新目录"命令。

(2) 在"更新目录"对话框中,选择"只更新页码"或"更新整个目录"单选按钮,如图 9-26 所示。

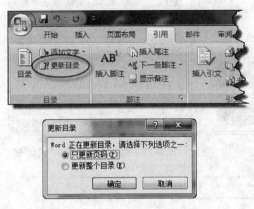

图 9-26　更新目录

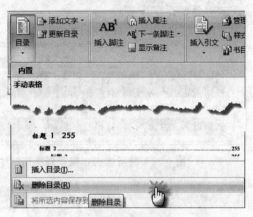

图 9-27　删除目录

9.6.3　删除目录

在功能区"引用"选项卡的"目录"组中单击"目录"→"删除目录"命令,如图 9-27 所示。

9.7　构建基块

构建基块是 Word 2007 新增的功能,主要用于存储具有固定格式且经常使用的文本、图形、表格或其他特定对象。构建基块被保存在 Word 2007 的库中,可以被插入到任何文档的任意位置。

1. 创建"构建基块"

(1) 打开 Word 2007 文档窗口,选中准备作为"构建基块"的内容(可以是文本、图片或表格等)。在功能区"插入"选项卡的"文本"组中单击"文档部件"命令,在下拉列表中单击"将所选内容保存到文档部件库"命令,如图 9-28 所示。

(2) 打开"新建构建基块"对话框,用户可以自定义"构建基块"的名称,并选择"构建基块"保存到的库。默认情况将保存到"文档部件"库中,当然也可以选择保存到"页眉"、"页脚"、"文本框"等库中。选择保存到哪个库,在使用该"构建基块"时就需要到相应的库中查找。其他选项保持默认设置,并单击"确定"按钮,如图 9-29 所示。

2. 应用"构建基块"

在功能区"插入"选项卡的"文本"组中单击"文档部件"命令,在库列表中看到新建的"构建基块",单击该"构建基块"即可将其插入到文档中指定位置,如图 9-30 所示。

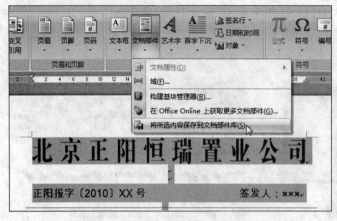

图 9-28　将所选内容保存到文档部件库　　　　　图 9-29　"新建构建基块"对话框

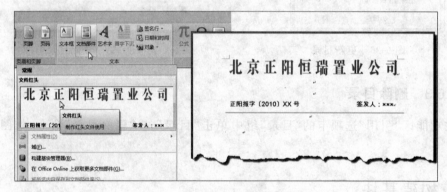

图 9-30　在文档中插入"构建基块"

3. 删除"构建基块"

用户可以根据实际需要删除自己创建的或 Word 2007 自带的"构建基块"。

（1）在功能区"插入"选项卡的"文本"组中单击"文档部件"命令，在下拉列表中单击"构建基块管理器"命令，打开"构建基块管理器"对话框，如图 9-31 所示。

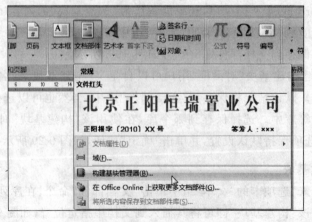

图 9-31　单击"构建基块管理器"命令

（2）在"构建基块"列表中选中准备删除的"构建基块"名称，并单击"删除"按钮。完成删除操作后单击"关闭"按钮即可，如图 9-32 所示。

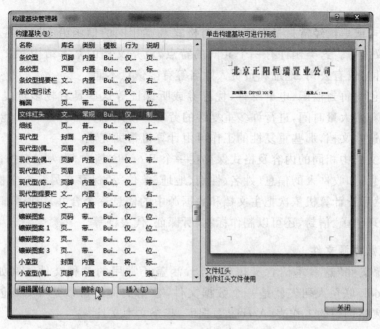

图 9-32　"构建基块管理器"对话框

边学边做　制作公文红头和落款"构建基块"

创建一公文文件的红头和带有图章的落款"构建基块"，基块中的图章可使用 Word 中绘图功能自行绘制。应用创建的"构建基块"制作公文文件，如图 9-33 所示。

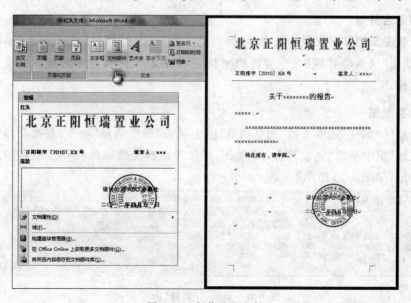

图 9-33　制作公文文档

9.8　邮件合并及域的使用

许多公司或单位经常批量发送内容与格式基本相同的信函给不同的客户,如通知、邀请函、协议书等。这类函件有一个共同的特点,就是文档的基本结构和文档的绝大部分内容都相同,仅有公司、地址和负责人姓名等有限信息不同。

逐个地创建每封信函、电子邮件、优惠券或听课证等这些具有较多重复内容和格式的文档需要花费大量时间,进行许多重复性的劳动。使用邮件合并,Word 能够帮助用户批量地处理这些文档,那些重复性的工作可由计算机帮助完成。

把这类文档中相同的内容及格式保存在一个 Word 文档中,称为主文档;把每一文档中不同的信息,如收件人的信息(姓名、性别、地址、单位等)保存在另一个文档中,称为数据源文件;然后让计算机依次把主文档和数据源中的信息逐个合并。利用邮件合并功能不但能够处理信函、信封,还可以制作标签、听课证、代表证等。

1. 定义数据源文件

"数据源文件"这一术语含义比较广泛,涵盖了常用的各种文件。例如,Microsoft Office Outlook 联系人列表就是一个数据文件,数据文件还可以是 Word 创建的表、用 Excel 电子表格创建的工作表、Access 数据库,甚至文本文件。

2. 在 Word 中制作主文档

在主文档中,添加每个副本中相同的所有信息。例如,信函主文档中,可以插入公司徽标和输入希望所有收件人阅读的邮件内容。

3. 将文档连接到数据源

在功能区"邮件"选项卡的"开始邮件合并"组中单击"选择收件人"命令,确定数据源。

4. 插入合并域

首先在主文档中定位要插入合并域的位置,在功能区"邮件"选项卡的"编写和插入域"组中单击"插入合并域"命令旁边的 ▼ 按钮,依次选中相应的字段后就完成了插入合并域的工作。

5. 合并数据

在功能区"邮件"选项卡的"预览结果"组中单击"预览结果"命令,查看合并数据的结果,在"完成"组中单击"完成并合并"命令,可合并到新文档或将合并结果直接送至打印机打印输出,如图 9-34 所示。

图 9-34　功能区"邮件"选项卡

任务 9-2　制作邀请函

使用邮件合并技术制作下列邀请函,如图 9-35。

邀 请 函

尊敬的刘旭阳先生:

　　我公司定于 2012 年 1 月 5 日召开 2012 年度产品订货会,现特邀您单位派一至二名代表参加。这次会议的主要内容是签订 2012 年的供货合同,广泛听取您的宝贵意见,密切关系,联络感情。

　　会议报到日期为 2012 年 1 月 4 日,报到地点为北京海宏大厦 4 层 418 房间。

　　欢迎贵单位代表届时光临。

　　　　　　　　　　　　　　　　　　北京 ABC 高科技发展有限公司
　　　　　　　　　　　　　　　　　　　　　2012 年 1 月 1 日

图 9-35　邀请函

任务分析:

信函的基本结构和大部分内容都相同,仅有少部分的内容不同。过去常用的方法是先将原始函件复印多份,再手工填写收件对象的信息(名称、地址、单位等)。这样做既麻烦,信函也不够规范。使用 Word 提供的邮件合并功能,可以快速、方便地解决此问题。

实施步骤:

(1) 创建邀请函的数据源文档

新建一个 Word 文件,在文件中输入表格内容,并以"邀请函－数据源"为文件名保存文件。数据源文件为一个表格,表格的第一行为列标题,从第二行开始每一行称为一条记录。如表 9-1 所示。

表 9-1　邀请函数据

序号	姓名	性别	单　　位	通 信 地 址	邮政编码
1	张慧玲	女	北京广立信有限责任公司	北京珠市口大街 14 号	100054
2	刘旭阳	男	北京华表网络集团公司	北京市海淀区黄庄路 32 号	100032
3	于龄生	男	北京通信设备厂	北京市丰台区横七条陈 37 号院	100061
4	冯仲艳	女	北京华光自动工程公司	北京宣武区菜市口东大街 18 号	100035

(2) 创建邀请函的主文档

新建一个文档,输入邀请函的基本内容并进行必要的排版。

(3) 将文档连接到数据源

在功能区"邮件"选项卡的"开始邮件合并"组中单击"选择收件人"命令,确定数据源,如图 9-36 所示。

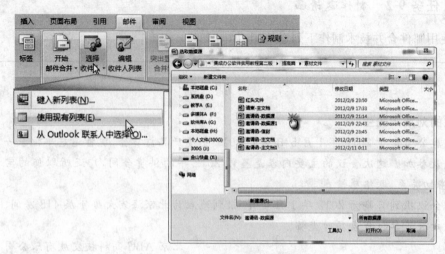

图 9-36 "选取数据源"对话框

(4) 在主文档中插入"姓名"域

在主文档中定位要插入收件人的姓名的位置,在功能区"邮件"选项卡的"编写和插入域"组中单击"插入合并域"命令旁边的 ▼ 按钮,在列表中选择"姓名"选项,如图 9-37 所示。

图 9-37 在主文档中插入合并域

(5) 在收件人姓名后插入称呼

首先定位插入点光标"尊敬的《姓名》"之后,在功能区"邮件"选项卡的"编写和插入域"组单击"规则"→"如果……那么……否则……"命令,打开"插入 Word 域"对话框。根据收件人的性别,确定对收件人应称呼"先生"还是"女士",如图 9-38 所示。

(6) 合并数据

在功能区"邮件"选项卡的"预览结果"组中单击"预览结果"命令,查看合并数据的结果,如图 9-39 所示。单击"完成"组中的"完成并合并"命令,可合并到新文档或将合并结果直接送至打印机打印输出,合并后的结果如图 9-40 所示。

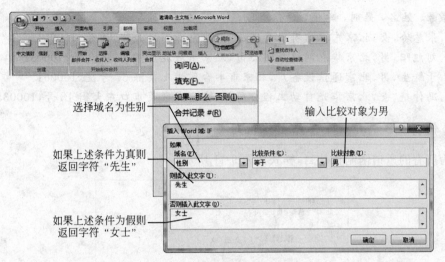

图 9-38 在主文档中插入条件域

图 9-39 查看合并结果及完成合并

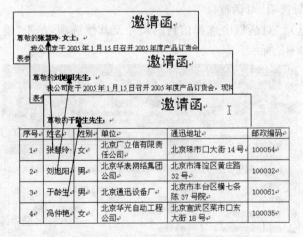

图 9-40 在主文档中查看合并结果

小技巧　使用逗号分隔的数据源文件

在 Word 中,除了可以用表格的形式制作数据表外,还可以使用逗号分隔记录中的各项数据。例如,上面任务中的数据源文件也可以是下面格式。

序号，姓名，姓别，单位，通信地址，邮政编码

1，张慧玲，女，北京广立信有限责任公司，北京珠市口大街 14 号，100054

2，刘旭阳，男，北京华表网络集团公司，北京市海淀区黄庄路 32 号，100032

3，于龄生，男，北京通信设备厂，北京市丰台区横七条陈 37 号院，100061

4，冯仲艳，女，北京华光自动工程公司，北京宣武区菜市口东大街 18 号，100035

任务 9-3   用邮件合并制作信封

为所有的邀请函制作信封，样式如图 9-41 所示。

图 9-41   信封样张

任务分析：

此任务需要制作大量的相同格式的信封，可使用邮件合并来完成此项工作。信封中用到的数据在上一任务所制作的数据源文件中已经包含，可直接利用。信封的格式可使用 Word 内置的信封格式。

实施步骤：

(1) 新建一个文件，在功能区"邮件"选项卡的"开始邮件合并"组中单击"开始邮件合并"命令，打开"信封选项"对话框。

(2) 在"信封选项"对话框中选择信封的尺寸及其他选项，单击"确定"按钮，完成信封的基本设置，如图 9-42 所示。

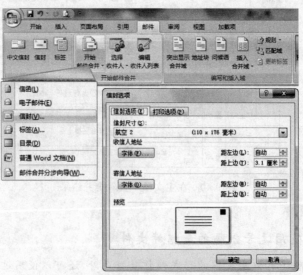

图 9-42   选择主文档类型为信封格式

　　（3）在信封的左上角处定位插入光标，插入"邮政编码"、"通信地址"、"单位"域。使用同样方法在收件人信息栏中插入收件人"姓名"域。使用"如果……那么……否则……"命令，根据收件人的性别确定对收件人应称呼"先生"还是"女士"。在寄信人信息栏中输入寄信人的信息并对其进行简单的排版，如图 9-43 所示。单击"预览结果"按钮查看收件人的姓名和地址是否匹配。

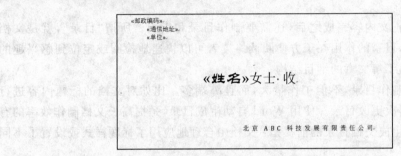

图 9-43　在主文档中插入其他收件人信息及寄件人信息

　　（4）单击"完成"组中的"完成并合并"命令，可合并到新文档或将合并结果直接送至打印机打印输出。

本章小结

　　本章通过一些具体的应用实例，介绍了 Word 软件在人们工作和学习中的一些实用技术。通过本章内容的学习使读者掌握对文档审阅和修订、长文档的编辑和处理及批量处理包含较多重复信息文档的能力。

1. 文档的审阅

　　当我们要审阅他人的文档时，过去通常在纸质文档中用不同颜色的笔进行批改。作者可以十分清楚地了解审阅者的意见，参考这些意见对文档进行修改。Word 提供的修订工具同样使用不同的颜色标记多位审阅者对同一篇文档所做的修改，方便作者逐个浏览这些修订内容，并决定接受或拒绝修订的内容。建议读者在修改他人的 Word 文档时使用此功能，而不要在编辑状态下直接修改他人的文档。

2. 大纲视图

　　大纲视图通常用于长文档的编辑，所谓长文档是指那些页数较多的文档，如论文、总结、书稿等。在编辑这类文档时可使用大纲视图，能够帮助用户有效地控制文档的结构和格式，如章、节、标题等。在大纲视图中，可折叠文档只查看到某级标题，或者扩展文档以查看整个文档，还可以通过拖动标题来移动、复制或重新组织正文。

3. 构建基块

　　构建基块是 Word 2007 新增的功能，主要用于存储具有固定格式且经常使用的文本、图形、表格或其他特定对象。构建基块被保存在 Word 2007 的库中，可以被插入到任何文档的任意位置。

4. 在文档中插入分页符和分节符

分页符主要用于在文档的任意位置强制分页,使分页符后边的内容转到新的一页。在文档中插入分节符,可以将 Word 文档分成多个部分。每个部分可以有不同的页边距、页眉页脚、纸张大小等不同的页面设置。

5. 制作目录

通常长文档的正文内容完成之后,还需要制作目录和索引。所谓"目录",就是文档中各级标题的列表,目录的作用在于方便阅读。读者可以快速地检阅或定位到感兴趣的内容,同时比较容易了解文章的纲目结构。

手工为长文档制作目录,不但工作量大,而且弊端多。比如对文档的标题内容进行更改的时候,又得再次更改目录。使用 Word 自动生成目录,是提高长文档制作效率的有效途径之一。自动生成文档目录的前提是:文档中合理地应用了标题样式或设置了不同的标题级别。

6. 邮件合并

Word 中的邮件合并功能,可以帮助人们批量处理那些具有较多的重复信息和格式的文档,如信函、信封、标签、听课证、代表证等。

把这类文档中相同的内容及格式保存在一个 Word 文档中,称为主文档;把每一文档中不同的信息,如收件人的信息(姓名、性别、地址、单位等)保存在另一个文档中,称为数据源文件;然后让计算机依次把主文档和数据源中的信息逐个合并。

综合练习

1. 创建一个文档,文档内容自定。将文档保存为文件名为"源文档.doc"。对源文档进行修订,如插入文本、删除文本、修改文字及段落格式,并对一些内容添加批注。将文件另存为"修订文档案管理.doc"。对被修订的文档,接受全部修订。将文件另存为"接受修订.doc"。

2. 创建一个页数在两页以上的文档,文档中的文字和图片可从 Internet 上下载,文档中应使用到"标题1"和"标题2"样式,并将"标题1"样式更改为三号、红色、隶书;将"标题2"样式更改为四号、蓝色、黑体。

3. 利用大纲视图编辑一个文档,文档中应包含"一级标题"、"二级标题"。在文档的开始处,利用文档中的标题创建一个含有两级标题的文档目录。

4. 使用邮件合并的功能,用名片样式设计某学校计算机考试的准考证,如图 9-44 所示。邮件的数据源采用电子表格文档给出。数据内容及形式由读者自己确定。

图 9-44　准考证样张

第 10 章 使用 Excel 进行数据分析

本章主要介绍 Excel 提供的各项数据分析工具的使用,除了常用的排序、筛选、分类汇总以外,还介绍了数据透视表的使用技巧。

引例

使用 Excel 对某公司职工档案进行管理,对职工信息进行了如下的分析和处理。

(1) 对工作表中"姓名"按笔画进行排序,如图 10-1 所示。

序号	姓名	性别	政治面貌	出生日期	职 务	学历	职称	部 门
8	丁璞	女	党员	1959-5-12	副经理	大专	工程师	经营部
1	王文生	男	党员	1954-6-11	经理	大专		办公室
19	王志庄	男	群众	2010-1-22		中专	工程师	售后服务部
13	龙大柱	男	群众	1959-1-20		大本	工程师	生产部
4	朱荣	女	党员	1956-9-4	副经理	大专		办公室
20	邹智	男	党员	1956-6-21		中专		售后服务部
23	刘丽	女	党员	1961-11-16		大本		售后服务部
5	刘宗仁	男	党员	1953-3-15	经理	大专	助理馆员	经营部
15	孙平	男	群众	1973-8-9	经理	大本	助理经济师	售后服务部

图 10-1　对姓名按笔画排序

(2) 对工作表使用自动筛选显示具有大本学历的男性职工记录信息,如图 10-2 所示。

序号	姓名	性别	政治面貌	出生日期	职 务	学历	职称	部 门
13	龙大柱	男	群众	1959-1-20		大本	工程师	生产部
15	孙平	男	群众	1973-8-9	经理	大本	助理经济师	售后服务部
17	金伟	男	党员	1969-7-18		大本	工程师	售后服务部

图 10-2　对表应用自动筛选

(3) 使用数据透视表对公司员工按部门统计学历状况,如图10-3所示。

计数项:姓名	学历				
部　门	大本	大专	高中	中专	总计
办公室	1	3			4
经营部	2	2			4
生产部	2	3	1		6
售后服务部	3	3	1	2	9
总计	8	11	2	2	23

图10-3　按部门统计学历状况

通过上面的引例可以看出,使用Excel进行数据分析和处理是非常方便和实用的,可以很容易地实现排序、筛选、分类汇总等数据分析和处理功能。

10.1　Excel表的基本操作

为了便于管理和分析一组相关数据,可以将单元格区域转换为Excel表(以前称为"Excel列表")。表是一系列包含相关数据的行和列。

10.1.1　了解Excel表

默认情况下,表中的每一列都在标题行中启用了筛选功能,以便快速筛选表中的数据或对其进行排序,可以在Excel表中添加总计行,汇总行单元格提供聚合函数下拉列表。

1. 标题行

默认情况下,表具有标题行。每个表列都在标题行中启用了筛选功能,可以快速筛选表中的数据或对表中的数据进行排序,如图10-4所示。

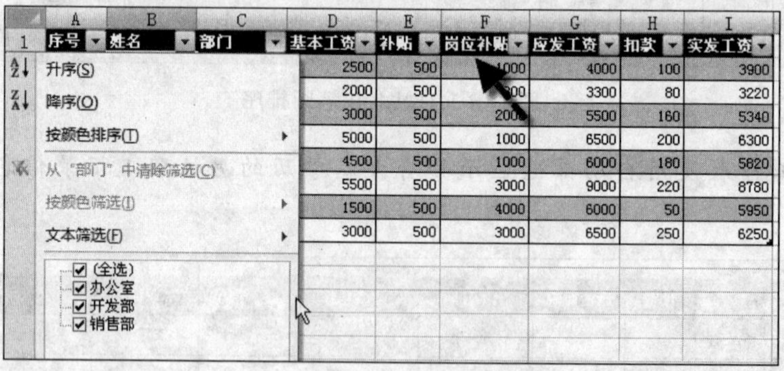

图10-4　Excel表的标题行

2. 镶边行

默认情况下,为了更好地区分数据,对表中的行交替应用了阴影或镶边。

3. 计算列

通过在表列中的一个单元格中输入公式,可以创建计算列,将对该表列中的所有其他单元格立即应用该公式,如图 10-5 所示。

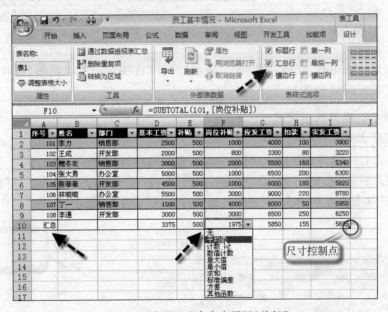

图 10-5　在 Excel 表中创建计算列

4. 汇总行

可以在表中添加一个汇总行,该行提供对汇总函数(例如 AVERAGE、COUNT 或 SUM 函数)的访问。在每个汇总行单元格中会显示一个下拉列表,可以快速计算所需的汇总,如图 10-6 所示。

图 10-6　在 Excel 表中应用"汇总行"

5. 尺寸控点

表的右下角有一个尺寸控点,拖动尺寸控制点可以改变表的大小。

10.1.2　创建 Excel 表

在 Excel 中创建表格后,可以对该表中的数据进行管理和分析。例如,可以筛选表格,添加汇总行,应用表格格式,以及将表格发布到正在运行 Microsoft Windows SharePoint Services 3.0 的服务器上。

当不需要表时,可以通过将表转换为区域或直接删除表格。

1. 创建表

(1) 在工作表上,选择要转换为表格的数据区域(也可以在数据区域中单击任意一个单元格)或空单元格区域。

(2) 在功能区"插入"选项卡的"表"组中单击"表"命令。

(3) 如果选择的区域包含要显示为表标题的数据,选择"表包含标题"复选框,如图 10-7 所示。如果未选择"表包含标题"复选框,则表标题显示为可以更改的默认名称。

图 10-7　创建表

创建表后,"表工具"变得可用,并会显示"设计"选项卡。可以使用"设计"选项卡中的工具自定义或编辑表格。

2. 将表格转换为数据区域

当不需要表时,可以将表转换为区域。

(1) 单击表中的任意位置,这时在功能区中会显示"表工具"。

(2) 在功能区"表工具"的"设计"选项卡的"工具"组中单击"转换为区域"命令或右击表,在弹出的快捷菜单中单击"表格"→"转换为区域"命令,如图 10-8 所示。

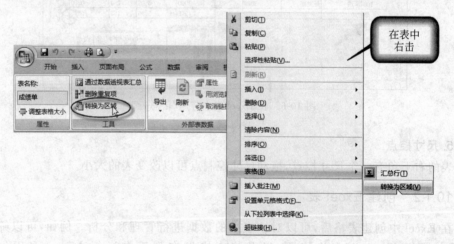

图 10-8　表转换为区域

10.1.3　添加或删除 Excel 表的行和表格列

在工作表中创建了 Excel 表后,可以方便地添加行和列,也可以快速地在表的末尾处添加一个空行,或者在需要的任意位置插入表格行和表格列;还可以删除行和列或从表中快速删除包含重复数据的行。

1. 在表下方添加行或在表的右侧添加列

(1) 在表的下方添加行:在紧邻该表格下方的单元格中输入值或文本。

(2) 在表的右侧添加列:在紧邻该表格右侧的单元格中输入值或文本。

2. 在表中插入行或列

(1) 在表中选择一个或多个行或列。

(2) 在功能区"开始"选项卡的"单元格"组中单击"插入"命令旁的 ▼ 按钮。

(3) 执行下列操作之一。

① 在上方插入表格行。

② 在左侧插入表格列。

右击一个或多个被选中的表格行或列,在弹出的快捷菜单中单击"插入"命令,然后在选项列表中选择要执行的操作。或者右击被选中的一个或多个单元格,单击"插入"→"在上方插入表格行"或"在左侧插入表格列"命令,可以方便地在表中插入行或列。

【思考】

在功能区"开始"选项卡的"单元格"组中单击"插入"命令旁边的 ▼ 按钮时,显示的命令列表如图 10-9 所示,命令列表中同时出现了"插入工作表行"和"在上方插入表格行"命令及"插入工作表列"和"在左侧插入表格列"命令。思考这两组命令的差别。

3. 调整表格大小

(1) 使用"表工具"中的"调整表格大小"命令调整表的大小

单击表中的任意位置,显示"表工具"。在功能区"表工具"的"设计"选项卡的"属性"组中单击"调整表格大小"命令。

在"调整表大小"对话框的"为表选择新的数据区域"文本框中,输入或用鼠标选择要用于该表的区域,如图 10-10 所示。

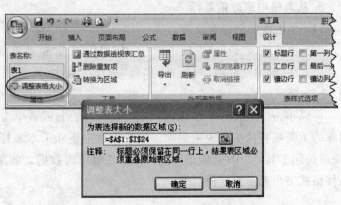

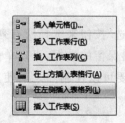

图 10-9　"插入"命令列表　　　　　　　　图 10-10　调整表大小

(2) 使用鼠标调整表的大小

要使用鼠标调整表的大小,可向上、向下、向左或向右拖动表格右下角的三角形调整大小控点,以选择要用于该表格的区域,如图 10-11 所示。

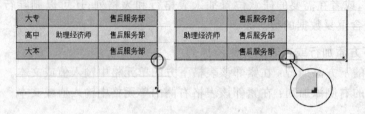

图 10-11   使用鼠标调整表的大小

4. 从表中删除行或列

(1) 选中要删除的一个或多个表格行或列,也可以只选中要删除的表格行或表格列中的一个或多个单元格。

(2) 在功能区"开始"选项卡的"单元格"组中单击"删除"命令旁边的 ▼ 按钮,然后在下拉列表中单击"删除表格行"或"删除表格列"命令,如图 10-12 所示。

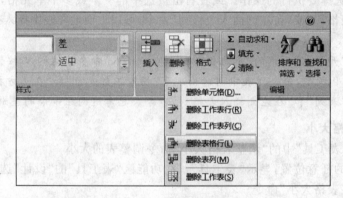

图 10-12   删除表格行或列

5. 从表格中删除重复行

(1) 单击表中的任意位置。

(2) 在功能区"设计"选项卡的"工具"组中单击"删除重复项"命令。

(3) 在"删除重复项"对话框的"列"选项区域中,选择包含要删除的重复项的列,如图 10-13 所示。

可以单击"取消全选"按钮,然后选择所需的列,或者单击"全选"按钮来选择所有列。删除的重复项将从工作表中删除。如果无意中删除了本来打算要保留的数据,可以单击"快速访问工具栏"中的"撤消"命令来还原删除的数据。如果需要可以在删除之前使用条件格式突出显示重复值。

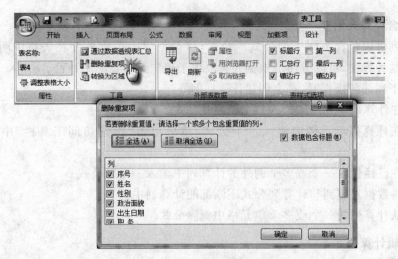

图 10-13 在表格中删除重复项

10.2 Excel 表的计算

在 Excel 表中使用计算列和结构化引用时,计算列会自动扩展以包含其他行,从而使公式可以立即扩展到这些行。使用汇总行单元格的下拉列表中提供的函数,可以快速地对表中的数据进行汇总。

10.2.1 在 Excel 表中创建、编辑或删除计算列

在 Excel 表中,可以快速创建一个计算列,计算列使用一个适用于每一行的公式。只需将公式输入一次,而无须使用"填充"或"复制"命令。

1. 创建计算列

(1) 单击计算列中的一个单元格。

(2) 输入要使用的公式。输入的公式将自动填充至该列的所有单元格中,即活动单元格上方和下方的所有单元格,如图 10-14 所示。

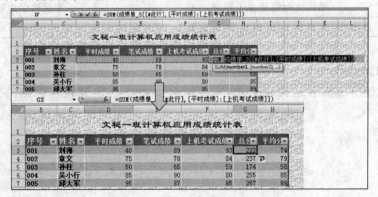

图 10-14 创建计算列

2. 包含计算列例外

计算列可以包含不同于列公式的公式,这会创建一个例外并在表格中明确标记出来。使用这种方法,可以方便地检测并解决由于疏忽而导致的不一致。

执行下列任何操作时,都会创建计算列例外。

(1) 在计算列单元格中输入数据而不是公式。

(2) 在计算列单元格中输入一个公式,然后单击"快速访问工具栏"中的"撤消"按钮。

(3) 在已经包含一个或多个例外的计算列中输入一个新公式。

(4) 将数据复制到与计算列公式不匹配的计算列中。

(5) 从计算列的一个或多个单元格中删除公式。

3. 编辑计算列

在不包含例外的计算列中,单击任意单元格,然后编辑该单元格中的公式。

如果更改包含例外的计算列中的公式,则 Excel 将不能自动更新计算列,但会显示"自动更正选项"按钮,提供使用修改的公式覆盖该列中所有公式的选项,以便可以创建计算列。

4. 删除计算列

要删除一个计算列,需选择该计算列,然后在功能区"开始"选项卡的"单元格"组中单击"删除"命令,也可以按 Delete 键。

10.2.2　Excel 表的结构化引用

在前面创建计算列时,应该发现在表计算列中输入的计算公式与在前面章节使用的计算公式有所不同,主要是单元格的引用不同。在表的计算列中一般采用表结构化引用。结构化引用可以使表数据的处理变得更加容易、更加直观。因为表数据区域经常变化,如添加和删除行和列,而结构化引用可随之自动调整,操作更加方便,其具体区别见表 10-1。

表 10-1　结构化引用与单元格引用的具体区别

结构化引用更易于理解	单元格引用较难理解
＝SUM(成绩单[[＃此行],[平时成绩]:[上机考试成绩]])	＝Sum(D2:F2)

1. 结构化引用

要有效使用表格和结构化引用,需要了解如何在创建公式时创建结构化引用的语法。

特殊项目

表名称　说明符　列说明符　　列说明符

=SUM(成绩单[[#此行], [平时成绩] : [上机考试成绩]])

表说明符

(1) 表名称：提供用于引用实际表格数据的有意义的名称。

(2) 列说明符：从列标题派生而来，它由括号括起，并引用列数据。

(3) 特殊项目说明符：是一种引用表的特定部分(例如汇总行)的方法。

(4) 表说明符：是结构化引用的外层部分，它跟在表名称之后，由方括号括起。

(5) 结构化引用：是以表名称开始，以表说明符结尾的整个字符串。

2. 表名称和列说明符

每次插入表格时，Excel 都会创建默认表名称(表 1、表 2 等)。可以更改该名称，以使其更富有意义。例如，可将“表 1”更改为“成绩单”。

在功能区“设计”选项卡的“属性”组的“表名称”文本框中编辑表名称。

(1) 表名称

表名称引用表格中除标题行和汇总行之外的整个数据区域。在成绩统计表中，表名称“成绩单”引用单元格区域 B3:J7，如图 10-15 所示。

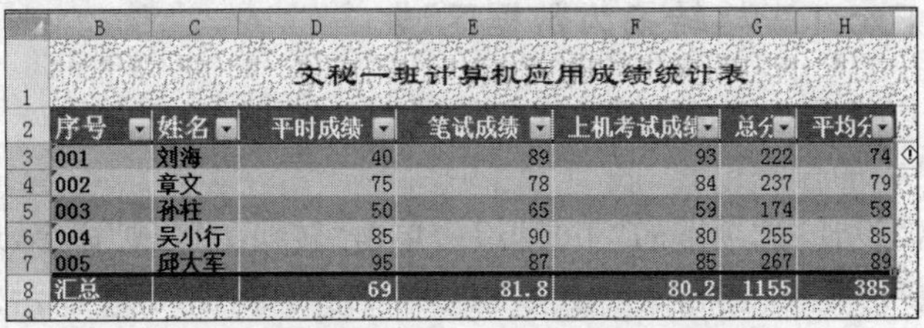

文秘一班计算机应用成绩统计表

序号	姓名	平时成绩	笔试成绩	上机考试成绩	总分	平均分
001	刘海	40	89	93	222	74
002	章文	75	78	84	237	79
003	孙柱	50	65	59	174	58
004	吴小行	85	90	80	255	85
005	邱大军	95	87	85	267	89
汇总		69	81.8	80.2	1155	385

图 10-15　表名称所引用的单元格区域

(2) 列说明符

列说明符代表对除列标题和汇总行之外的整列数据的引用。在“成绩单”表示例中，列说明符[平时成绩]引用单元格区域 D3:D7，而列说明符[上机考试成绩]引用单元格区域 F3:F7。

3. 特殊项目说明符

在结构化引用中使用的特殊项目说明符见表 10-2。

表 10-2　特殊项目说明符

特殊项目说明符	引　用	特殊项目说明符	引　用
[#全部]	整个表格，包括列标题、数据和总计(如果有)	[#汇总]	仅汇总行。如果不存在汇总行，它将返回 null
[#数据]	仅数据	[#此行]	仅当前行的列部分
[#标题]	仅标题行		

4. 使用结构化引用

(1) 使用公式记忆式键入

在输入结构化引用时，可以使用公式记忆式键入，保证输入正确，如图 10-16 所示。

(2) 自动生成表的结构化引用

默认情况下，当创建公式时，单击表中的某一单元格或选择单元格区域，在公式中自

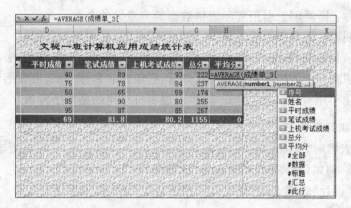

图 10-16　公式记忆式键入

动输入结构化引用,而不是输入该单元格区域,使输入结构化引用更加容易。

10.2.3　将 Excel 表格转换为数据区域

如果需要,可以将 Excel 表格转换成数据区域。

(1) 单击表格中的任意位置。

(2) 在功能区"设计"选项卡的"工具"组中单击"转换为区域"命令,还可以右击表格,在弹出的快捷菜单中单击"表格"→"转换为区域"命令,如图 10-17 所示。

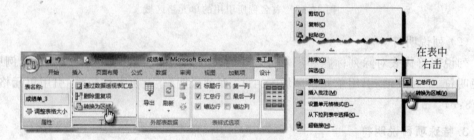

图 10-17　将表转换为数据区域

10.2.4　汇总 Excel 表格中的数据

通过在表格的结尾处显示一个汇总行,使用每个汇总行单元格的下拉列表中提供的函数,可以快速汇总表格中的数据。

(1) 单击表中的任意位置。

(2) 在功能区"设计"选项卡的"表样式选项"组中选择"汇总行"复选框。汇总行显示在表中的最后一行,并在最左侧的单元格中显示文字"汇总"。

(3) 在汇总行中,单击要进行计算的单元格,然后单击 ▼ 按钮。

(4) 在下拉列表中,选择函数。在汇总行中使用的公式并不限于列表中的函数。可以在任意汇总行单元格中输入需要的任何公式,如图 10-18 所示。

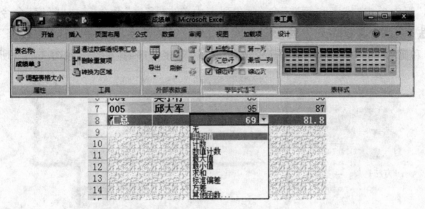

图 10-18　添加汇总行

边学边做　制作笔记本电脑销售情况统计表

依据图 10-19 所示的数据,制作"笔记本电脑销售情况统计表",在统计表中创建计算列"销售金额",销售金额＝单价×销售数量。在表中显示汇总行对表中"销售数量"和"销售金额"两列进行求和汇总。

	A	B	C	D	E
1	品牌	型号	单价	销售数量	销售金额
2	宏碁（acer）	AS4749-2352G32	4099	3	12297
3	惠普（hp）	G4-1236TX(A3U44PA)	3999	5	19995
4	宏碁（acer）	AS5750G-2352G50Mnkk	3599	3	10797
5	ThinkPad E40	（0579-A51）	2899	7	20293
6	富士通（FUJITSU）	LH531	3099	9	27891
7	三星（SAMSUNG）	NP-E3415-S01CN	2688	3	8064
8	联想（Lenovo）	G470AH	3699	4	14796
9	戴尔（DELL）	Ins14R-728B	4599	6	27594
10	戴尔（DELL）	Ins14V-488B	3999	5	19995
11	汇总			45	161722
12					

图 10-19　笔记本电脑销售情况统计表

10.3　排序

排序是在进行数据分析和处理时,经常进行的一项操作。通过排序,可以根据某特定列的内容来重新排列表或数据区域中的行。在 Excel 中,可以按照字母、汉字或数字的大小进行排列。对于汉字的排序即可按照汉语拼音的顺序排序,也可按照笔画多少的顺序排序,还可以按自定义序列(如大、中和小)或格式(包括单元格颜色、字体颜色或图标集)进行排序。大多数排序操作都是针对列进行的,但是,也可以针对行进行。

10.3.1　单关键字排序

使用单关键字对表或数据区域进行排序是最常见且最简单的排序方法。

方法 1：单击需排序列中的任意单元格,以确定关键字段。在功能区"开始"选项卡的"编辑"组中单击"排序和筛选"命令,在列表中单击"升序"命令$\frac{A}{Z}\downarrow$或"降序"命令$\frac{Z}{A}\downarrow$。

　　方法2:单击需排序列中的任意单元格,以确定关键字段。在功能区"数据"选项卡的"排序和筛选"组中单击"升序排序"按钮$\frac{A}{Z}\downarrow$或"降序排序"按钮$\frac{Z}{A}\downarrow$,如图10-20所示。

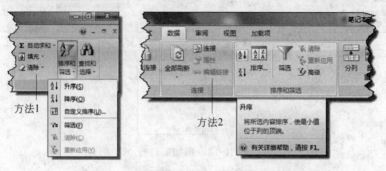

图10-20　对表或数据区域进行单关键字排序

　　在表中还可单击需排序列标题旁的 ▼ 按钮,在列表中选择所需的排序命令,如图10-21所示。

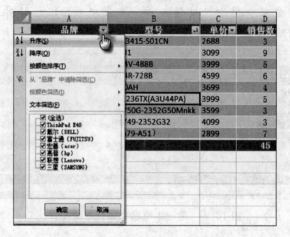

图10-21　对表中列进行排序

注意

　　选择关键字段时一般不要将字段中的全部单元格都选中,否则可能会只对选中内容进行排序,使行数据发生错乱。

10.3.2　使用"排序"对话框对表或数据区域进行排序

　　使用"排序"对话框对表或数据区域进行排序,可以同时对多个关键字排序、或对汉字按姓氏笔画排序及按单元格颜色排序。

1. 按多个关键字排序

　　(1)将光标定位在表或单元格区域中的任一单元格中。
　　(2)在功能区"开始"选项卡的"编辑"组中单击"排序和筛选"命令,在列表中单击"自定义排序"命令。

（3）在"排序"对话框中选择"主关键字"、"排序依据"、"次序"。单击"添加条件"按钮可以添加关键字，单击"删除条件"按钮可以删除关键字。Excel 2007 中最多可以按 64 列进行排序，如图 10-22 所示。

图 10-22　使用"排序"对话框对数据表排序

如果要按照姓氏笔画排序，可单击"排序"对话框中的"选项"按钮，在"排序选项"对话框中选择"笔画排序"单选按钮。

2. 按单元格颜色、字体颜色或图标进行排序

（1）将光标定位在表或单元格区域中的任一单元格中。

（2）在功能区"开始"选项卡的"编辑"组中单击"排序和筛选"命令，在列表中单击"自定义排序"命令。

（3）在"排序"对话框中选择"主关键字"，单击"排序依据"列表框的 ▼ 按钮，在列表中选择排序类型。

① 若要按单元格颜色排序，可选择"单元格颜色"选项。

② 若要按字体颜色排序，可选择"字体颜色"选项。

③ 若要按图标集排序，可选择"单元格图标"选项。

（4）单击"次序"列表框旁的 ▼ 按钮，在列表中选择排序方式："在顶端"或"在底端"，如图 10-23 所示。

图 10-23　排序方式

3. 按自定义序列进行排序

Excel 提供内置的星期、日期和年月自定义序列,还可以创建自己的自定义序列。

(1) 创建自定义序列。

① 在单元格区域中,按照需要的顺序从上到下输入要排序的值,并选中这些单元格。

② 单击 Office 按钮 →"Excel 选项"命令,在"Excel 选项"对话框中单击"常用"类别,然后在"使用 Excel 时采用的首选项"下单击"编辑自定义列表"按钮。

③ 在"自定义序列"对话框中,单击"导入"按钮,然后单击"确定"按钮两次。

只能基于值(文本、数字和日期或时间)创建自定义序列,而不能基于格式(单元格颜色、字体颜色和图标)创建自定义序列,如图 10-24 所示。

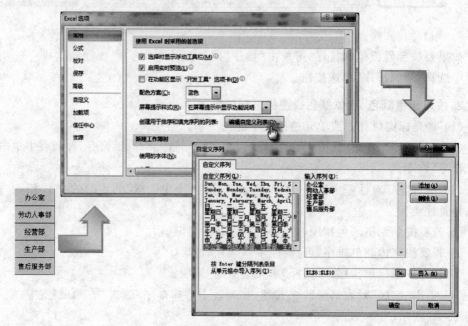

图 10-24　自定义序列

自定义序列的最大长度为 255 字符,并且第一个字符不得以数字开头。

(2) 将光标定位在表或单元格区域中的任一单元格中。

(3) 在功能区"开始"选项卡的"编辑"组中单击"排序和筛选"命令,在列表中单击"自定义序列"命令。

(4) 在"排序"对话框中选择"列"、"排序依据"为所需要的值,选择"次序"为"自定义序列"。

(5) 在"自定义序列"对话框中选择所需的序列,并单击"确定"按钮,如图 10-25 所示。

图 10-25　按自定义序列排序

10.4　数据筛选

筛选是在数据分析中查找满足条件的记录。当筛选一个表或数据区域时,Excel 只显示那些符合条件的记录,而将其他记录从视图中隐藏起来。筛选分为两种:自动筛选和高级筛选。

10.4.1　自动筛选

自动筛选是按照简单的比较条件来快速地选取数据,将不满足条件的数据暂时隐藏起来,将满足条件的数据显示在表格中。

1. 在单元格区域中筛选

将光标定位于区域中的任一位置,在功能区"数据"选项卡的"排序和筛选"组中单击"筛选"命令,这时在每个字段名右边出现 ▼ 按钮,单击该按钮可选择筛选条件,如图 10-26 所示。

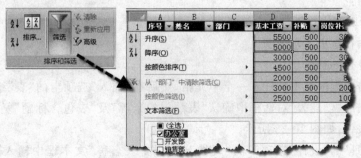

图 10-26　对数据应用自动筛选

取消自动筛选：将光标定位在表中的任一单元格中再次单击"筛选"命令,可取消自动筛选功能。

2. 在表中筛选

将活动单元格置于表中的任一位置,单击字段名右边出现按钮▼,单击该按钮便可选择筛选条件。

任务 10-1   完成工资表的操作

按要求完成对图 10-27 所示的简易工资表的下列操作。

	A	B	C	D	E	F	G
1	序号	姓名	部门	基本工资	补贴	岗位补贴	扣款
2	101	李力	销售部	2500	500	1000	100
3	102	王成	开发部	2000	500	800	80
4	103	魏冬衣	销售部	3000	500	2000	160
5	104	张大勇	办公室	5000	500	1000	200
6	105	陈菲菲	开发部	4500	500	1000	180
7	106	林晓晓	办公室	5500	500	3000	220
8	108	李通	开发部	3000	500	3000	250

图 10-27   简易工资表

(1) 对表格进行必要的修饰,使表格更加美观且能够更好地表示数据。

(2) 在表格中添加"应发工资"和"实发工资"列并完成相应的计算。

(3) 在表格中添加或删除员工信息。

(4) 表格以"部门"为关键字进行排序。

(5) 对该表进行"筛选",只显示"办公室"和"销售部"中"实发工资"数在 5000 元以上的人员信息。

任务分析:

在 Excel 中对数据进行管理,可使用 Excel 表功能实现。在表中用户可以十分方便地完成数据的修改、排序、筛选等操作。表中的结构化公式计算功能使得公式更直观,更易于理解。

在此任务中可以先在一个新工作簿的 Sheet1 工作表中按图 10-27 创建一个简易的表格,然后将其转换为一个表。在表中完成本任务所要求的各项操作。

实施步骤:

(1) 运行 Excel 并创建简易工资表

具体方法在这里不再说明。

(2) 创建 Excel 表

首先单击数据区域中的任意一个单元格,然后在"插入"选项卡的"表"组中单击"表"命令。在弹出的"创建表"对话框中确认"表数据的来源"及"表包含标题"复选框的设置,单击"确定"按钮,如图 10-28 所示。

在"表工具"的"设计"选项卡的"属性"组中的"表名称"文本框中输入表名称"工资表",如图 10-29 所示。

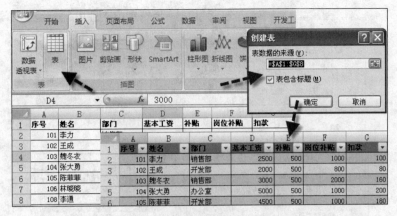

图 10-28 将单元格区域转换为 Excel 表

图 10-29 对 Excel 表命名

(3) 对"工资表"应用表样式

单击表中的任意位置,在"表工具"的"设计"选项卡中选择"表样式"组中的一种样式,如图 10-30 所示。

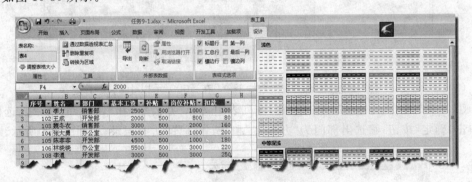

图 10-30 在表格中应用表样式

(4) 在"工资表"中添加"应发工资"和"实发工资"列

在"工资表"中,列标题处添加两列"应发工资"和"实发工资"。分别在其下方任意一个单元格中输入结构化引用的计算公式"=SUM(工资表[[♯此行],[基本工资]:[岗位补贴]])"和"=工资表[[♯此行],[应发工资]]-工资表[[♯此行],[扣款]]",输入的结构化引用公式会自动填充到本列的其他行的相应单元格中,如图 10-31 所示。

(5) 在"工资表"中添加两条记录

直接向表格中添加数据,如图 10-32 所示。在表格的下面或中间添加记录数据时,Excel 表会自动调整表的大小及添加相应的计算列公式。

G2		▼		f$_x$	=SUM(工资表[[#此行],[基本工资]:[岗位补贴]])			
	A	B	C	D	E	F	G	H	I
1	序号 ▼	姓名 ▼	部门 ▼	基本工资 ▼	补贴 ▼	岗位补贴 ▼	应发工 ▼	扣款 ▼	实发工 ▼
2	101	李力	销售部	2500	500	1000	4000	100	3900
3	102	王成	开发部	2000	500	800	3300	80	3220
4	103	魏冬衣	销售部	3000	500	2000	5500	160	5340
5	104	张大勇	办公室	5000	500	1000	6500	200	6300
6	105	陈菲菲	开发部	4500	500	1000	6000	180	5820
7	106	林晓晓	办公室	5500	500	3000	9000	220	8780
8	108	李通	开发部	3000	500	3000	6500	250	6250

图 10-31　在"工资表"中创建计算列

f$_x$	=工资表[[#此行],[应发工资]]-工资表[[#此行],[扣款]]							
	A	B	C	D	E	F	G	H	I
1	序号 ▼	姓名 ▼	部门 ▼	基本工资 ▼	补贴 ▼	岗位补贴 ▼	应发工 ▼	扣款 ▼	实发工 ▼
2	101	李力	销售部	2500	500	1000	4000	100	3900
3	102	王成	开发部	2000	500	800	3300	80	3220
4	103	魏冬衣	销售部	3000	500	2000	5500	160	5340
5	104	张大勇	办公室	5000	500	1000	6500	200	6300
6	105	陈菲菲	开发部	4500	500	1000	6000	180	5820
7	106	林晓晓	办公室	5500	500	3000	9000	220	8780
8	108	李通	开发部	3000	500	3000	6500	250	6250
9	109	张立志	开发部	3500	500	900	4900	200	4700
10	110	王虹	办公室	4000	500	1000	5500	300	5200

图 10-32　向表格中添加记录

（6）对表格以"部门"为关键字进行升序排序

单击"部门"列标题的下拉按钮，在列表中单击"升序"命令，如图 10-33 所示。

	A	B	C	D	E	F	G	H	
1	序号 ▼	姓名 ▼	部门 ▼	基本工资 ▼	补贴 ▼	岗位补贴 ▼	应发工 ▼	扣款 ▼	实发工 ▼

升序(S)　　　　　　　　2500　500　1000　4000　100　3900

降序(O)

按颜色排序(T) ▶

从 "部门" 中清除筛选(C)

按颜色筛选(I) ▶

文本筛选(F) ▶

☑ (全选)

	A	B	C	D	E	F	
1	序号 ▼	姓名 ▼	部门 ▼	基本工资 ▼	补贴 ▼	岗位补贴 ▼	应发工 ▼
2	104	张大勇	办公室	5000	500	1000	6500
3	106	林晓晓	办公室	5500	500	3000	9000
4	110	王虹	办公室	4000	500	1000	5500
5	102	王成	开发部	2000	500	800	3300
6	105	陈菲菲	开发部	4500	500	1000	6000
7	108	李通	开发部	3000	500	3000	6500
8	109	张立志	开发部	3500	500	900	4900

图 10-33　以"部门"为关键字进行升序排序

（7）显示"办公室"和"销售部"中"实发工资"在 5000 元以上的员工记录

① 单击"部门"列标题的下拉按钮，在列表中选择"办公室"和"销售部"两个复选框，并单击"确定"按钮，筛选出部门为"办公室"和"销售部"的所有记录，如图 10-34 所示。

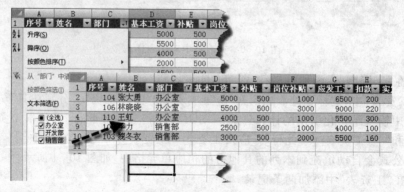

图 10-34　筛选出部门为"办公室"和"销售部"的记录

② 单击"实发工资"列标题的下拉按钮,在列表中单击"数字筛选"→"大于或等于"命令,在"自定义自动筛选方式"对话框中输入 5000,并单击"确定"按钮。筛选出部门为"办公室"和"销售部"且"实发工资"大于或等于 5000 元的记录,如图 10-35 所示。

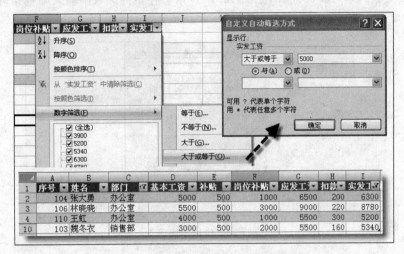

图 10-35 "实发工资"高于 5000 元的记录

(8) 在表格中添加汇总行,计算各列数据的平均值

在"表工具"的"设计"选项卡的"表样式选项"组中选择"汇总行"复选框。此时在表的底部会增加一个"汇总"行。选中"汇总"行中"基本工资"列单元格,单击下拉按钮,在列表中单击"平均值"按钮,可计算出该列的平均值。将该单元格公式复制到本行的其他单元格,可完成"汇总"行的计算,如图 10-36 所示。

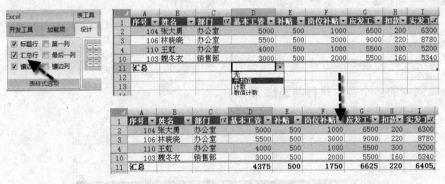

图 10-36 Excel 表的汇总行

10.4.2 高级筛选

"高级筛选"命令可像"自动筛选"命令一样筛选区域,但不显示列的下拉列表,而是在单独的条件区域中输入筛选条件。条件区域必须具有列标签并确保在条件区域与列表区域之间至少留了一个空白行。

1. 简单条件的筛选

下面以一个简易工资表为例,介绍高级筛选的简单应用。

(1) 设置条件区域 B11:C12,如图 10-37 所示。在条件区域中输入筛选条件"部门＝办公室","实发工资＞5000"。

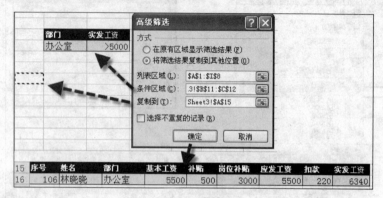

图 10-37   应用高级筛选

(2) 单击数据单元格区域中的任意单元格,在功能区"数据"选项卡的"排序和筛选"组中单击"高级"命令,打开"高级筛选"对话框。

(3) 若要通过隐藏不符合条件的数据行来筛选区域,可选择"在原有区域显示筛选结果"单选按钮(默认项)。若要通过将符合条件的数据行复制到工作表的其他位置来筛选区域,可选择"将筛选结果复制到其他位置"单选按钮,然后在"复制到"文本框中单击,再单击目标区域的左上角单元格。

(4) 在"条件区域"文本框中,输入条件区域的引用。

(5) 如果要在选择条件区域时暂时将"高级筛选"对话框移走,可单击"压缩对话框"按钮。

若要更改筛选数据的方式,可更改条件区域中的值,并再次筛选数据。

2. 单列中的多个条件执行筛选(逻辑或)

图 10-38 所示为部门是"办公室"或"开发部"的记录。

	A	B	C	D	E	F	G	H	I
1	部门								
2	办公室		条件区						
3	开发部								
4									
5	序号	姓名	部门	基本工资	补贴	岗位补贴	应发工资	扣款	实发工资
6	106	林晓晓	办公室	5500	500	3000	5500	220	6340
7	104	张大勇	办公室	5000	500	1000	6000	200	3120
8	108	李通	开发部	3000	500	3000	4000	250	8900
9	105	陈菲菲	开发部	4500	500	1000	3300	180	6420
10	102	王成	开发部	2000	500	800	6500	80	5800

图 10-38   一列中多个条件为逻辑或

逻辑表达式:"部门＝办公室"OR"部门＝开发部"。

3. 多列中的多个条件执行筛选(逻辑与)

图 10-39 所示为部门是"销售部"且"实发工资"大于 5000 元的记录内容。

图 10-39　多列中多个条件为逻辑与

逻辑表达式："部门＝销售部"AND"实发工资＞5000"。

图 10-40 所示为部门是"销售部"或"实发工资"大于 6000 元的记录。

序号	姓名	部门	基本工资	补贴	岗位补贴	应发工资	扣款	实发工资
101	李力	销售部	2500	500	1000	4000	100	3900
103	魏冬衣	销售部	3000	500	2000	5500	160	5340
104	张大勇	办公室	5000	500	1000	6500	200	6300
106	林晓晓	办公室	5500	500	3000	9000	220	8780
108	李通	开发部	3000	500	3000	6500	250	6250

图 10-40　不同列之间的逻辑或

逻辑表达式："部门＝销售部"OR"实发工资＞6000"。

4. 多组条件执行筛选

图 10-41 所示为部门是"销售部"或"开发部"中的"实发工资"＞6000 元的记录内容。

序号	姓名	部门	基本工资	补贴	岗位补贴	应发工资	扣款	实发工资
101	李力	销售部	2500	500	1000	4000	100	3900
103	魏冬衣	销售部	3000	500	2000	5500	160	5340
108	李通	开发部	3000	500	3000	6500	250	6250

图 10-41　复合逻辑关系的条件区域

逻辑表达式："部门＝销售部" OR（"部门＝开发部"AND "实发工资＞6000"）。

任务 10-2　完成销售表的操作

（1）新建 1 个工作簿文件在工作表 Sheet1 中，按照表 10-3 给出的数据创建一个销售表，并对销售表进行必要的修饰。

（2）在工作表 Sheet2 中生成 1 个包含广州地区 DVD 及上海地区 DVD 且销售收入均大于 100000 元的销售情况的数据表。

表 10-3　天红商贸公司 2008 年 1～6 月销售表

业务员姓名	销售地区	产品名称	数量	单价	销售收入
简如虹	广州	DVD	30	1500	45000
简如虹	上海	DVD	25	1500	37500
简如虹	上海	DVD	14	1500	21000
简如虹	北京	空调机	15	4000	60000

续表

业务员姓名	销售地区	产品名称	数量	单价	销售收入
简如虹	北京	空调机	15	7500	112500
李强	上海	冰箱	15	3500	52500
李强	上海	冰箱	30	3500	105000
李强	北京	冰箱	16	2500	40000
李强	北京	冰箱	35	1700	59500
李强	北京	电视机	25	6900	172500
李强	天津·	电视机	9	8800	79200
李强	天津	洗衣机	10	1220	12200
林大图	广州	DVD	15	1300	19500
林大图	广州	DVD	25	1300	32500
林大图	广州	洗衣机	12	1220	14640
林大图	上海	洗衣机	10	1220	12200
林大图	上海	DVD	15	1000	15000
赵刚	上海	空调机	12	1300	15600
赵刚	北京	空调机	7	1700	11900
赵刚	广州	空气清净机	20	500	10000

任务分析：

此任务的主要目的是根据给出的数据记录内容，在另一个工作表中按照给定条件生成一个新的数据表。这类操作在实际工作中经常遇到，可以使用 Excel 中的高级筛选功能实现。和前面的讨论有所不同，前面讨论的是在原工作表内显示筛选结果，实际上就是将不需要显示的记录暂时隐藏起来，或将筛选内容复制到当前工作表中的一个指定位置。而本任务是将筛选内容复制到了另一个工作表。

筛选条件分析如下。

逻辑表达式：("销售地区＝广州"AND"产品名称＝DVD"AND"销售收入＞20 000")OR("销售地区＝上海"AND"产品名称＝DVD"AND"销售收入＞20000")。

实施步骤：

（1）首先按照上面表中给出的数据和样式创建一个新的表格，并对销售表进行必要的修饰。

（2）根据任务要求在工作表的顶部设置高级筛选的条件区域，如图 10-42 所示。

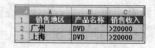

图 10-42　高级筛选的条件区域

条件区域必须具有列标题，并确保在条件区域与数据区域之间至少留了一个空白行。

（3）单击 Sheet2 工作表中的任意单元格，确保当前工作表为 Sheet2。

注意

在 Excel 高级筛选时，只能复制筛选过的数据到活动（当前）工作表。

（4）在功能区"数据"选项卡的"排序和筛选"组中单击"高级"命令，打开"高级筛选"对话框。在该对话框中选择"将筛选结果复制到其他位置"单选按钮；并参照图 10-43 设置"列表区域"、"条件区域"和"复制到"文本框内容，单击"确定"按钮，完成记录内容的筛选。

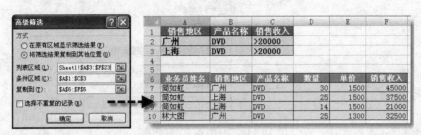

图 10-43　应用高级筛选

10.5　分类汇总

分类汇总可以对数据表的某个字段提供诸如"求和"、"求平均值"、"计数"、"求最大值"等汇总函数，实现对分类汇总值的计算，并且可以将计算结果分级显示出来。使用分类汇总之前，必须先按分类字段对数据表进行排序。

任务 10-3　分类汇总销售表

对上一任务所使用的销售表中的"销售收入"按"业务员姓名"进行分类汇总。

任务分析：

进行分类汇总前首先应明确分类字段、汇总项及汇总方式，并对分类字段进行排序。本数据表的分类字段是"业务员姓名"，汇总项是"销售收入"，汇总方式是"求和"。在进行汇总前应首先对分类字段"业务员姓名"进行排序（这里使用升序）。

实施步骤：

（1）对分类字段按升序排序。

将光标定位在"业务员姓名"字段的任意位置上，在功能区"数据"选项卡中单击"排序和筛选"组中的"升序"命令，完成对数据表按"业务员姓名"关键字进行的排序。

（2）打开并设置"分类汇总"对话框。

在功能区"数据"选项卡中单击"分级显示"组中的"分类汇总"命令，打开"分类汇总"对话框。选择分类字段为"业务员姓名"，汇总方式为"求和"，汇总项为"销售收入"，其他为默认值，如图 10-44 所示。单击"确定"按钮，完成汇总。

（3）分类汇总的结果如图 10-45 所示。

完成分类汇总后，Excel 可创建数据分级显示，单击即可显示和隐藏明细数据的级别。单击分级显示符号 1 2 3 、+ 和 - 可分级显示汇总和明细数据。

删除分类汇总信息，可在"分类汇总"对话框中单击"全部删除"按钮。

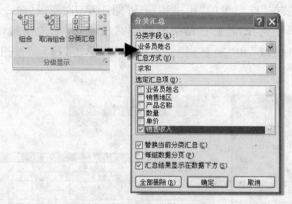

图 10-44　"分类汇总"对话框

业务员姓名	销售地区	产品名称	数量	单价	销售收入
简如虹	广州	DVD	30	1500	45000
简如虹	上海	DVD	25	1500	37500
简如虹	上海	DVD	14	1500	21000
简如虹	北京	空调机	15	4000	60000
简如虹	北京	空调机	15	7500	112500
简如虹 汇总					276000
李强	上海	冰箱	15	3500	52500
李强	上海	冰箱	30	3500	105000
李强	北京	冰箱	16	2500	40000
李强	北京	冰箱	35	1700	59500
李强	北京	电视机	25	6900	172500
李强	天津	电视机	9	8800	79200
李强	天津	洗衣机	10	1220	12200
李强 汇总					520900
林大图	广州	DVD	15	1300	19500
林大图	广州	DVD	25	1300	32500
林大图	广州	洗衣机	12	1220	14640
林大图	上海	洗衣机	10	1220	12200
林大图	上海	DVD	15	1000	15000
林大图 汇总					93840
赵刚	上海	空调机	12	1300	15600
赵刚	北京	空调机	7	1700	11900
赵刚	广州	空气清净机	20	500	10000
赵刚 汇总					37500
总计					928240

图 10-45　分类汇总的结果

10.6　数据透视表和数据透视图报表

　　数据透视表是一种能够对大量数据进行快速汇总和建立交叉列表的综合汇总表,在其中可以通过变换行列来查看数据表的不同汇总结果。

　　数据透视图以图形形式表示数据透视表中的数据。正如在数据透视表中那样,可以更改数据透视图的布局和数据。

10.6.1　创建数据透视表

　　使用数据透视表可以汇总、分析、浏览和提供汇总数据。数据透视表是一种可以快速汇总大量数据的交互式方法。

任务 10-4 使用数据透视表汇总销售表

对上一任务所使用的销售表中的"销售收入"按"业务员姓名"进行分类汇总。

任务分析：

此任务与任务 10-3 所完成的功能是相同的，只是采用的方法不同。在上一任务中使用了功能区"数据"选项卡的"分级显示"组中的"分类汇总"命令实现对"销售收入"按"业务员姓名"进行分类汇总。在本任务中使用数据透视表来完成此项操作。

实施步骤：

(1) 选择单元格区域或 Excel 表中的任意一个单元格。

(2) 在功能区"插入"选项卡的"表"组中单击"数据透视表"命令，打开"创建数据透视表"对话框。

(3) 在"表/区域"文本框中输入表或区域，此项内容系统会自动输入。在"选择放置数据透视表的位置"下选择"现有工作表"单选按钮，并在"位置"文本框中输入数据透视表左上角单元格的地址，单击"确定"按钮，如图 10-46 所示。

图 10-46 打开并设置"创建数据透视表"对话框

(3) 在弹出的"数据透视表字段列表"对话框中选择要添加到报表的字段："业务员姓名"、"售售收入"。此时，系统在当前工作表 H3 单元格处自动生成数据透视表，如图 10-47 所示。完成任务所要求的汇总计算，单击透视表以外的任意单元格，可自动关闭"数据透视表字段列表"对话框。

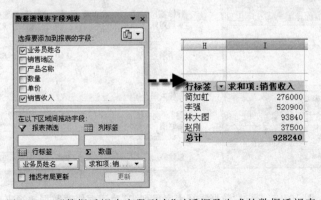

图 10-47 "数据透视表字段列表"对话框及生成的数据透视表

从以上的操作可以看出,使用数据透视表进行数据的分类汇总,不但操作简单、快捷,且汇总结果更加美观,易于理解。

若用户要使用外部数据,可在"创建数据透视表"对话框中选择"使用外部数据源"单选按钮,单击"连接名称"按钮然后根据提示进行外部数据源的连接。

10.6.2　创建数据透视图

数据透视图通常有一个使用相应布局的相关联的数据透视表。两个报表中的字段相互对应。如果更改了某一报表的某个字段位置,则另一报表中的相应字段位置也会改变。

任务 10-5　使用数据透视表汇总销售表

对上一任务所使用的销售表中的"销售收入"和"销售数量"按"业务员姓名"和"产品名称"进行分类汇总,制作数据透视图表。

任务分析:

要完成此任务,可以根据上一任务给出的数据重新创建一个数据透视表,也可以对上一任务所创建的数据透视表,按照任务要求进行一些修改。

在上一任务中还可以使用"分类汇总"命令来实现。但此任务比上一任务要复杂得多,直接使用"分类汇总"命令很难实现,但使用数据透视表仍然还是十分容易的。下面通过修改上一任务所完成的数据透视表来完成此任务。

在数据透视图表的制作中,用于产生系列的两组数据"数量"和"销售收入"不属于同一类型的数据,且数据值相差很大,数据的单位也不一致,应该使用组合图表进行表示。

实施步骤:

(1) 打开工作簿文件

打开上一任务所完成的工作簿文件,单击数据透视表中的任意一个单元格,打开"数据透视表字段列表"对话框。

(2) 修改数据透视表

在"数据透视表字段列表"对话框中,增加选择"产品名称"和"数量"复选框。系统会自动修改数据透视表,如图 10-48 所示。

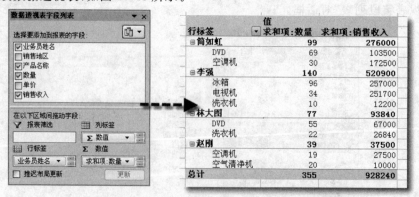

图 10-48　通过"数据透视表字段列表"对话框修改数据透视表

（3）创建透视图表

在"数据透视表工具"的"选项"选项卡的"工具"组中单击"数据透视图"命令。在"插入图表"对话框中选择"簇状柱形图"，或在"插入"选项卡的"图表"组中单击"柱形图"→"簇状柱形图"命令。并对生成的柱形图的大小和位置进行适当的调整，如图 10-49 所示。

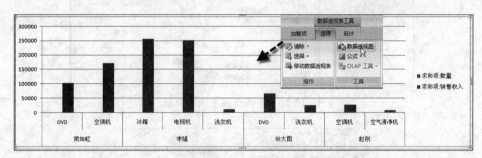

图 10-49　柱形透视图表

（4）创建组合图表

在"数据透视图工具"的"布局"选项卡的"当前所选内容"组中单击"图表元素"列表框，在列表中选择系列"求和项：数量"，如图 10-50 所示。

图 10-50　更改"求和项：数量"的图表类型为折线图

在"数据透视图工具"的"设计"选项卡的"类型"组中单击"更改图表类型"命令，在列表中选择系列"带数据标记的折线图"。

（5）将"求和项：数量"绘制在次坐标轴

在"数据透视图工具"的"布局"选项卡的"当前所选内容"组中单击"图表元素"列表框，在列表中选择系列"求和项：数量"。单击"设置所选内容格式"命令，在打开的"设置数据系列格式"对话框中选择系列绘制在次坐标轴，如图 10-51 所示。

（6）为图表添加标题及设置图例位置

在"数据透视图工具"的"布局"选项的"标签"组中单击"图表标题"命令，在列表中单击"图表上方"命令。在图表中输入标题内容"销售分析"，并对标题的字体、字号进行设定。

单击"标签"组中的"图例"命令，在列表中单击"在顶部显示图例"命令，如图 10-52 所示。

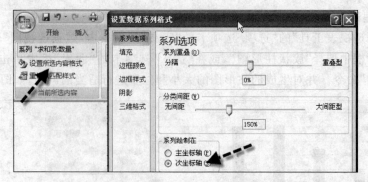

图 10-51　系列绘制在次坐标轴

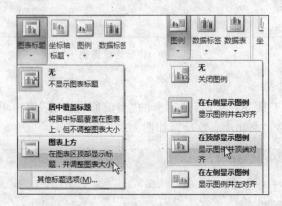

图 10-52　设置图表标题和图例位置

(7) 设置图表样示

在"数据透视图工具"的"设计"选项卡的"图表样式"组中选择"样式 26",完成数据透视图表的制作,结果如图 10-53 所示。

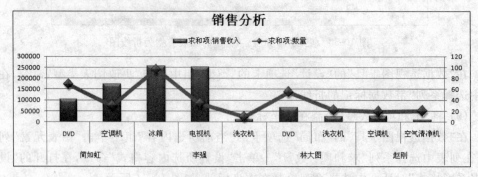

图 10-53　数据透视图表结果

10.7　条件格式

使用条件格式可以帮助用户直观地查看和分析数据,发现关键问题。条件格式可以突出显示所关注的单元格或单元格区域,强调异常值,使用数据条、颜色刻度和图标集来直观地显示数据。

10.7.1　突出显示单元格规则

使用"条件格式"中的"突出显示单元结构规则"的相关命令,可以设定当数据区域中单元格的值满足给定条件时的显示格示。

下面仅以突出显示大于给定值的单元格格式为例进行说明,其余各项的操作方法类似。

应用突出显示单元格规则的方法如下。

(1) 选择区域、表或数据透视表中的一个单元格区域。

(2) 在功能区"开始"选项卡的"样式"组中单击"条件格式"命令旁边的 ▼ 按钮,在列表中单击"突出显示单元格规则"命令,选择所需项。

(3) 在对话框中设置相关条件及显示格式,如图 10-54 所示。

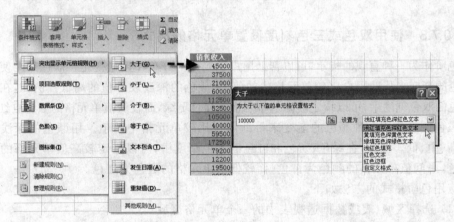

图 10-54　设置"销售收入"大于 10000 元时单元格的格式

10.7.2　项目选取规则

使用"条件格式"中的"项目选取规则"的相关命令,可以设定当数据区域中"值最大的 10 项"、"值最大的 10％项"、"值最小的 10 项"、"值最小的 10％项"、"高于平均值"和"低于平均值"的单元格显示格式。

注意

这里的"10"只是一个默认值,具体的项目数可由用户自定。

应用项目选取规则的方法如下。

(1) 选择"销售收入"列数据区域。

(2) 在功能区"开始"选项卡的"样式"组中单击"条件格式"命令旁边的 ▼ 按钮,在列表中单击"项目选取规则"命令,选择所需项。

(3) 在对话框中设置相关条件和显示格式,如图 10-55 所示。

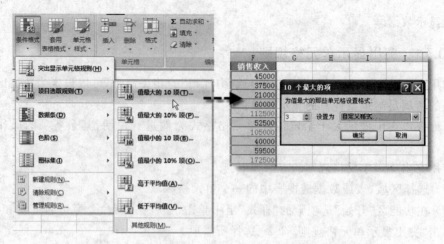

图 10-55   设置"销售收入"中值最大的 3 项单元格的格式

10.7.3   使用双色或三色刻度设置单元格的格式

色阶作为一种直观的指示,可以帮助用户了解数据分布和数据变化。双色刻度使用两种颜色的渐变来帮助用户比较单元格中的值,用颜色的深浅表示值的高低。例如,在绿色和红色的双色刻度中,可以指定较高值单元格的颜色更绿,而较低值单元格的颜色更红。

三色刻度使用 3 种颜色的渐变来帮助用户比较单元格中的值。用颜色的深浅表示值的高、中、低。例如,在绿色、黄色和红色的三色刻度中,可以指定较高值单元格的颜色为绿色,中间值单元格的颜色为黄色,而较低值单元格的颜色为红色。

应用色阶格式的方法如下。

(1) 选择区域、表或数据透视表中的一个单元格区域。

(2) 在功能区"开始"选项卡的"样式"组中单击"条件格式"命令旁边的 ▼ 按钮,在列表中单击"色阶"命令。

(3) 选择双色或三色刻度,悬停在色阶图标上,可以查看效果。顶部颜色代表较高值,底部颜色代表较低值,如图 10-56 所示。

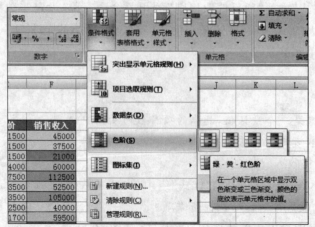

图 10-56   对数值区域应用色阶格式

10.7.4　使用数据条设置单元格的格式

数据条可帮助用户查看某个单元格相对于其他单元格的值。数据条的长度代表单元格中的值。数据条越长,表示值越高,数据条越短,表示值越低。在观察大量数据中的较高值和较低值时,数据条尤其有用。

应用数据条格式的方法如下。

(1) 选择区域、表或数据透视表中的一个单元格区域。

(2) 在功能区"开始"选项卡的"样式"组中单击"条件格式"命令旁边的▼按钮,在列表中单击"数据条"命令,选择所需的数据条图标,如图 10-57 所示。

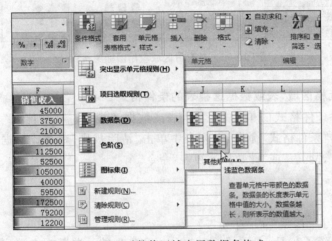

图 10-57　对数值区域应用数据条格式

10.7.5　使用图标集设置单元格的格式

使用图标集可以对数据进行注释,并可以按阈值将数据分为 3～5 个类别。每个图标代表一个值的范围。例如,在三向箭头图标集中,绿色的上箭头代表较高值,黄色的横向箭头代表中间值,红色的下箭头代表较低值。

应用图标集格式的方法如下。

(1) 选择区域、表或数据透视表中的一个或多个单元格。

(2) 在功能区"开始"选项卡的"样式"组中单击"条件格式"命令旁边的▼按钮,在列表中单击"图标集"命令,然后选择图标集,如图 10-58 所示。

10.7.6　清除条件格式

清除条件格式操作可清除工作表中所有的条件格式,或清除指定的单元格区域、表或透视表中的条件格式。

1. 清除工作表中的条件格式

在功能区"开始"选项卡的"样式"组中单击"条件格式"命令,在列表中单击"清除规则"→"整张工作表"命令。

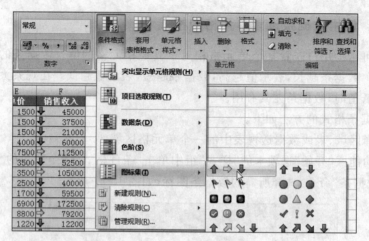

图 10-58　对数值区域应用图标集格式

2. 清除单元格区域、表或数据透视表的条件格式

选择要清除条件格式的单元格区域、表或数据透视表。在功能区"开始"选项卡的"样式"组中单击"条件格式"命令,在列表中单击"清除规则"命令。根据选择的内容,单击"所选单元格"、"此表"或"此数据透视表"命令。

本章小结

本章主要介绍了在 Excel 中进行数据分析和处理的一些基本方法,数据分析的主要内容包含对数据的排序、筛选和分类汇总等。排序可将数据按条件重新排列,筛选则是按指定条件显示数据,分类汇总可以对数据进行分类统计。

一般来说,工作表中的数据表与其他信息之间至少应该留出一个空白行和一个空白列,这样可以使选定对象的操作更为方便。

1. Excel 表

为了便于管理和分析相关数据,可以将单元格区域转换为 Excel 表。表是一系列包含相关数据的行和列。默认情况下,表中的每一列都在标题行中启用了筛选功能,以便快速筛选表数据或对其进行排序。可以在 Excel 表中添加汇总行,汇总行单元格提供聚合函数下拉列表。

拖动表右下角的大小调整控点可以调整表的大小。要管理多组数据时,可以在同一工作表中插入多个表。

表中计算可以创建计算列,计算列会自动扩展以包含其他行。在计算列中通常使用结构引用,使得计算更加方便和快捷,具有更好的可读性。显示和计算表数据汇总时,通常是在表的末尾显示一个汇总行,使用在汇总行上的每个单元格的下拉列表中提供的函数完成数据列汇总。

2. 排序操作

排序是指将数据表中的数据按递增的方式或递减的方式重新排列。

简单排序可在功能区"开始"选项卡的"编辑"组中单击"排序和筛选"命令,然后在列表中单击"升序排序"命令 $\frac{A}{Z}\downarrow$ 或"降序排序"按钮 $\frac{Z}{A}\downarrow$,或者在功能区"数据"选项卡的"排序和筛选"组中单击"升序排序"按钮 $\frac{A}{Z}\downarrow$ 或"降序排序"按钮 $\frac{Z}{A}\downarrow$ 。

在 Excel 表中单击需排序列标题旁的 ▼ 按钮,在列表中单击所需的排序命令即可。复杂的排序可在功能区"开始"选项卡的"编辑"组中单击"排序和筛选"命令,在列表中单击"自定义排序"命令,打开"排序"对话框,可实现按汉字笔画排序,按颜色排序,按多个关键字排序,按自定义序列排序等。在 Excel 2007 中,可以使用最多 64 个排序条件,但是早期版本的 Excel 只支持最多包含 3 个条件的排序状态。

3. 筛选操作

经过筛选的 Excel 表或单元格区域只显示符合条件的记录,筛选分为自动筛选和高级筛选,前者多用于简单条件,后者多用于复杂条件。

高级筛选条件区域的第 1 行是字段名,第 2 行开始放置条件。在条件区域内可以放置多个筛选条件,这些条件可以用"与"和"或"的关系组成逻辑表达式。按照 Excel 的规定,在筛选条件区域中,同行之间的各列筛选条件构成"与"的关系,不同行之间的筛选条件构成"或"的关系。

4. 分类汇总

分类汇总可以对表或单元格区域中的信息进行分类统计,在执行分类汇总前必须首先对分类字段进行排序。

5. 数据透视表和数据透视图报表

数据透视表是一种能够对大量数据进行快速汇总和建立交叉列表的综合汇总表,在其中可以通过变换行列来查看数据表的不同汇总结果。

数据透视图以图形形式表示数据透视表中的数据。正如在数据透视表中那样,可以更改数据透视图的布局和数据。

6. 条件格式

使用条件格式可以帮助用户直观地查看和分析数据、发现关键问题以及识别模式和趋势。条件格式可以突出显示所关注的单元格或单元格区域,强调异常值,使用数据条、颜色刻度和图标集来直观地显示数据。条件格式基于条件更改单元格区域的外观。如果条件为 True,则基于该条件设置单元格区域的格式;如果条件为 False,则不基于该条件设置单元格区域的格式。

综合练习

1. 新建一个工作簿文件,根据表 10-4 中的数据,在"Sheet1"工作表中的创建 Excel 表,并将此表命名为"统计表",工作表命名为"数据表"。表中记录按"单位"升序排序,对

Excel 表应用自动筛选,显示"工学院"和"商学院"中男老师的记录。为表添加汇总行,对论文篇数进行求和。

表 10-4 论文篇数统计

单 位	姓 名	性别	职 称	篇数
工学院	曾镜华	男	副教授	33
工学院	李书召	男	教授	22
商学院	钟成梦	女	副教授	12
商学院	史善斌	女	副教授	23
商学院	谢永红	男	副教授	32
商学院	董红韦	男	副教授	32
商学院	林永健	女	讲师	5
商学院	赵敏生	女	讲师	11
商学院	王 东	女	讲师	11
商学院	吴燕芳	女	教授	34
商学院	李永江	女	教授	34
文学院	何旭东	女	副教授	15
文学院	高 婕	男	讲师	12
文学院	彭 丹	男	讲师	12
文学院	蓝 静	男	讲师	18
文学院	张 鹏	男	讲师	12
文学院	黄 平	男	讲师	18

2. 使用第 1 题中的数据创建一个新工作簿文件,对数据内容应用高级筛选。筛选出"单位"为"工学院"和"商学院"中"职称"为"副教授"的教师记录。

3. 使用第 1 题中的数据创建一个新工作簿文件,对数据内容应用数据透视表,按"单位"和"职称"统计论文篇数,并做出数据透视图。

4. 使用"数据条"条件格式显示表 10-4 中的"篇数"列的数据。

Chapter 11
第11章　演示文稿的综合应用

　　本章主要介绍演示文稿在基本编辑完成后，需要进行的一些个性化的修改技术。通过本章的学习，使读者掌握演示文稿中的超级链接，进行自动放映时所需的排练计时，传递文件时的打包，以及自定义工具栏等多项辅助功能。

引例

　　演示文稿在编辑制作完成后，在放映过程中有时会让人感到放映内容不能随心所欲，例如希望：从当前幻灯片直接翻转到与其相关却不相邻的幻灯片；能够根据幻灯片内容多少而自动切换；隐藏部分幻灯片不参加放映；在放映进程中能够对内容进行标注……本章内容主要解决的就是这些问题，如图 11-1 所示。

图 11-1　演示文稿综合应用样张

　　(1) 图①是为一个演示文稿文件制作的一张摘要幻灯片，通过超级链接功能可实现幻灯片的跳转，达到索引目录的效果。

　　(2) 图②是利用软件的辅助功能实现在幻灯片放映视图下进行手写或绘画，演讲者能对当前幻灯片增加注释。

　　(3) 图③是在浏览视图下看到的一张幻灯片样张，左下角时间显示是设置了排练计时后的时间，右下角是对隐藏幻灯片的标记。

11.1   设置超链接和动作按钮

对于拥有多张幻灯片的演示文稿,如果想实现查找或直接指向某一张幻灯片是一件很烦琐的事,甚至可以影响幻灯片的放映进程。超链接和动作按钮两项功能都能帮助用户实现幻灯片的跳转。

11.1.1   设置超链接

在 PowerPoint 2007 中,超链接是从一张幻灯片到同一演示文稿中的另一张幻灯片的链接,或是从一张幻灯片到不同演示文稿中的另一张幻灯片、电子邮件地址、网页或文件的链接。

1. 创建超链接

可以对文本或一个对象(如图片、图形或艺术字)创建链接。

(1)在"普通"视图中,选择要用作超链接的文本或对象。

(2)在功能区"插入"选项卡的"链接"组中单击"超链接"命令。

(3)执行下列操作之一。

① 链接到本文档中的位置:在"链接到"下,单击"本文档中的位置"类别,在"请选择文档中的位置"下,单击要用作超链接目标的幻灯片,如图 11-2 所示。

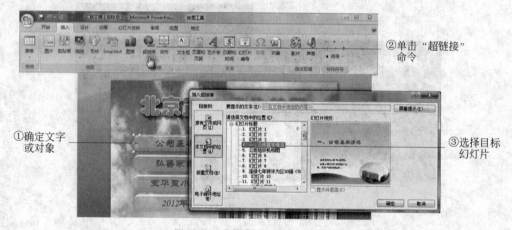

图 11-2   在幻灯片中插入超链接

② 链接到原有文件或网页:在"链接到"下,单击"原有文件或网页"类别,找到包含要链接到的幻灯片的演示文稿,单击"书签",然后单击要链接到的幻灯片的标题。

③ 链接到电子邮件地址:在"链接到"下,单击"电子邮件地址"类别,在"电子邮件地址"文本框中,输入要链接到的电子邮件地址,或在"最近用过的电子邮件地址"列表框中,单击电子邮件地址。在"主题"文本框中,输入电子邮件的主题。

④ 链接到新建文档名称:在"链接到"下,单击"新建文档"类别,在"新建文档名称"文本框中,输入要创建并链接到的文件的名称。如果在不同的位置创建文档,可在"完整

路径"下单击"更改"按钮,浏览到要创建文件的位置,然后单击"确定"按钮。在"何时编辑"下,单击相应的选项以确定是现在编辑文件还是在稍后编辑文件。

2. 删除超链接

使用下列方法之一可删除超链接。

(1) 在"普通"视图中,选择要用作超链接的文本或对象。

(2) 在功能区"插入"选项卡的"链接"组中单击"超链接"命令。

(3) 在"编辑超链接"对话框中,单击"删除链接"按钮,如图 11-3 所示。或右击设有超链接的文本或对象,在弹出的快捷菜单中单击"取消超链接"命令。

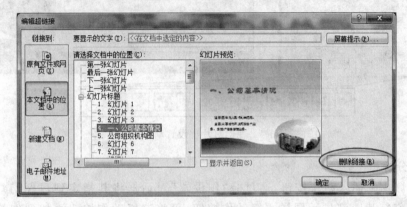

图 11-3　删除链接

3. 编辑超链接

如果对已设置的超链接不满意,还可对它进行修改。右击设有超链接的文本或对象,在弹出的快捷菜单中单击"编辑超链接"命令,打开"编辑超链接"对话框,重新设置链接对象即可。

11.1.2　在幻灯片中设置动作按钮

动作按钮包括一些预定义的形状,在放映幻灯片时单击动作按钮,可快速跳转到第一张、上一张、下一张或最后一张幻灯片。

添加动作按钮的方法如下。

在功能区"插入"选项卡的"插图"组中单击"形状"命令旁的 ▼ 按钮,在列表中"动作按钮"下选择所需的"动作按钮",在页面中拖动出按钮图标。伴随打开"动作设置"对话框。在"单击鼠标时的动作"下选择超链接到目标幻灯片并单击"确定"按钮,如图 11-4 所示。

设置完成后,页面中出现动作按钮图标,放映视图下,鼠标指向按钮时出现超链接标志,单击时可实现幻灯片自动转向目标幻灯片。

任务 11-1　在演示文稿的每一张幻灯片的右下方添加动作按钮

单击这些动作按钮,可以快速转到第一张、上一张、下一张或最后一张幻灯片。

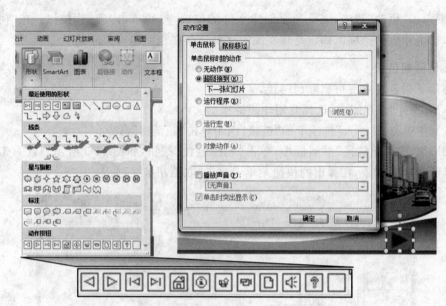

图 11-4　在幻灯片中设置动作按钮

任务分析：

在幻灯片中插入动作按钮，通过"动作设置"对话框将其指定到目标幻灯片。要使每一张幻灯片上都显示同样一组动作按钮，可将这组动作按钮添加到幻灯片的母版中。

实施步骤：

(1) 打开文件的幻灯片母版

打开一个已经制作好的演示文稿，在功能区"视图"选项卡的"演示文稿视图"组中单击"母版"命令，选择幻灯片母版。

(2) 在母版中插入动作按钮

在功能区"插入"选项卡的"插图"组中单击"形状"命令旁的 ▼ 按钮，在列表中选择"动作按钮"下"开始"动作，在页面中拖动出按钮图标。伴随打开"动作设置"对话框，在对话框中选取默认项，单击"确定"按钮。

使用同样方法，插入"后退或前一项"、"前进或下一项"、"结束"按钮。

(3) 对齐和分布动作按钮

首先同时选中 4 个动作按钮，在功能区"绘图工具"的"格式"选项卡的"大小"组的"高度"文本框中输入"1"、"宽度"文本框中输入"1.4"，使得 4 个按钮具有相同的大小；在"排列"组中单击"对齐"命令旁的 ▼ 按钮，在列表中分别单击"底端对齐"(也可使用"顶端对齐"和"上下居中")和"横向分布"命令，使得动作按钮水平对齐和有相同的间距，如图 11-5 所示。

(4) 查看效果

单击任务栏中的"幻灯片放映"命令，在放映视图中单击动作按钮，查看效果，如图 11-6 所示。

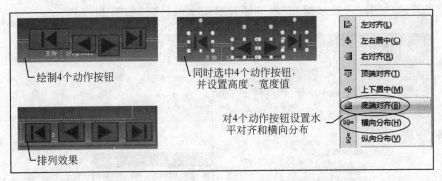

图 11-5　调整动作按钮大小和分布

图 11-6　播放效果

小技巧　为动作按钮配置播放声音

在"动作设置"对话框中还有一个"播放声音"复选框。选择该复选框可以打开"声音"列表框,确定一个声音效果后,在放映视图中通过动作按钮跳转幻灯片时就可以发出声音引起观众的注意。

11.2　排练计时

自运行的演示文稿无须进行人工演示即可向他人传达信息。例如,可以在展销会或会议的信息亭或展台中设置一个自运行的演示文稿,或者向客户发送包含自运行演示文稿的 CD。

使用幻灯片计时功能记录演示每个幻灯片所需的时间,然后在向实际观众演示时使用记录的时间自动播放幻灯片。

1. 对演示文稿的播放进行排练和计时

(1) 在功能区"幻灯片放映"选项卡的"设置"组中单击"排练计时"命令。此时将显示

"预演"工具栏,"幻灯片放映时间"框开始对演示文稿计时,如图11-7所示。

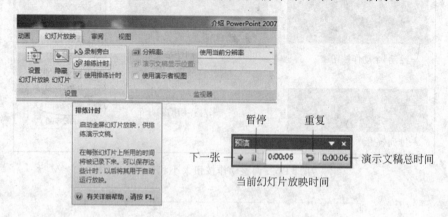

图11-7 设置排练计时

(2) 对演示文稿计时时,可在"预演"工具栏中执行以下一项或多项操作。

① 要移动到下一张幻灯片,可单击"下一张"按钮。

② 要临时停止记录时间,可单击"暂停"按钮。

③ 要在暂停后重新开始记录时间,可单击"暂停"按钮。

④ 要重新开始记录当前幻灯片的时间,可单击"重复"按钮。

(3) 设置了最后一张幻灯片的时间后,将出现一个消息框,其中显示演示文稿的总时间并提示用户执行下列操作之一。

① 要保存记录的幻灯片计时,可单击"是"按钮。

② 要放弃记录的幻灯片计时,可单击"否"按钮。

此时将打开幻灯片浏览视图,并显示演示文稿中每张幻灯片的时间,如图11-8所示。

图11-8 在幻灯片浏览视图中显示幻灯片放映时间

2. 关闭记录的幻灯片计时

如果不希望通过使用记录的幻灯片计时来自动演示文稿中的幻灯片,则可执行以下操作来关闭幻灯片计时。

在"幻灯片放映"选项卡的"设置"组中清除选择"使用排练计时"复选框。要再次打开幻灯片计时,选择"使用排练计时"复选框,如图11-9所示。

图 11-9　关闭或打开幻灯片计时

11.3　隐藏幻灯片

在放映演示文稿时可将不需要播放的幻灯片隐藏起来。隐藏的幻灯片并没有被删除,需要时可以再把它恢复。

操作步骤如下。

(1) 在演示文稿浏览视图或普通视图的幻灯片窗格中,选中不需要放映的幻灯片(可选中多张同时操作)。

(2) 在功能区"幻灯片放映"选项卡的"设置"组中单击"隐藏幻灯片"命令,在选中幻灯片右下角出现隐藏图标☑,表示该幻灯片已被隐藏,放映时不再显示此张幻灯片,如图 11-10 所示。

图 11-10　隐藏幻灯片

11.4　演示文稿放映中的辅助功能

在幻灯片放映命令中"演讲者放映"方式是经常使用的一种播放方式,主讲人可以使用系统提供的快捷菜单非常方便地控制幻灯片的播放进程,并能在幻灯片上书写与绘画。

1. 控制演示文稿放映进程

(1) 打开一个已存在的演示文稿,设置放映方式为"演讲者放映",放映全部幻灯片,换片方式为"手动",从第一张开始播放。

(2) 在放映过程中,可以通过单击的方式,或使用右键弹出的快捷菜单中的"上一张"、"下一张"命令向前或向后放映幻灯片,还可通过已设置的超链接和动作按钮随意浏览幻灯片。

(3) 在放映视图中右击,在弹出的快捷菜单中还有一个"定位至幻灯片"命令,在弹出的子菜单中可浏览到演示文稿中各个幻灯片的标题，直接选定幻灯片继而转放到该幻灯片，如图 11-11 所示。

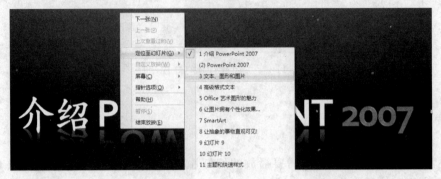

图 11-11　定位幻灯片

2. 在幻灯片放映时书写或绘画

（1）在幻灯片放映视图中，右击，在弹出的播放控制快捷菜单中单击"指针指向"命令，在其子菜单中可选择画笔的类型，并可设置墨迹颜色。设置完成后，按住鼠标在屏幕上自由书写或绘画，如图 11-12 所示。

图 11-12　绘图笔的使用

（2）在书写或绘画后，快捷菜单中可出现"橡皮擦"命令，可擦除笔迹后重新绘制。

（3）书写结束时，在快捷菜单中还要把指针选项恢复为"箭头"，这样鼠标就可以重新控制播放进程了。

（4）当结束放映时系统提示是否保留注释，可以以图片形式保存在幻灯片中。

11.5　打包演示文稿

将演示文稿复制到 CD、网络或计算机的本地磁盘驱动器中时，会复制 PowerPoint Viewer 2007 以及所有链接的文件（如影片或声音）。

打包演示文稿的方法如下。

（1）打开要复制的演示文稿；如果正在处理尚未保存的新演示文稿，需保存该演示文稿。如果要将演示文稿复制到 CD，需在 CD 驱动器中插入 CD。

（2）单击 Office 按钮⊙→"发布"→"CD 数据包"命令，如图 11-13 所示。

图 11-13　发布 CD 数据包命令

（3）在图 11-14 所示的"打包成 CD"对话框的"将 CD 命名为"文本框中，输入要将演示文稿复制到其中的 CD 或文件夹的名称。

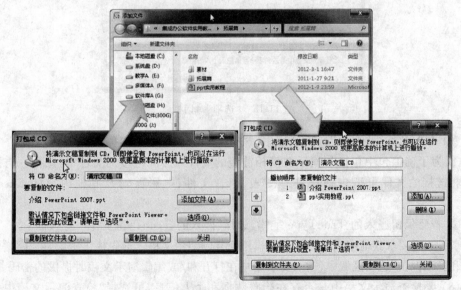

图 11-14　在"打包成 CD 对话框"中添加文件

（4）要选择想复制的演示文稿及其播放顺序,可执行下列操作。

① 要添加演示文稿,可单击"添加文件"命令,选择要添加的演示文稿,然后单击"添加"按钮。为每个要添加的演示文稿重复此步骤。

② 如果添加了多个演示文稿,则会按"要复制的文件"列表中的列出顺序播放这些演示文稿。要更改顺序,可选择一个要移动的演示文稿,然后单击箭头按钮,在列表中上下移动该演示文稿。

当前打开的演示文稿自动显示在"要复制的文件"列表中。与当前打开的演示文稿相链接的文件(如图形文件)虽然会被自动包括,但并不在"要复制的文件"列表中显示。

要从"要复制的文件"列表中删除演示文稿或文件,可选择该演示文稿或文件,然后单击"删除"命令。

（5）单击"选项"按钮。在"程序包类型"下,执行下列操作之一。

① 若要指定演示文稿在 PowerPoint Viewer 中的播放方式,可选择"查看器程序包(更新文件格式以便在 PowerPoint Viewer 中运行)"单选按钮,然后在"选择演示文稿在播放器中的播放方式"列表中选择一个选项。

② 若要生成观众肯定可以在安装有 PowerPoint 或 PowerPoint Viewer 的计算机上观看的包,可选择"存档程序包(不更新文件格式)"单选按钮,如图 11-15 所示。

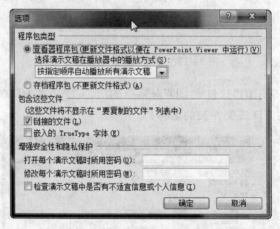

图 11-15 "选项"对话框

（6）在"包含这些文件"选项区域中,执行下列一项或两项操作。

① 为了确保包中包括与演示文稿相链接的文件,选择"链接的文件"复选框。与演示文稿相链接的文件可以包括链接有图表、声音文件、电影剪辑及其他内容的 Excel 工作表。

② 若要保留嵌入的 TrueType 字体,选择"嵌入的 TrueType 字体"复选框。

（7）若想要求其他用户在打开或编辑任何复制演示文稿之前先提供密码,可在"增强安全性和隐私保护"选项区域中,输入要求用户在打开和/或编辑演示文稿时提供的密码。

（8）要检查演示文稿中是否存在隐藏数据和个人信息,可选择"检查演示文稿中是否有不适宜信息或个人信息"复选框。

（9）单击"确定"按钮，关闭"选项"对话框。

（10）执行下列操作之一。

① 如果要将演示文稿复制到网络或计算机上的本地磁盘驱动器，可单击"复制到文件夹"按钮，输入文件夹名称和位置，然后单击"确定"按钮。

② 如果要将演示文稿复制到 CD，可单击"复制到 CD"按钮，如图 11-16 所示。

图 11-16　复制到文件夹或复制到 CD

本章小结

本章内容主要介绍的是演示文稿编辑制作过程中的一些辅助功能，使演讲者能够根据各种需要进行幻灯片的放映，增加观赏效果。

设置超链接和动作按钮可以实现演示文稿自身幻灯片之间的跳转，大大方便了读者对演示文稿内容的掌握和浏览。它的动感操作也增加了幻灯片的趣味性。

排练计时虽是一个小功能却充满人性化，在设置全屏幕自动放映或展台浏览时是必不可少的内容，应用好这个功能可以使幻灯片的切换时间长短适宜，方便观众观看。

隐藏幻灯片可以方便演讲者根据需要选择幻灯片参加放映，自主权掌握在自己手中。

放映中的辅助功能包括一些小技巧，使放映内容既能满足特殊需要又充满情趣。

打包是一项实用功能，能帮助用户实现携带幻灯片和播放器的作用。

综合练习

制作一个含有多个幻灯片的演示文稿，内容自定。在演示文稿中添加超链接。同时对演示文稿中所有幻灯片添加动作按钮，单击这些动作按钮，可以快速转到第一张、上一张、下一张或最后一张幻灯片。

根据每张幻灯片内容的多少，设计合理的排练时间，并采用自动循环放映形式观察放映结果。将演示文稿发布到 CD 或是指定文件夹。

Chapter 12

第12章 办公软件的数据共享

在前面章节中讨论了 Word、Excel、PowerPoint 在人们生活和工作中的应用,其实在工作和学习中的一些问题往往不是在一个软件中都能解决的,人们经常会遇到这样的问题,如在 Word 文档中准备使用的一些数据在 Excel 表格中已经存在。那么是否还会在 Word 文档中重新输入这些数据呢? 当然不必这样做。因为这样不但费时费力,而且还增加了数据出错的概率。

本章主要介绍在 Office 中各不同的软件之间数据的共享和相互引用。突出 Office 集成办公特性,讲解各软件的相互联系。不是把 Word、Excel、PowerPoint 等当作一个个的独立软件来对待,而是要着眼于 Office 是一个完整的办公系统。

引例

首先通过几个实例大概了解一下本章所要解决的一些基本问题,如图 12-1 所示。

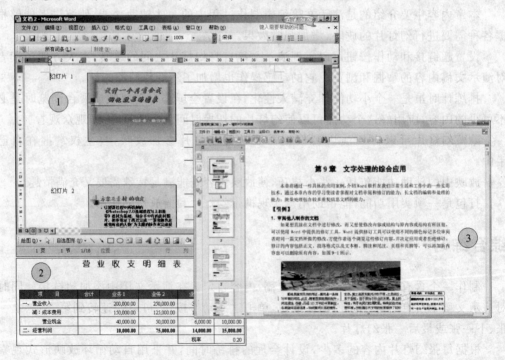

图 12-1 各软件之间数据转换示例

（1）将现有的演示文稿发送到 Word 文档，自动生成讲义文本。

（2）将 Excel 表格中的数据粘贴链接到 Word 文档，当源文档（Excel 文件）中的数据发生变化时，目标文档（Word 文档）中的数据将随之变化。

（3）将 Word 中的文档发布为 PDF 文档。

12.1 Office 剪贴板的使用

剪切、复制、粘贴是 Windows 中一些最常用的操作，大大方便了对文件和文件夹的调整、调用。利用剪切、复制、粘贴的操作，可以轻松实现文字、数据、图片等资料在相同或不同的 Office 文档之间传递。但是按照以往的方法在多个文件之间复制、粘贴以及在不同地方反复调用所复制的资料仍然是一件很烦琐的事情。利用 Office 提供的剪贴板功能，可以随意调用、调整最多 24 个复制或者剪切的信息资料，同时配合预览功能，使调用变得更轻松。

1. "Office 剪贴板"和"系统剪贴板"

"Office 剪贴板"与"系统剪贴板"有如下联系。

（1）当向"Office 剪贴板"复制多个项目时，所复制的最后一项将同时被复制到"系统剪贴板"上。

（2）当清空"Office 剪贴板"时，"系统剪贴板"也将同时被清空。

（3）当使用"粘贴"命令时、"粘贴"按钮或快捷键（Ctrl＋V），所粘贴的是"系统剪贴板"的内容，而非"Office 剪贴板"上的内容。

在退出所有 Office 程序之后，只有复制的最后一个项目保留在 Office 剪贴板中。退出所有 Office 程序并重新启动计算机时，会清除 Office 剪贴板中的所有项目。

2. 打开 Office 剪贴板

在"开始"选项卡的"剪贴板"组中单击"剪贴板"对话框启动器。

3. 控制 Office 剪贴板的显示方式

（1）在"剪贴板"任务窗格中，单击"选项"按钮，如图 12-2 所示。

（2）单击所需的选项，见表 12-1。

表 12-1 "剪贴板"任务窗格中的选项

选 项	说 明
自动显示 Office 剪贴板	在复制项目时自动显示 Office 剪贴板
按 Ctrl＋C 键两次后显示 Office 剪贴板	按 Ctrl＋C 键两次后自动显示 Office 剪贴板
收集而不显示 Office 剪贴板	自动将项目复制到 Office 剪贴板，而不显示"剪贴板"任务窗格
在任务栏中显示 Office 剪贴板图标	当 Office 剪贴板处于活动状态时，在系统任务栏的状态区域中显示"Office 剪贴板"图标 ![图标]。默认情况下此选项处于打开状态
复制时在任务栏附近显示状态	在将项目复制到 Office 剪贴板时，显示收集的项目消息。默认情况下此选项处于打开状态

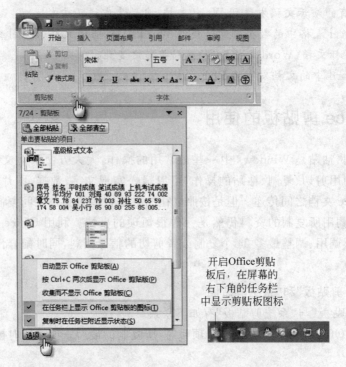

开启Office剪贴
板后，在屏幕的
右下角的任务栏
中显示剪贴板图标

图 12-2   显示 Office"剪贴板"任务窗格

（3）关闭 Office 剪贴板。

① 在"剪贴板"任务窗格中，单击"关闭"按钮。

② 在"剪贴板"任务窗格中，单击 ▼ 按钮，然后单击菜单上的"关闭"命令。

4. 将多个项目复制到 Office 剪贴板

（1）选择要复制的第一个项目。

（2）在"开始"选项卡的"剪贴板"组中单击"复制"命令（或按 Ctrl＋C 键）。

（3）继续复制同一个文件或其他文件中的项目，直到已收集了需要的所有项目。
Office 剪贴板上最多可以保留 24 个项目。如果复制了 25 个项目，则会删除 Office 剪贴
板中的第一个项目。

如果在一个 Office 程序中打开了"剪贴板"任务窗格，则在切换到另一个 Office 程序
时，不会自动显示"剪贴板"任务窗格。但是，可以继续复制其他程序中的项目。如果单
击了"复制时在任务栏附近显示状态"命令，则会在状态区域上方显示消息，指示已经有
项目添加到 Office 剪贴板。

在将项目添加到 Office 剪贴板时，"剪贴板"任务窗格中会显示一个条目。最新的条
目总是添加到顶部。每一条目都包括代表源 Office 程序的图标，以及所复制文本的一部
分或复制的图形的缩略图。

5. 粘贴项目

可以分别粘贴 Office 剪贴板中的项目，也可以同时粘贴所有项目。

（1）单击粘贴项目的目标位置。

（2）要一次粘贴多个项目，可在"剪贴板"任务窗格中，双击要粘贴的每个项目；要粘贴复制的所有项目，可在"剪贴板"任务窗格中，单击"全部粘贴"命令。

Office 剪贴板不支持"选择性粘贴"命令。

6. 删除 Office 剪贴板中的项目

可以分别删除 Office 剪贴板中的项目，也可以同时删除所有项目。

要清除一个项目，可单击要删除的项目旁边的箭头，然后单击"删除"命令。要清除所有项目，可单击"全部清空"命令。

7. 粘贴选项

在 Office 文档中完成粘贴后，粘贴对象的右下方将显示"粘贴选项"按钮。单击这个按钮，将会显示一个命令列表，让用户确定如何将信息粘贴到文档中。

命令列表的选项取决于用户粘贴的内容类型、粘贴源的程序和粘贴处的文字格式。

例如，在一个列表旁边粘贴列表项，用户可以决定将粘贴的文本包括在列表中还是粘贴为一个新的列表；如果向一个段落中粘贴文字，用户可以决定粘贴的文字是保持原来的格式还是采用粘贴处周围文字的格式。

如果从 Microsoft Excel 中粘贴数据，用户可指定是否链接该数据和如何为其指定格式。

任务 12-1　在 Word 文档中处理财务报表

使用 Word 文档创建一个财务报表，报表数据在 Excel 工作簿"财务报表. xls"的 Sheet1 工作表和 Sheet2 工作表中。

任务分析：

首先使用 Excel 创建一个名为"财务报表"的工作簿文件，在工作表 Sheet1 和 Sheet2 中各创建一个财务表格，内容自定。在这里在工作表 Sheet1 中准备了一个"营业收支明细表"，在工作表 Sheet2 中准备了一个"损益表"。

将 Excel 中的两个表格分别使用复制和粘贴的方法粘贴到 Word 文档中完成，也可以使用 Office 剪贴板先将两个表格一起复制到剪贴板上，再粘贴到 Word 文档中进行处理。前一种方法大家自己试一下，这里主要采用后一种方法。

实施步骤：

（1）打开 Excel 工作簿文件"财务报表. xls"，在 Excel 中开启"剪贴板"，如果剪贴板中有许多片段而又不想保留它，可单击"全部清空"按钮将其清空。

（2）分别选择 Sheet1 和 Sheet2 两个工作表格中的内容并将其复制到 Office 剪贴板中，如图 12-3 所示。

（3）新建一个 Word 文档，双击状态栏中的"剪贴板图标"可开启剪贴板。

（4）分别单击剪贴板中的两个要粘贴的项目，将其粘贴到 Word 文档中。

（5）对 Word 文档进行必要的排版，如图 12-4 所示。

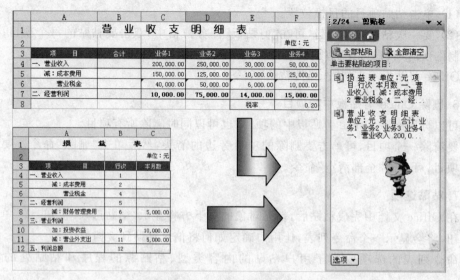

图 12-3　将电子表格中的数据内容复制到 Office 剪贴板中

营 业 收 支 明 细 表

单位：元

项 目	合计	业务 1	业务 2	业务 3	业务 4
一、营业收入		200,000.00	250,000.00	30,000.00	50,000.00
减：成本费用		150,000.00	125,000.00	10,000.00	25,000.00
营业税金		40,000.00	50,000.00	6,000.00	10,000.00
二、经营利润		**10,000.00**	**75,000.00**	**14,000.00**	**15,000.00**
				税率	0.20

损　　益　　表

单位：元

项 目	行次	本月数
一、营业收入	1	
减：成本费用	2	
营业税金	4	
二、经营利润	5	
减：财务管理费用	6	5,000.00
三、营业利润	8	
加：投资收益	9	10,000.00
减：营业外支出	11	5,000.00
五、利润总额	12	

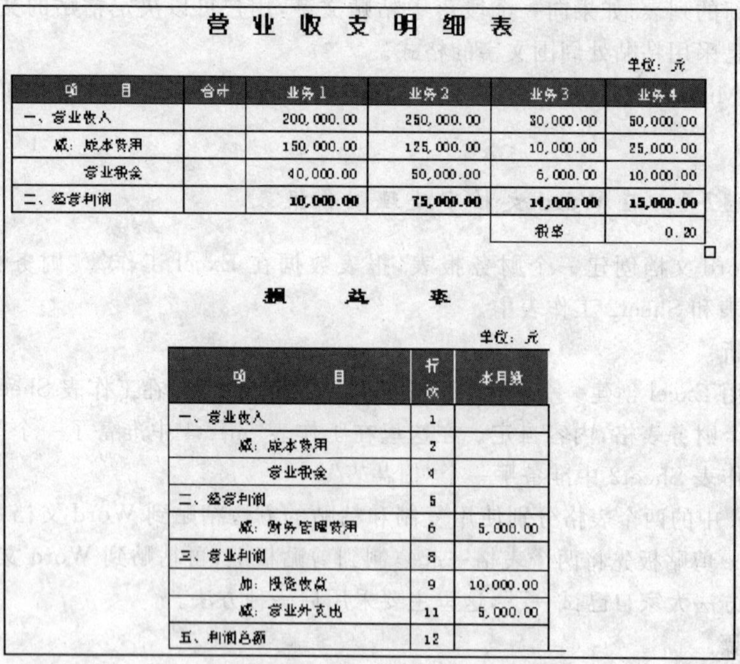

图 12-4　使用 Word 处理的财务报表

边学边做　在演示文稿中插入 Excel 表格

使用 PowerPonit 制作一个演示文稿，汇报公司的财务状况。在演示文稿中新建两个空白幻灯片，将上面 Excel 财务报表文件中“营业收入明细表”和“损益表”增加到这两张幻灯片中。

12.2　Word 与 Excel 之间交互数据

有了 Office 剪贴板,可以方便地将 Word 中的表格转换到 Excel 中进行更进一步处理。还可以将 Excel 的表格粘贴到 Word 文档中进行排版输出。如果需要还可以将"目标文件"和"源文件"之间建立链接,如果"源文件"中的数据发生变化,"目标文件"中的数据也会自动更新。

1. 将 Word 中的表格粘贴到 Excel 文件

此项操作非常简单,只需使用复制粘贴的操作将 Word 中的表格粘贴到 Excel 表格中,在 Excel 中进行必要的编辑和处理即可。

2. 将 Excel 中的数据粘贴到 Word 文档中

采用同样的方法可以将 Excel 中的数据复制到 Word 中并以表格的形式进行排版处理。可以通过"选择性粘贴"和单击"粘贴选项"按钮,粘贴选项菜单中选择相应的命令来完成 Excel 与 Word 文档之间的数据链接。

12.2.1　在 Word 文档或 PowerPoint 幻灯片中嵌入 Excel 工作表

嵌入 Excel 对象与粘贴内容(如通过按 Ctrl＋V 键粘贴)不同。嵌入 Excel 对象时,如果修改源 Excel 文件,Word 文件或 PowerPoint 幻灯片中的信息不会相应更改。嵌入的对象会成为 Word 文档或 PowerPoint 幻灯片的一部分,并且在插入后就不再是源文件的组成部分。

1. 从 Excel 文件嵌入对象

(1) 同时打开 Word 文档或 PowerPoint 幻灯片和嵌入对象的数据所在的 Excel 工作表。

(2) 切换到 Excel,然后选择所需的整个工作表、单元格区域或图表。

(3) 按 Ctrl＋C 键复制。

(4) 切换到 Word 文档或 PowerPoint 幻灯片,然后单击要显示信息的位置。

(5) 在"开始"选项卡的"剪贴板"组中单击"粘贴"命令下的 ▼ 按钮,然后在列表中单击"选择性粘贴"命令。

(6) 在"形式"列表中,选择"Microsoft Office Excel 对象"选项。

(7) 单击"粘贴"单选按钮,插入嵌入的对象。

2. 在文档内创建新工作表

在文档内创建新工作表时,工作表作为嵌入对象插入文档中。

(1) 在要创建工作表的位置放置插入点。

(2) 在"插入"选项卡的"表格"组中单击"表格"命令,然后在列表中单击"Excel 电子表格"命令。

(3) 在工作表中填入所需的信息。

3. 更改链接对象或嵌入对象

在 Word 文档或 PowerPoint 幻灯片中双击对象,然后进行所需的更改。更改仅在文档内的对象副本中生效,如图 12-5 所示。

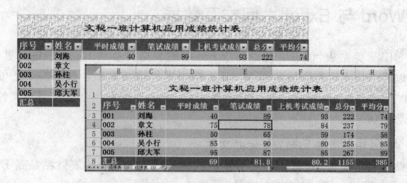

图 12-5　双击嵌入对象进入编辑状态

12.2.2　在 Word 文档或 PowerPoint 幻灯片中链接 Excel 工作表

如果要在文档内容与 Excel 工作簿的内容之间创建动态链接,则可以将内容作为对象插入。与粘贴内容(如通过按 Ctrl＋V 键粘贴)不同,将内容作为链接对象插入时,可在原始程序中处理内容。

如果将单元格作为 Excel 对象插入文档中,Word 文档或 PowerPoint 幻灯片将在双击单元格时运行 Excel,这样就能使用 Excel 命令处理工作表内容。

如果将整个 Excel 工作表作为对象插入,文档中只会显示一个工作表。要显示不同的工作表,可双击 Excel 对象,然后单击所需的工作表。链接对象时,如果修改源文件,则会更新信息。链接数据存储在源文件中。目标文件只存储源文件的位置,并显示链接数据。

1. 从 Excel 文件链接对象

(1) 同时打开 Word 文档或 PowerPoint 幻灯片和嵌入对象的数据所在的 Excel 工作表。

(2) 切换到 Excel,然后选择所需的整个工作表、单元格区域或图表。

(3) 按 Ctrl＋C 键复制。

(4) 切换到 Word 文档或 PowerPoint 幻灯片,然后单击要显示信息的位置。

(5) 在"开始"选项卡的"剪贴板"组中单击"粘贴"命令下的箭头,然后在列表中单击"选择性粘贴"命令。

(6) 在"形式"列表中,选择"Microsoft Office Excel 对象"选项。

(7) 选择"粘贴链接"单选按钮,插入链接的对象,如图 12-6 所示。

2. 更新链接对象

默认情况下,链接的对象自动更新。这意味着,每次在打开 Word 文档或 PowerPoint 演示文稿的情况下更改源 Excel 文件的任何时候,Word 文档或 PowerPoint 幻灯片都会更新链接的信息。不过,可以更改单个链接对象的设置,以便不更新链接的对象,或仅在文档读者选择手动更新链接的对象时才对它进行更新。

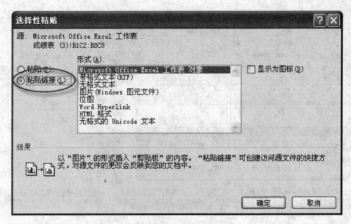

图 12-6 粘贴链接

双击链接对象,然后进行所需的更改。链接对象,则会更改源文件,如图 12-7 所示。

图 12-7 更新链接对象

任务 12-2 数据能够更新的财务表

将已有的一个 Excel 表格复制 Word 文档中,要求当 Excel 表格中的数据发生变化时,Word 中的表格数据要随之变化。

任务分析:

在前面任务中制作的财务报表虽然非常简单,但是也有缺点。当 Excel 表格中的数据发生变化的时候,Word 表格中的数据不能随之变化。本任务采用链接 Excel 表格的方法,可实现 Word 文档中的表格数据随 Excel 表格中数据的变化而变化。

实施步骤:

(1)打开 Excel 工作簿文件"财务报表.xls",选择"Sheet1"工作表格中的内容并将其复制到剪贴板中。

(2)新建一个 Word 文档,在此文档中选定表格的插入位置,如图 12-8 所示。

(3)在"开始"选项卡的"剪贴板"组中单击"粘贴"旁的 ▼ 按钮,单击列表中的"选择性粘贴"命令,打开"选择性粘贴"对话框。

(4)在"选择性粘贴"对话框中选择"粘贴链接"单选按钮,在"形式"框中选择"Microsoft Office Excel 工作表对象",并单击"确定"按钮,如图 12-9 所示。

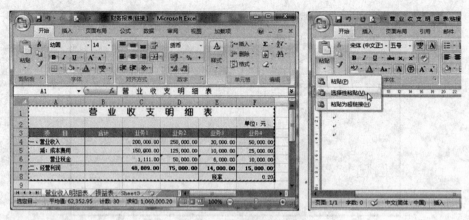

图 12-8　选择性粘贴

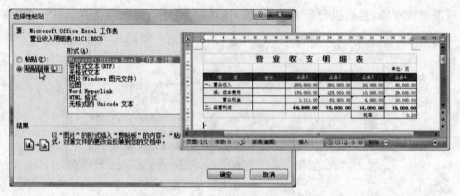

图 12-9　"选择性粘贴"对话框

改变 Excel 中"业务 1"的"营业收入"为 50000000,查看 Word 文档中表格的数据,发现也产生了相同的变化,如图 12-10 所示。

	C	D
1	收 支	明 细
2		
3	业务1	业务2
4	500,000.00	250,000.00
5	150,000.00	125,000.00
6	100,000.00	50,000.00
7	250,000.00	75,000.00

业务 1	业务 2
500,000.00	250,000.00
150,000.00	125,000.00
100,000.00	50,000.00
250,000.00	75,000.00

Excel表格中的数据　　　　Word表格中的数据

图 12-10　当 Excel 中的数据发生变化时 Word 表格中的数据随之变化

12.3　Word 与 PowerPoint 之间分享信息

使用 PowerPoint 演示文稿,可以在各种会议、讲座中利用幻灯片的形式直观地展示信息。在许多演示中需要将演示的内容以文稿方式发给每一位参与者,便于研究和讨

论。制作这种文稿当然使用 Word 最为方便。一些读者可能马上会想到,前面介绍的
Office 剪贴板可以大显身手了。可以通过它将演示文稿中的内容复制到 Word 文档中,
经过排版处理后可以得到所需文档。这确实是一个比较有效的方法,但 PowerPoint 给
用户提供了更为简单有效的方法,可以直接将 PowerPoint 中的内容按特定的方式发送
到 Word 文档中,为与会者编辑一份参考文稿。

许多时候,事先使用 Word 为各种会议或活动展示制好了宣传稿,此时需要根据
Word 文稿的内容制作 PowerPoint 幻灯片。如果使用复制、粘贴的老方法还是觉得有些
麻烦,所有文字都需要用键盘再重新输入一遍更不可取。首先将 Word 文档改造为大纲
文档,然后在 PowerPoint 中打开大纲文件可以更加快速地完成此项工作。

12.3.1　PowerPoint 向 Word 发送备注、讲义或大纲

向 Word 文档中发送备注、讲义或大纲时,可以使用以下步骤。

打开已有 PowerPoint 演示文稿,单击 Office 按钮 →"发布"→"使用 Microsoft
Office Word 创建讲义"命令,如图 12-11 所示。

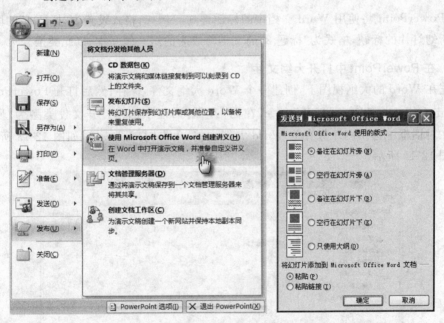

图 12-11　将演示文稿发送到 Word 文档

产生的 PowerPoint 讲义效果如图 12-12 所示。

12.3.2　由 Word 大纲文件创建 PowerPoint 演示文稿

在上一节讨论了如何根据现有的 PowerPoint 演示文稿来制作相应的 Word 文档,反
之是不是可以依据现有的 Word 文档来创建 PowerPoint 演示文稿呢? 答案是肯定的。

1. 制作大纲文件

可以使用现有的 Word 文档创建 PowerPoint 演示文稿。为了创建演示文稿中的幻

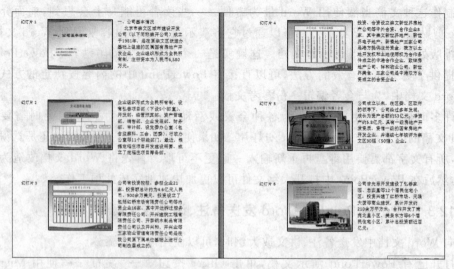

图 12-12　PowerPoint 讲义效果

灯片,PowerPoint 将使用 Word 文档中的标题样式。例如,格式设置为"标题 1"的段落将成为新幻灯片的标题,格式为"标题 2"的文本将成为的第一级文本,以此类推。

2. 在 PowerPoint 中打开大纲文件

先在 Word 的大纲视图下,创建一个 Word 大纲文件,保存;然后打开 PowerPoint 程序,单击 Office 按钮🔘→"打开"命令,在"打开"对话框中选择打开文件类型为"所有大纲",在对话框中选中刚才保存的 Word 大纲文档,单击"打开"按钮,如图 12-13 所示,结果如图 12-14 所示。

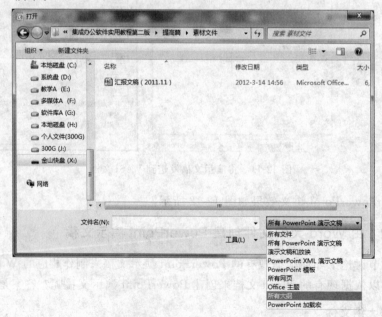

图 12-13　在 PowerPoint 中打开大纲文件

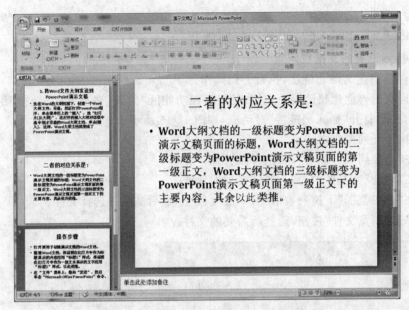

图 12-14　由大纲文件生成的演示文稿文件

二者的对应关系是：Word 大纲文档的一级标题变为 PowerPoint 演示文稿页面的标题，Word 大纲文档的二级标题变为 PowerPoint 演示文稿页面的第一级正文，Word 大纲文档的三级标题变为 PowerPoint 演示文稿页面第一级正文下的主要内容，其余以此类推。

3. 对生成的 PowerPoint 文档进行必要的修饰和美化

运用前面章节中已经掌握的知识对生成的演示文稿进行必要的修饰和美化。

12.4　在 Office 文档中创建超链接

现在人们正处在信息时代，有人把它称为网络的时代。相信大家对"超链接"这个名词并不陌生，利用它可以在 Internet 上轻松游弋，不论它们相隔多远。其实，"超链接"技术不仅能够广泛应用于网页设计中，在 Office 文档中同样可以使用"超链接"技术，链接到所需要的信息。

12.4.1　在 Word 文档中创建超链接

超链接是指带有颜色和下划线的文字或图形，单击后可以转向本文件中的指定位置、本计算机中的其他文件、电子邮件地址、Internet 网络中的某个网站或网站中的指定网页。

1. 自动创建超链接

当输入一个现有 Web 页地址或电子邮件地址时，如果超链接自动格式没有关闭，Word 将创建一个超链接。

例如：

http://www.sina.com　abcdef@126.com

2. 链接到已有的文档或网页

若要创建自定义的超链接,执行下列操作。

(1) 选取想要创建超链接的文字或图片,在功能区"插入"选项卡的"链接"组中单击"超链接"命令,打开"插入超链接"对话框,如图 12-15 所示。

(2) 执行下列操作之一。

① 在"链接到"下,单击"原有文件或网页"类别。

② 在"地址"文本框中,输入要链接到的地址。

③ 在"查找范围"下拉列表框中,单击 ▼ 按钮,然后浏览并选择文件。

④ 单击"浏览文件"按钮,选择所需要的文件。

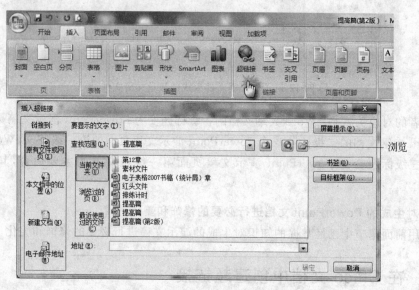

图 12-15　"插入超链接"对话框

在 Word 文档中,可以创建指向 Excel(.xls)或 PowerPoint(.ppt)文件中特定位置的链接。若要链接到 Excel 工作簿中特定位置,可在工作簿中为指定的单元格或区域定义一个名称,然后在超链接中的文件名称末尾输入"#",其后接该定义的名称。如果要链接到 PowerPoint 演示文稿中的特定幻灯片,可在文件名后输入"#",其后跟幻灯片的编号。

3. 当前文档或 Web 页中的某一位置

如果要链接到当前文档的某一位置,可以使用 Word 中的标题样式或书签。

在当前文档中,执行下列操作之一。

(1) 单击插入点位置,在功能区"插入"选项卡的"链接"组中单击"书签"命令,在目标位置插入书签。

(2) 对位于目标位置的文字应用 Word 的内置标题样式。

插入超链接的方法如下。

(1) 选取想要创建超链接的文字或图片,在功能区"插入"选项卡的"链接"组中单击

"超链接"命令,打开"插入超链接"对话框,如图 12-16 所示。

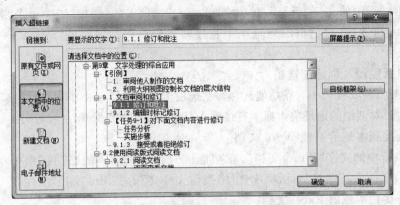

图 12-16　链接到本文档中的位置

(2) 在"链接到"下,单击"本文档中的位置"类别。

(3) 从列表中选择要链接的标题或书签。

(4) 如果要指定鼠标指针停留在超链接上时显示的屏幕提示,可单击"屏幕提示"按钮,然后输入所需文字。如果没有指定提示,对于链接到标题的情况,Word 将使用"当前文档"作为提示;对于链接到书签的情况,Word 将使用书签名作为提示。

任务 12-3　在 Word 文档中创建超链接

创建一个 Word 文档,在该文档中创建超链接。

直接输入网站地址,自动创建超链接:http://www.163.net。

对文本中的文字创建超链接:新浪。

对文件中的图片创建超链接:**Baidu百度**。

链接到本地的其他 Word 文档:Word 文档。

链接到本地的 Excel 文档:财务报表。

任务分析:

该任务所包含 5 处超链接,链接对象有文字和图片。链接目标有外网站、本地 Word 文档和 Excel 文档。在制作本文档前应先准备一个 Word 文档和一个 Excel 文档,分别命名为"Word 文档"和"财务报表"并把它们放置在与本任务所制作的"超链接"文档在同一个文件夹中。

实施步骤:

(1) 创建文档

新建一个 Word 文档,并在文档中输入上面所要求的文字和图片,文档中的图片可以从"百度"主页中复制过来。

(2) 自动创建超链接

在第一行文字后方直接输入网站地址http://www.163.com。

（3）创建新浪网的链接

选择第二行中的文字"新浪"，在功能区"插入"选项卡的"链接"组中单击"超链接"按钮。在"插入超链接"对话框的地址框中直接输入新浪网站的网址"http：//www. sina. com. cn"。

（4）对百度图片创建超链接

单击图片，使其被选中。在功能区"插入"选项卡的"链接"组中单击"超链接"命令。在"插入超链接"对话框的地址文本框中直接输入百度网站的网址"http：//www. baidu. com"。

（5）链接到本地的其他 Word 文档

选择该行中的文字"Word 文档"，在功能区"插入"选项卡的"链接"组中单击"超链接"命令。在"插入超链接"对话框中选择"当前文件夹"的"Word 文档"文件。

（6）链接到本地的 Excel 文档

选择最后一行中的文字"财务报表"，在功能区"插入"选项卡的"链接"组中单击"超链接"命令。在"插入超链接"对话框中选择"当前文件夹"的"财务报表"文件。

12.4.2　在电子表格文件中创建超链接

在电子表格文件中创建超链接与前面介绍的在 Word 文档中创建超链接的方法类似。可以对电子表格中的对象创建超链接，使其链接到网页文件及其他 Office 文件、图片、程序文件等。

如果要链接到当前工作簿或其他工作簿中的某个位置，则可以为目标单元格或单元格区域定义名称或使用单元格引用。

在工作簿中，选择工作表中要创建超链接的单元格、单元格区或工作表中的图片，打开"插入超链接"对话框，在该对话框左边的"链接到"选项之下，单击"本文档中的位置"类别，并在该对话框中选择相关选项。

任务 12-4　创建一个含有超链接的工作表

创建如图 12-17 所示含有超链接的工作表。

任务分析：

在该工作表中包含了两种不同类型的超链接，第一项是链接到当前工作簿中不同的工作表的指定单元格的超链接；另一个是对工作表中的图片对象创建的电子邮件地址的超链接（该项链接的方法在 Word 文档中同样适用）。

实施步骤：

（1）创建一个 Excel 文档

在新工作簿的"Sheet1"工作表中输入图 12-18 所示的文本及图片，表格中的图片可由读者插入任意一个小图，能掌握其操作方法即可。

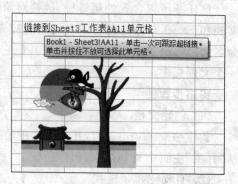

图 12-17　含有超链接的工作表

（2）创建本工作簿内的超链接

右击工作表中含有文字所在单元格，在弹出的快捷菜单中单击"超链接"命令，打开图 12-18 所示的"插入超链接"对话框。在该对话框中单击"链接到"下的"本文档中的位置"类别，在这篇文档中选项位置中选择"单元格引用"中的"Sheet3"工作表。在"请键入单元引用"文本框中输入要指定的单元格地址"AA11"。单击对话框中的"确定"按钮，完成此项设置。

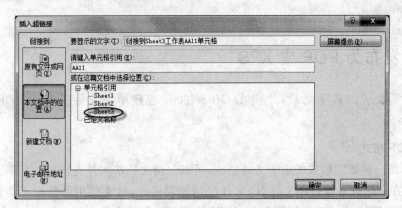

图 12-18　链接到 Excel 文档中的指定位置

（3）对工作表中的图片创建电子邮件链接

右击图片，在弹出的快捷菜单中选择"插入超链接"命令。在图 12-19 所示"插入超链接"对话框中单击"链接到"下的"电子邮件地址"类别，在"电子邮件地址"文本框中输入电子邮件地址"wangjiang@sina.com"。在输入电子邮件地址时 Office 软件会自动在邮件地址前增加字符串"mailto："。

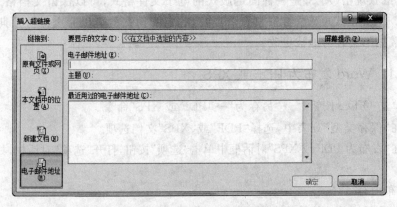

图 12-19　创建电子邮件超链接

单击"插入超链接"对话框中的"屏幕提示"按钮，在"屏幕提示"文本框中输入所设定的提示文本，单击"确定"按钮完成设置。

（4）调试并修改超链接

将鼠标指针指向创建链接单元格，鼠标指针会变为小手形状。单击可跳转到链接指定位置 Sheet3 工作表中的"AA11"单元格。

将鼠标指针指向设置了超链接的图片,鼠标指针会变为小手形状。鼠标指针下面会出现提示文字。单击,系统会自动打开默认的邮件管理软件,并将设置的邮件地址自动填充到收件人的文本框中。

如果对链接不满意或所设置的链接有问题,可右击含有超链接的单元格或图片,在弹出的快捷菜单中单击"超链接"命令,打开"编辑超链接"对话框,在此对话框中修改超链接,直到满意为止。

12.5　发布为 PDF 或 XPS

只有安装了加载项之后,才能在 Office 2007 程序中将文件另存为 PDF 或 XPS 文件。

1. PDF 格式

PDF 是一种固定版式的电子文件格式,可以保留文档格式并支持文件共享。PDF 格式可确保在联机查看或打印文件时,文件保持预期格式,且文件中的数据不会轻易地被更改。此外,PDF 格式对于使用专业印刷方法进行复制的文档十分有用。

要查看 PDF 文件,必须在计算机上安装 PDF 读取器。Acrobat Reader 就是其中一种读取器,可以从 Adobe Systems 获取。

将文件另存为 PDF 后,不能使用 Office 2007 版本程序直接对该 PDF 文件进行更改。必须在 Office 2007 原文件上进行更改,然后再次将该文件另存为 PDF。

2. XPS 格式

XML 纸张规格(XPS)是一种固定版式的电子文件格式,可以保留文档格式并支持文档共享。XPS 格式可确保在联机查看或打印文件时,文件可以完全保持预期格式,且文件中的数据不会轻易地被更改。

12.5.1　Word 发布为 PDF 或 XPS

(1) 单击 Office 按钮 →"另存为"→"PDF 或 XPS"命令。

(2) 在"保存类型"列表中,选择"PDF"或"XPS"文档选项。

(3) 在"发布为 PDF 或 XPS"对话框中单击"选项"按钮,打开"选项"对话框,如图 12-20 所示。

① 发布内容。

文档:选择该单选按钮可发布不带修订标记或批注的干净文档。

显示了标记的文档:选择该单选按钮可发布显示了修订标记和批注的文档。

② 包括非打印信息。

创建书签时使用:选择此复选框可根据选择的内容在文档中创建书签。如果文档包含标题,则"标题"可用。如果文档包含书签,则"Word 书签"可用。

文档属性:选择此复选框可以在发布为 PDF 或 XPS 的版本中包括文档属性。这些

图 12-20　Word 发布为 PDF 或 XPS 文件

属性包括标题、主题、作者以及类似信息。

辅助功能文档结构标记：默认情况下，此复选框为选择状态，以便所创建的文件更易于行动不便的用户使用。如果希望文件尽可能小，并且不想包含用于改进辅助功能的数据，则可以清除选择此复选框。例如，如果清除选择了此复选框，则文件中不会包含启用屏幕阅读器的数据，读者便不能使用该功能实现更方便地浏览整个文件。

12.5.2　Excel 发布为 PDF 或 XPS

（1）单击 Office 按钮 → "另存为" → "PDF 或 XPS" 命令。

（2）在 "保存类型" 列表中，选择 "PDF" 或 "XPS" 文档选项。

（3）单击 "选项" 按钮，打开 "选项" 对话框，如图 12-21 所示。

① 页范围。

全部：发布工作簿中的所有信息页。

页：发布工作簿的指定页。可以在 "从" 和 "到" 微调框中输入或选择起始和结束页。

② 发布内容。

所选内容：发布活动工作表中所选的单元格。

活动工作表：发布所选的工作表。

整个工作簿：发布工作簿中的所有数据。

表：发布所选的表格。

忽略打印区域：打印整个工作表，即使在该工作表上定义了打印区域也是如此。

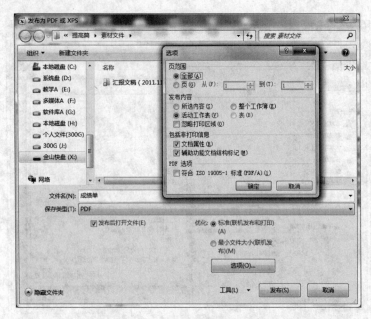

图 12-21　Excel 发布为 PDF 或 XPS 文件

12.5.3　PowerPoint 发布为 PDF 或 XPS

(1) 单击 Office 按钮 → "另存为" → "PDF 或 XPS"命令。

(2) 在"保存类型"列表中,选择"PDF"或"XPS"文档选项。

(3) 在"发布为 PDF 或 XPS"对话框中单击"选项"按钮,打开"选项"对话框,如图 12-22
所示。

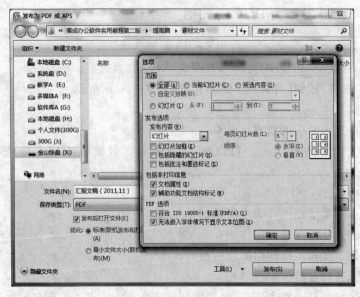

图 12-22　PowerPoint 发布为 PDF 或 XPS 文件

① 范围。

全部：发布演示文稿中的所有幻灯片。

当前幻灯片：发布当前显示的幻灯片。

所选内容：发布所选的幻灯片。

自定义放映：如果创建了一个或多个显示所选幻灯片的自定义演示文稿，则选择该单选按钮只发布指定自定义演示文稿中的幻灯片。

幻灯片：发布指定范围内的幻灯片。可以在"从"和"到"微调框中输入或选择起始和结束页。

② 发布选项。

发布内容：选择要发布哪项内容。"幻灯片"、"讲义"、"备注页"或"大纲视图"。

每页幻灯片数：选择要在每页上打印的幻灯片数量。

幻灯片加框：如果希望为发布的每张幻灯片加一个边框，可选择此复选框。

包括隐藏的幻灯片：如果要发布隐藏的幻灯片，可选择此复选框。

本章小结

在以往的学习中人们容易把 Office 中的 Word、Excel、PowerPoint 等软件割裂开来。本章内容主要强调的是 Office 是一套集成办公软件，各软件之间存在着极其密切的关系。软件所生成的数据可以通过 Office 剪贴板、文件嵌入和文件链接等方法传递给其他应用程序，用来实现 Office 文档中的数据共享，提高人们的工作效率和工作质量。

本章主要介绍了 Office 剪贴板的使用、文档之间的数据共享与交换以及在文档使用超链接技术和使 Office 文档发布到 PDF 或 XPS 文档进行整合的技术和方法。

剪切、复制、粘贴作为最常用的操作，在编辑文档时使用频率非常高，选择一种快速有效地完成这些操作的方法将大大提高工作效率。实现这些操作有 4 种方式：在功能区"开始"选项卡中单击"剪贴板"组命令；右键快捷菜单中的对应命令和键盘快捷键，其中最为快捷的当然是键盘快捷键，分别为剪切（Ctrl＋X 键）、复制（Ctrl＋C 键）、粘贴（Ctrl＋V 键）。

在 Office 文档中完成粘贴后，粘贴文本的下面的下方通常显示"粘贴选项"按钮。单击这个按钮，将会显示一个列表菜单，让用户确定如何将信息粘贴到文档中。可用的选项取决于用户粘贴的内容类型、粘贴源的程序和粘贴处的文字格式。

可以使用复制粘贴命令在 Office 文档之间进行数据的传递，还可以在 Office 文件与文本文件之间进行数据的传递。可以将 Web 页中的文本、图片、表格等信息粘贴到Office 文档中。可以直接右键单击 Web 页中的表格，在弹出的快捷菜单中单击"导出到 Micrsoft Office Excel"命令，将 Web 页中的表格导出到 Excel 文档中，如图 12-23 所示。

在将 Excel 表格粘贴到 Word 文档时可使用嵌入法，即在 Word 文档中直接粘贴数据，此种方法粘贴过

图 12-23　网页表格导出到 Excel

来的数据与源文档的数据不再有联系,也就是说,当源文档(Excel 表格)中的数据再发生变化时,目标文档(Word 表格)中的数据不会跟随变化。另一种方法则是使用"选择性粘贴"命令或单击"粘贴选项"按钮在"粘贴选项"菜单中选择相应的选项来完成 Excel 中的数据与 Word 文档的链接。链接后的 Word 文档中表格的数据将随着源文档(Excel 表格)中的数据的变化而变化。

在 Internet 技术日益普及的当今社会,相信大家对"超链接"这个名词已不再生疏。但许多人一提到"超链接"会以为它是专门应用在网页上的一项技术。其实不然,现在广泛使用的各类 Office 文档中都可以使用这项技术。在 Word 文档、Excel 表格和 PowerPoint 演示文稿中都可以增加"超链接",添加"超链接"的对象可以是文字,也可以是图片。在 Excel 表格中还可以是单元格或单元格的区域。链接的目标可以是本文档的某一个指定位置、本地计算机中的文件、局域网中某台计算机共享文件夹中的文件、Internet 上的文件、WWW 服务器中指定的网页和电子邮件地址等。总而言之应用十分灵活方便。

Office 2007 包含另存为或发布为可移植文档格式(PDF)或 XML 纸张规格(XPS)格式,使用该功能可以控制保存或发布哪些内容,就像在打印时执行的操作一样。

综合练习

1. 在 Excel 中创建如图 12-24 所示的"北京时代股份有限公司职工情况简表"并以"公司职工情况简表"为文件名保存该表格文件。新建一个 Word 文档,在这该文件中制作一个链接的表格,即要求当 Excel 中的数据发生变化时 Word 文档中相应的数据要随之改变。以"公司职工情况介绍"为文件名保存此文档。

	A	B	C	D	E
1	北京时代股份有限公司职工情况简表				
2					
3	序号	姓名	性别	出生日期	部门
4	0001	刘建军	男	1956年5月12日	办公室
5	0002	王涛	男	1934年3月2日	办公室
6	0003	李利	女	1978年4月6日	办公室
7	0004	许维思	男	1945年11月1日	办公室
8	0005	马民	男	1968年6月6日	业务科
9	0006	丛林	女	1978年5月6日	业务科
10	0007	张文	男	1960年4月3日	业务科
11	0008	江水	男	1960年7月7日	业务科

图 12-24　北京时代股份有限公司职工情况简表

2. 制作一个幻灯片演示文稿,在该演示文稿中新建一个"空白"版式的幻灯片,将第 1 题的 Excel 表格的数据粘贴链接到此幻灯片。要求当 Excel 中的数据发生变化时幻灯片中表格中相应的数据要随之改变。以"公司职工情况简介"为文件名保存此文档。

3. 创建一个空白的 Word 文档,在文档中输入下列内容,并对文档中的图片及文字创建超链接。

(1) 图片的链接地址为新浪网站,http://www.sina.com。

(2) 文字"职工情况简表"链接到第 1 题所创建的 Excel 文档。

(3) 文字"职工情况简介"链接到第 2 题所创建的 PowerPoint 演示文稿。

（4）文字"职工情况介绍"链接到第 1 题所创建的 Word 文档。

（5）文字"电子邮件地址"链接到电子邮件地址 abcdef@163.com。

（6）将此文件以"超链接文档"为文件名保存。

新浪网 职工情况简表｜职工情况简介｜职工情况介绍｜电子邮件地址

4. 使用 Word 制作一个文档，文档内容自定。将该文档分布另存为 PDF 文件和 XPS 文件。

5. 将第 1 题制作的电子表格工作簿的第一个工作表 Sheet1 发布为 PDF 文件。

6. 制作一个 PowerPoint 演示文稿，演示文稿中幻灯片的张数应在 4 张以上。在第一张幻灯片中应包含 3 个以上的超链接，分别链接到后面对应的幻灯片。并将此幻灯片另存为 XPS 文件。将演示文稿的内容发送到 Word 文档制作一个备注在幻灯片旁的讲义文件。